国家林业和草原局普通高等教育"十三五"规划教材
高等院校园林与风景园林专业规划教材

Landscape Architecture Drawing

风景 园林制图（第2版）

（附数字资源）

李素英　刘丹丹◎主编

中国林业出版社
China Forestry Publishing House

内 容 提 要

　　《风景园林制图》（第2版）由北京林业大学园林学院制图课程组依据普通高等院校工程图学课程教学基本要求并总结多年教学实践经验，以及最新国家相关标准编写而成，与中国林业出版社出版的《风景园林制图习题集》（第2版）配套使用。本教材由制图的基本知识、投影制图（画法几何与阴影透视）和专业制图三部分内容组成。本教材充分考虑到不同专业和不同学时的需要，适量增大篇幅，以便任课教师根据学时和专业实际情况选用和适当取舍，同时也可以满足不同层次的学生需求。

　　本教材适合风景园林、园林、城乡规划、观赏园艺、旅游管理专业以及相近专业的学生使用，也可供相关工程技术人员参考。

图书在版编目（CIP）数据

风景园林制图 / 李素英，刘丹丹主编. —2 版. —北京：中国林业出版社，2019. 11（2023. 12 重印）
国家林业和草原局普通高等教育"十三五"规划教材　高等院校园林与风景园林专业规划教材
ISBN 978-7-5219-0117-7

Ⅰ. ①风…　Ⅱ. ①李…②刘…　Ⅲ. ①园林设计 – 建筑制图 – 高等学校 – 教材
Ⅳ. ①TU986. 2

中国版本图书馆 CIP 数据核字（2019）第 126548 号

中国林业出版社·教育分社

策划编辑：康红梅	责任编辑：康红梅　沈登峰	责任校对：苏　梅
电话：83143551	传真：83143516	

出版发行	中国林业出版社（100009　北京市西城区德内大街刘海胡同 7 号）
	E-mail：jiaocaipublic@163.com　电话：（010）83143500
	http：// www. forestry. gov. cn/lycb. html
经　销	新华书店
印　刷	三河市祥达印刷包装有限公司
版　次	2014 年 8 月第 1 版（共印 4 次）
	2019 年 11 月第 2 版
印　次	2023 年 12 月第 5 次印刷
开　本	889mm × 1194mm　1/16
印　张	20.5
字　数	565 千字
定　价	58.00 元

数字资源

《风景园林制图》编写人员

主　　编　李素英　刘丹丹

副　主　编　赵飞鹤　王先杰　刘艳红

参　　编　阎晓云　李亚峰　李　卓

教材数字资源使用说明

PC 端使用方法：

步骤一：扫描教材封底"数字资源激活码"获取数字资源授权码；

步骤二：注册/登录小途教育平台：https：//edu. cfph. net；

步骤三：在"课程"中搜索教材名称，打开对应教材，点击"激活"，输入激活码即可阅读。

手机端使用方法：

步骤一：扫描教材封底"数字资源激活码"获取数字资源授权码；

步骤二：扫描书中的数字资源二维码，进入小途"注册/登录"界面；

步骤三：在"未获取授权"界面点击"获取授权"，输入步骤一中获取的授权码以激活课程；

步骤四：激活成功后跳转至数字资源界面即可进行阅读。

第2版前言

《风景园林制图》自 2014 年出版以来，以其实用性，一定的开创性、时代性等特色得到全国风景园林相关专业同仁的厚爱，先后被许多院校指定为制图教材。2017 年获中华农业科教基金会全国农业教育优秀教材。本教材获"2019 年度北京高校优质本科教材课件"奖励。本教材与 2019 年出版的《风景园林制图习题集》(第 2 版)配套使用。

本次修订，主要根据实际应用中的体验，拓展优点，弥补缺陷，进一步提高教材质量。修订内容如下：

(1)依据 2015 年颁布的中华人民共和国行业标准《风景园林制图标准》(CJJ/T 67—2015，备案号 J1982—2015)，将其相关内容纳入教材。

(2)依据 2017 年发布的《房屋建筑制图统一标准》(GB/T 50001—2017)，在第 1 版的基础上，对教材中的相关内容进行修订。

(3)画法几何部分，由于计算机制图技术的发展和学时所限，删除了投影变换和两立体相交的内容。

(4)透视图的画法，部分内容进行了修订，使其更有利于教学。

(5)建筑施工图根据最新标准和教学需求，对部分内容进行修订，并增加了插图。

本次修订由北京林业大学李素英、刘丹丹担任主编；承担本教材撰写工作如下：李素英：绪论、第 1 章、第 4 章(4.3、4.7)、第 7 章、第 8 章、第 9 章(9.6、9.3 除外)、第 11 章、第 12 章；刘丹丹：第 2 章、第 3 章、第 5 章；王先杰：第 4 章(4.3、4.7 除外)；赵飞鹤：第 10 章；刘艳红：第 6 章；阎晓云：第 9 章(9.6)；李亚峰、李卓：第 9 章(9.3)。全书由李素英统稿。北京林业大学学生祝旖、黄守邦、李梦娇、赵书笛绘制了部分教材插图，在此表示衷心感谢。

由于编者水平所限，书中难免有不妥之处，真诚希望广大读者批评指正。

编　者

2019 年 3 月

第1版前言

　　《风景园林制图》是一本图文并茂、理论与实践相结合的教材。北京林业大学园林学院制图课程组依据普通高等院校工程图学课程教学基本要求并在总结多年教学实践经验，参照最新标准《房屋建筑制图统一标准》（GB/T 50001—2010）、《总图制图标准》（GB/T 50103—2010）、《建筑制图标准》（GB/T 50104—2010），并根据学生试用情况进行反复修改最终编写而成。本教材与2011年出版的《风景园林制图习题集》教材配套使用。

　　本教材由制图的基本知识、投影制图（画法几何与阴影透视）和专业制图三部分内容组成。其特点为：第一，从注重学生园林理论基础教育和动手能力培养出发，充分考虑到不同专业和不同学时的需要。第二，内容编排力求符合学习规律，由浅入深，由易到难。第三，在制图的基本知识部分，线型练习力求与专业图例相结合。投影制图部分，在画法几何中从体入手再到点、线、面、立体，侧重于学生建立发展空间想象力和读图能力；特别注意从专业实际出发，尽可能应用专业图例，使学生学以致用；培养学生掌握绘制鸟瞰图的技巧，并使学生从园林空间上对园林构景要素应用加深理解。专业制图中图例丰富，有利于帮助学生掌握、绘制风景园林施工图的方法。

　　本教材由北京林业大学园林学院教师李素英、刘丹丹主编。上海应用技术学院赵飞鹤，北京农学院王先杰，山西农业大学刘艳红，内蒙古农业大学阎晓云、李亚峰，河南农业大学李卓也参与了编写；北京林业大学研究生鲁键盈、郜盈雪、赵茜、盛炼、何茜、刘晓静、赵书笛、万凌纬、孙蕾、刘轶、孟盼、张云路为本书插图付出了艰辛的劳动。

　　承担本教材撰写工作如下：

李素英：绪论、第1章、第5章（5.4、5.9）、第8章、第9章、第10章（10.1、10.2、10.3）、第12章。

刘丹丹：第2章、第3章、第6章。

王先杰：第4章、第5章（5.4、5.9除外）。

赵飞鹤：第11章。

刘艳红：第7章。

阎晓云：第10章（10.4）。

李亚峰、李卓：第10章（10.5）。

全书由李素英统稿。

由于水平有限，书中难免存在不妥之处，真诚希望广大读者批评指正。

编　者

2014 年 3 月

目 录

第 2 版前言

第 1 版前言

绪　论 …………………………………………… 1

第1章　风景园林制图基本知识 ………… 3
1.1　制图基本知识 …………………………… 3
1.1.1　图幅 …………………………………… 3
1.1.2　图纸标题栏 …………………………… 7
1.1.3　图线 …………………………………… 8
1.1.4　字体 ………………………………… 10
1.1.5　比例与图名 ………………………… 11
1.2　手工制图仪器、工具及其使用
1.2.1　图板、丁字尺、三角板 …………… 12
1.2.2　圆规与分规 ………………………… 13
1.2.3　笔 …………………………………… 14
1.2.4　曲线板 ……………………………… 14
1.3　几何图形画法 …………………………… 15
1.3.1　直线的等分 ………………………… 15
1.3.2　圆弧线的连接 ……………………… 15
1.4　手工仪器绘图方法和步骤 …………… 17
1.4.1　绘图前的准备工作 ………………… 17
1.4.2　制图步骤 …………………………… 17

第2章　投影基本知识 …………………… 18
2.1　投影基本概念和分类 ………………… 18
2.1.1　投影的概念 ………………………… 18
2.1.2　投影的分类 ………………………… 18
2.2　正投影的基本特性 …………………… 22
2.2.1　点、直线、平面的正投影 ………… 22
2.2.2　正投影的基本特性 ………………… 23
2.3　三面投影图 …………………………… 23
2.3.1　三面投影体系的建立 ……………… 23
2.3.2　三面投影体系的展开 ……………… 24
2.3.3　三面投影规律 ……………………… 24

第3章　点、直线和平面的投影 ………… 28
3.1　点的投影 ……………………………… 28
3.1.1　点的两面投影 ……………………… 28
3.1.2　点的三面投影规律 ………………… 29
3.1.3　点的三面投影和直角坐标系的关系
　　　　………………………………… 30
3.1.4　两点的相对位置 …………………… 31
3.1.5　重影点及其可见性判别 …………… 31
3.2　直线的投影 …………………………… 33
3.2.1　直线的投影 ………………………… 33
3.2.2　各种位置直线的投影及其投影特性
　　　　………………………………… 33
3.2.3　一般位置线段的实长及其对投影面
倾角* ……………………………… 36
3.2.4　直线上的点 ………………………… 37
3.2.5　直线的迹点* ……………………… 38
3.2.6　两直线的相对位置 ………………… 39
3.3　平面的投影 …………………………… 40
3.3.1　平面的表示法 ……………………… 40

3.3.2 各种位置平面的投影及其投影特性 ……… 41

3.3.3 平面内的直线和点 ……… 44

3.3.4 直线和平面平行、两平面平行 ……… 49

3.3.5 直线和平面相交、两平面相交* ……… 51

第4章 立体的投影 ……… **55**

4.1 平面立体的投影 ……… 55

4.1.1 棱柱 ……… 55

4.1.2 棱锥 ……… 56

4.2 平面与平面立体相交 ……… 59

4.2.1 截交线分析 ……… 59

4.2.2 求截交线的方法 ……… 59

4.2.3 求截交线的步骤 ……… 60

4.3 同坡屋顶的投影 ……… 62

4.3.1 同坡屋顶的概念 ……… 62

4.3.2 同坡屋面的投影规律 ……… 62

4.4 曲面立体的投影 ……… 66

4.4.1 基本概念 ……… 66

4.4.2 圆柱体 ……… 67

4.4.3 圆锥体 ……… 68

4.4.4 圆球体 ……… 70

4.5 平面与曲面立体相交 ……… 72

4.5.1 平面与圆柱体相交 ……… 72

4.5.2 平面与圆锥体相交 ……… 74

4.5.3 平面与圆球面相交 ……… 76

4.6 螺旋线和螺旋面 ……… 77

4.6.1 圆柱螺旋线 ……… 77

4.6.2 正螺旋面 ……… 79

4.7 形体的读图 ……… 82

4.7.1 读图的基本知识 ……… 82

4.7.2 形体读图步骤和方法 ……… 83

第5章 轴测投影 ……… **87**

5.1 轴测投影的基本知识 ……… 87

5.1.1 轴测投影的概念 ……… 87

5.1.2 轴测投影的形成和分类 ……… 88

5.1.3 轴测投影的特性 ……… 89

5.2 几种常用的轴测投影 ……… 90

5.2.1 正面斜二测 ……… 90

5.2.2 水平斜等测 ……… 92

5.2.3 正等测 ……… 96

5.3 圆的轴测投影 ……… 100

5.4 轴测投影的选择 ……… 104

5.4.1 选择轴测类型 ……… 104

5.4.2 确定轴测方向 ……… 105

第6章 正投影图中的阴影 ……… **107**

6.1 阴影的基本知识 ……… 107

6.1.1 阴影的概念 ……… 107

6.1.2 阴影的作用 ……… 107

6.1.3 常用光线(又称习用光线) ……… 108

6.2 点、直线、平面的落影 ……… 108

6.2.1 点的落影 ……… 109

6.2.2 直线的落影 ……… 111

6.3 平面的落影 ……… 115

6.3.1 平面在同一承影面上的落影 ……… 115

6.3.2 平面不在同一承影面上的落影 ……… 116

6.4 基本形体的阴影 ……… 116

6.4.1 立体阴线的确定 ……… 116

6.4.2 平面立体的阴影 ……… 117

6.5 建筑细部的阴影 ……… 119

6.5.1 窗洞和窗台的阴影 ……… 119

6.5.2 雨篷和门洞的阴影 ……… 120

6.5.3 台阶的落影 ……… 121

6.6 曲面体的阴影 ……… 122

6.6.1 圆的阴影 ……… 122

6.6.2 圆窗洞的影 ……… 123

6.6.3 圆柱体的阴影 ……… 123

6.6.4 带盖圆柱体的阴影 ……… 124

第7章 透视图画法 ……… **126**

7.1 透视图基本知识 ……… 126

7.1.1 透视图的形成 ……… 126

7.1.2 透视图中常用术语 ……… 126

7.2 点、直线和平面的透视 ……… 128

7.2.1 视线迹点法作点的透视 ……… 128

7.2.2 直线的透视 ……… 129

7.2.3 透视高度的量取 ……… 133

7.3 立体透视图画法 ……… 134

7.3.1 视线迹点法求一点透视 ……… 134

7.3.2 视线迹点法求两点透视 ……… 138

7.3.3 降低基线求基透视 ……… 140

7.3.4 全线相交法求两点透视 ……… 142

7.3.5 量点法作一点透视 ·········· 143
7.3.6 量点法作两点透视 ·········· 145
7.4 网格法画透视图 ·········· 147
7.4.1 网格法画一点透视 ·········· 148
7.4.2 网格法画两点透视 ·········· 151
7.5 透视图上辅助作图法 ·········· 153
7.5.1 建筑细部的简捷画法 ·········· 153
7.5.2 应用实例 ·········· 156
7.6 曲线和曲面体透视 ·········· 157
7.6.1 平面曲线的透视 ·········· 157
7.6.2 圆和圆柱体的透视 ·········· 157
7.7 视觉范围透视图的选择 ·········· 159
7.7.1 视觉范围 ·········· 159
7.7.2 视点的选定 ·········· 160
7.7.3 画面与建筑物的相对位置 ·········· 164
7.7.4 在平面图中确定视点及画面的步骤
·········· 165
7.8 透视图中的阴影 ·········· 167
7.9 透视图中的倒影 ·········· 169
7.9.1 倒影形成的规律 ·········· 169
7.9.2 水中的倒影 ·········· 171

第8章 标高投影 **173**
8.1 概述 ·········· 173
8.2 点、直线、平面的标高投影 ·········· 174
8.2.1 点的标高投影 ·········· 174
8.2.2 直线的标高投影 ·········· 175
8.3 平面的标高投影 ·········· 176
8.3.1 平面的等高线和坡度线 ·········· 176
8.3.2 平面的表示方法 ·········· 176
8.4 平面与平面的交线 ·········· 177
8.5 立体的标高投影 ·········· 179
8.5.1 曲面体 ·········· 179
8.5.2 同坡曲面 ·········· 180
8.6 相交问题的工程实例 ·········· 181

第9章 图样画法及尺寸标注 ·········· **185**
9.1 视图 ·········· 185
9.1.1 基本视图 ·········· 185
9.1.2 镜像视图 ·········· 188
9.1.3 局部视图 ·········· 188

9.1.4 斜视图 ·········· 190
9.1.5 展开视图 ·········· 190
9.2 剖面图和断面图 ·········· 190
9.2.1 剖面图和断面图的形成 ·········· 190
9.2.2 标注 ·········· 190
9.2.3 图线 ·········· 193
9.2.4 剖面图的类型 ·········· 195
9.2.5 画剖面图注意事项 ·········· 199
9.2.6 断面图的画法 ·········· 199
9.3 简化画法 ·········· 201
9.3.1 对称图形的简化画法 ·········· 201
9.3.2 相同要素简化画法 ·········· 201
9.3.3 折断简化画法 ·········· 202
9.4 轴测图和透视图 ·········· 203
9.4.1 轴测图 ·········· 203
9.4.2 透视图 ·········· 203
9.5 尺寸标注 ·········· 203
9.5.1 尺寸组成 ·········· 203
9.5.2 半径、直径、球的尺寸标注 ·········· 205
9.6 组合体和轴测图的尺寸标注 ·········· 210
9.6.1 组合体的尺寸标注 ·········· 210
9.6.2 轴测图的尺寸标注 ·········· 211

第10章 建筑施工图 ·········· **214**
10.1 总平面图 ·········· 215
10.1.1 总平面图的内容 ·········· 215
10.1.2 阅读总平面图 ·········· 219
10.2 建筑平面图 ·········· 219
10.2.1 建筑平面图的内容 ·········· 219
10.2.2 阅读建筑平面图 ·········· 224
10.3 建筑立面图 ·········· 228
10.3.1 建筑立面图的内容 ·········· 228
10.3.2 阅读建筑立面图 ·········· 231
10.4 建筑剖面图 ·········· 231
10.4.1 内容 ·········· 231
10.4.2 比例 ·········· 232
10.4.3 图示 ·········· 232
10.4.4 图线 ·········· 233
10.4.5 尺寸标注 ·········· 233
10.5 建筑详图 ·········· 234
10.5.1 建筑详图的内容 ·········· 234

10.5.2 外墙身详图 ············ 236
10.5.3 楼梯详图 ············ 237
10.6 建筑施工图的画法 ············ 242
10.6.1 绘制建筑施工图的步骤 ············ 242
10.6.2 选定比例和图幅 ············ 242
10.6.3 图面布置 ············ 242
10.6.4 用较硬的铅笔画底稿 ············ 242
10.6.5 整理图线 ············ 242
10.6.6 建筑的画法举例 ············ 243

第11章 风景园林构景要素画法 ············ **245**
11.1 风景园林图特点 ············ 245
11.2 风景园林主要构景要素画法 ············ 245
11.2.1 钢笔徒手线条图画法 ············ 245
11.2.2 地形的表达 ············ 249
11.2.3 园林植物 ············ 249
11.2.4 山石 ············ 260
11.2.5 水面的表示方法 ············ 262

第12章 风景园林专业图 ············ **265**
12.1 风景园林设计制图 ············ 265
12.1.1 风景园林设计程序 ············ 265
12.1.2 基本规定 ············ 265

12.1.3 图纸版式与编排 ············ 266
12.1.4 比例 ············ 268
12.1.5 图线 ············ 268
12.1.6 图例 ············ 270
12.1.7 标注 ············ 273
12.1.8 符号 ············ 274
12.1.9 计算机制图要求 ············ 274
12.2 风景园林设计图纸类型和要求 ······ 275
12.2.1 各类绿地方案设计的主要图纸要求 ············ 275
12.2.2 方案设计主要图纸的基本内容及深度 ············ 275
12.2.3 初步设计和施工图设计主要图纸的基本内容及深度 ············ 276
12.3 风景园林施工图的绘制 ············ 278
12.3.1 施工总平面图的绘制 ············ 278
12.3.2 总放线设计图 ············ 278
12.3.3 总竖向图 ············ 279
12.3.4 种植设计图 ············ 281
12.3.5 详图的绘制 ············ 282

参考文献 ················ **285**

绪　论

1　"风景园林制图"课程的研究任务和内容

工程图是工程与产品信息的载体，是工程界表达、交流的语言。风景园林制图是建立在工程图学基础上研究风景园林规划设计表达和交流的技术语言。在风景园林设计中，图形是作为形象思维的过程、构思、设计与施工表达、信息交流的重要手段。图形的形象性、直观性和简洁性，是设计者认识设计规律、探索未知的重要工具。风景园林图样是工程技术的一项重要技术文件。它可以用二维图形表达，也可以用三维图形表达；可以用手工绘制，也可以由计算机生成。

"风景园林制图"课程实践性强，与工程实践有密切联系，对培养学生掌握科学思维方法，增强工程和创新意识有重要作用。主要研究绘制和阅读工程图样的原理和方法，培养学生的形象思维能力，是工程技术人员必修的一门既有系统理论又有较强实践性的技术基础课。

1.1　本课程的主要任务

本课程主要研究绘制和阅读工程图样的基本理论和方法，目的是培养学生具有绘制和阅读工程图样的能力，其主要任务如下：

①学习并掌握投影的基本理论和方法。

②培养绘制和阅读工程图样的能力。

③培养空间想象和空间分析能力及创造性构型设计能力。

④培养认真负责的工作态度和严谨细致的工作作风。

⑤培养工程意识，贯彻、执行国家标准的意识。

此外，在教学过程中还注意培养学生的自学能力、创造能力和审美能力。

1.2　本课程的主要内容

本课程的主要内容分为画法几何、阴影与透视和专业制图三部分。

①画法几何　掌握投影制图方法，包括正投影法、轴测投影法、标高投影法。

②阴影与透视　是从业人员的基本技能之一。通过阴影与透视的学习，应掌握绘制阴影与透视图的原理和技能，提高设计方案的表达能力。

③专业制图　掌握制图的基本知识和技能，主要包括国家标准中有关制图的基本规定和方法。掌握风景园林专业图和建筑施工图的绘制和阅读方法。

2　本课程的学习方法和要求

①认真听课和自学　通过听课和复习、自学，掌握投影的理论，学会用形体分析及线面

分析的方法绘制和阅读工程图样。

②独立认真完成作业　在完成作业的过程中，要独立思考，严格遵守国家标准中的有关规定，正确使用制图仪器和工具，采用正确的作图方法，做到投影正确、图线分明、图面整洁、布置美观，养成严肃认真、一丝不苟的工作态度。

③重视图、物之间的投影对应关系　本课程以图示为主，因此，在具体的绘图和读图过程中，要多画、多读、多想，不断地由物画图、由图想物，反复进行投影分析，逐步提高空间想象和分析能力。

第1章　风景园林制图基本知识

工程图样是指在图纸上按一定规则绘制的，且能表示被绘工程物体的位置、大小、构造、功能、原理、加工工艺流程等的图样。与风景园林相关的工程图样即为风景园林工程图。

为了保证工程图纸的图面质量，提高制图速度，须借助绘图工具和仪器。绘制工程图样，既可使用制图工具和仪器手工绘制，也可利用计算机绘制，本教材主要讲述手工仪器图的绘制（尺规绘图）。工程图样，无论手工或计算机绘制，其制图标准都是一致的，虽然制图的手段有别，但其制图程序和步骤则是相通的。本章将介绍制图标准和手工绘图的工具、仪器及其制图的方法步骤。

为了统一风景园林制图规范，保证绘图质量，使图面清晰简明，提高制图效率，符合设计、施工、存档等要求，以适应工程建设的需要，国家制定了制图相关标准。风景园林设计的设施图示图例包括：景观小品、服务设施、工程设施三部分。风景园林制图的标注和符号应符合《风景园林制图标准》（CJJ/T 67—2015，备案号 J1982—2015），同时与《房屋建筑制图统一标准》（GB/T 50001—2017）、《建筑制图标准》（GB/T 50104—2010）、《总图制图标准》（GB/T 50103—2010）中通用的部分，采用与其统一的规定。除应遵守以上国家标准外，还应符合国家现行相关标准规范的要求及制图规定。本章阐述制图的基本知识及其相关标准和规定。

1.1　制图基本知识

1.1.1　图幅

图纸幅面是指图纸宽度与长度组成的图面，图框是指在图纸上绘图范围的界线。图纸的幅面、图框尺寸及格式，应符合《房屋建筑制图统一标准》（GB/T 50001—2017）的要求，见表1-1、表1-2 和图1-1～图1-6。

需要微缩复制的图纸，其一个边上应附有一段准确米制尺度，四个边上均附有对中标志，米制尺度的总长应为100mm，分格应为10mm。对中标志应画在图纸内框各边长的中点处，线宽0.35mm，应伸入内框边，在框外为5mm。对中标志的线段，应于长边长 l_1 和短边尺寸 b_1 范围取中。

图纸的短边不应加长，$A_0 \sim A_3$ 幅面长边可加长，但应符合表1-2 的规定。

图纸以短边作为垂直边应为横式，以短边作为水平边应为立式。一般 $A_0 \sim A_3$ 图纸宜横式使用；必要时，也可立式使用。

一个工程设计中，每个专业所使用的图纸，一般不宜多于两种幅面，不含目录及表格所采用的 A_4 幅面。图幅及图纸大小，绘制图样时，优先采用规定的标准图纸幅面尺寸。

表 1-1　幅面及图框尺寸　　　　　　　　　　　　mm

尺寸代号	幅面代号				
	A_0	A_1	A_2	A_3	A_4
$b \times l$	841×1189	594×841	420×594	297×420	210×297
c	10			5	
a	25				

注：表中 b 为幅面短边尺寸，l 为幅面长边尺寸，c 为图框线与幅面线间宽度，a 为图框线与装订边间宽度。

表 1-2　图纸长边加长尺寸　　　　　　　　　　　　mm

幅面代号	长边尺寸	图纸长边加长尺寸(mm)
A_0	1189	$1486(A_0+1/4\,l)$　$1783(A_0+1/2\,l)$　$2080(A_0+3/4\,l)$　$2378(A_0+1\,l)$
A_1	841	$1051(A_1+1/4\,l)$　$1261(A_1+1/2\,l)$　$1471(A_1+3/4\,l)$　$1682(A_1+1\,l)$ $1892(A_1+5/4\,l)$　$2102(A_1+3/2\,l)$
A_2	594	$743(A_2+1/4\,l)$　$891(A_2+1/2\,l)$　$1041(A_2+3/4\,l)$　$1189(A_2+1\,l)$ $1338(A_2+5/4\,l)$　$1486(A_2+3/2\,l)$　$1635(A_2+7/4\,l)$　$1783(A_2+2\,l)$ $1932(A_2+9/4\,l)$　$2080(A_2+5/2\,l)$
A_3	420	$630(A_3+1/2\,l)$　$841(A_3+1\,l)$　$1051(A_3+3/2\,l)$　$1261(A_3+2\,l)$ $1471(A_3+5/2\,l)$　$1682(A_3+3\,l)$　$1892(A_3+7/2\,l)$

注：有特殊需要的图纸，可采用 $b \times l$ 为 841mm×891mm 与 1189mm×1261mm 的幅面。

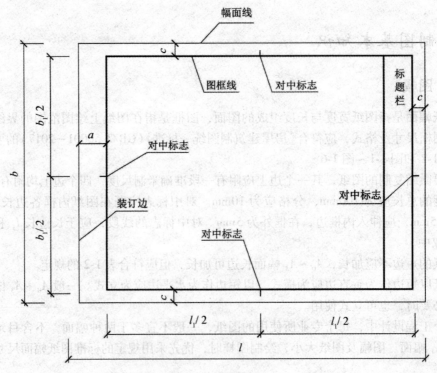

图 1-1　$A_0 \sim A_3$ 横式幅面（一）

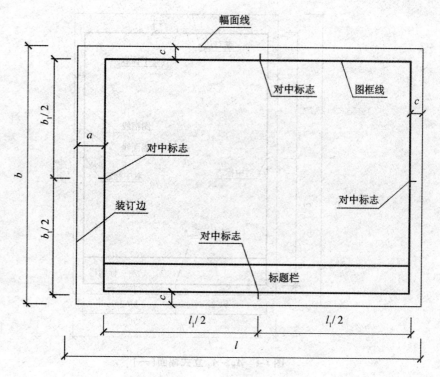

图 1-2　$A_0 \sim A_3$ 横式幅面（二）

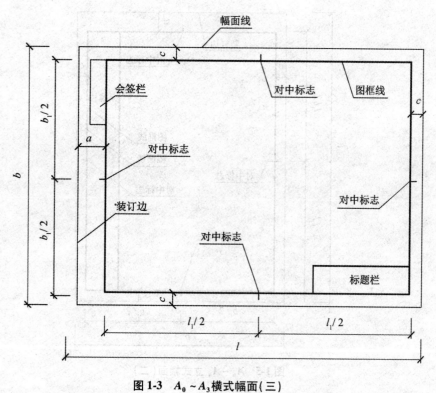

图 1-3　$A_0 \sim A_3$ 横式幅面（三）

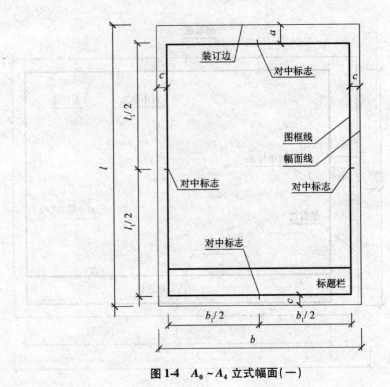

图 1-4 $A_0 \sim A_4$ 立式幅面(一)

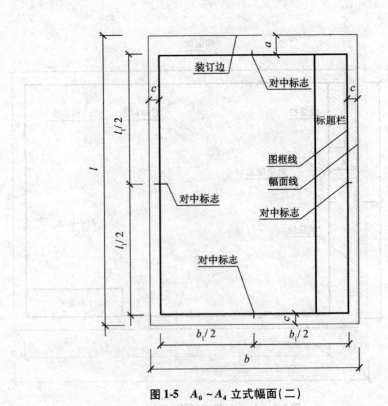

图 1-5 $A_0 \sim A_4$ 立式幅面(二)

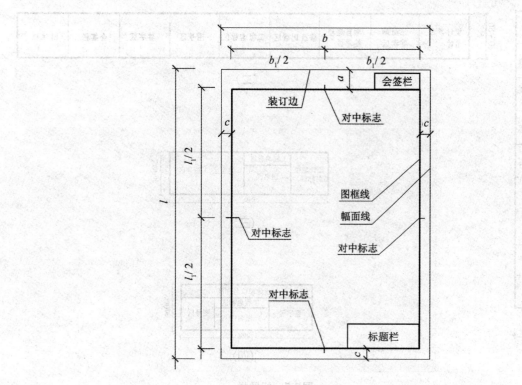

图 1-6　$A_0 \sim A_4$ 立式幅面（三）

1.1.2　图纸标题栏

图纸中应有标题栏、图框线、幅面线、装订边线和对中标志。图纸的标题栏及装订边的位置，应符合下列规定：

①横式使用的图纸，应按图 1-1、图 1-2 或图 1-3 的形式进行布置。

②立式使用的图纸，应按图 1-4、图 1-5 或图 1-6 的形式进行布置。

应根据工程的需要选择确定标题栏、会签栏的尺寸、格式及分区。当采用图 1-1、图 1-2、图 1-4 及图 1-5 布置时，标题栏应按图 1-7（一）、（二）及图 1-8 布局；当采用图 1-3 和图 1-6 布置时，标题栏、签字栏应按图 1-7（三）、（四）及图 1-8 所示布局。签字栏应包括实名列和签名列，并应符合下列规定：

①涉外工程的标题栏内，各项主要内容的中文下方应附有外文译文，设计单位的上方或左方，应加"中华人民共和国"字样。

②在计算机制图文件中使用电子签名与认证时，应符合国家有关电子签名法的规定。

③当由两个以上的设计单位合作设计同一个工程时，设计单位名称区可依次列出设计单位名称。

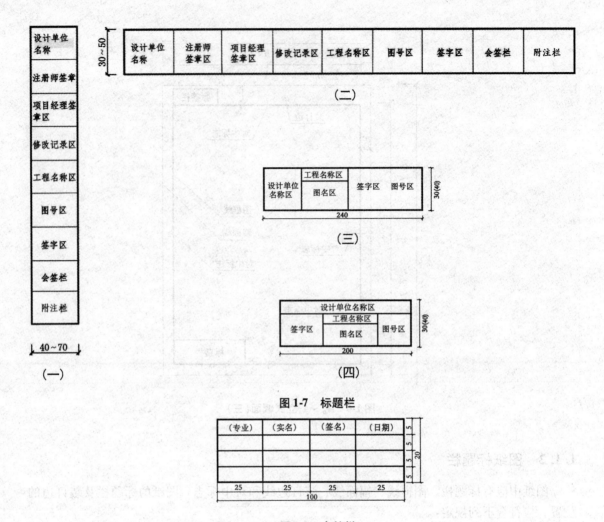

图 1-7　标题栏

(专业)	(实名)	(签名)	(日期)
25	25	25	25

图 1-8　会签栏

1.1.3　图线

图线是指起点和终点间以任何方式连接的一种几何图形，形状可以是直线或曲线，连续和不连续线。任何工程图样都是采用不同的线型与线宽的图线绘制而成的。工程制图中的各类图线的线型、线宽、用途，见表 1-3。

表 1-3　线宽组　　　　　　　　　　　　　　　　　　　　　　　　　　　　　mm

线宽比	线宽组			
b	1.4	1.0	0.7	0.5
$0.7b$	1.0	0.7	0.5	0.35
$0.5b$	0.7	0.5	0.35	0.25
$0.25b$	0.35	0.25	0.18	0.13

注：1. 需要微缩的图纸，不宜采用 0.18mm 及更细的线宽。

　　2. 同一张图纸内，各不同线宽中的细线，可统一采用较细的线宽组的细线。

1.1.3.1　线宽

图线的宽度 b，宜从 1.4、1.0、0.7、0.5mm 线宽系列中选取。每个图样，应根据复杂程度与比例大小，先选定基本线宽 b，再选用表 1-3 中相应的线宽组。

同一张图纸内，相同比例的各图样，应选用相同的线宽组。

图纸的图框和标题栏线，可采用表 1-4 的线宽。

表1-4　图框、标题栏和会签栏的线宽

幅面代号	图框线	标题栏外框线对中标卖	标题栏分割线幅面线
A_0、A_1	b	0.5 b	0.25 b
A_2、A_3、A_4	b	0.7 b	0.35 b

1.1.3.2　线型

工程建设制图，应选用表 1-5 所列的图线。

表1-5　线型

名称		线形	线宽	一般用途
实线	粗		b	主要可见轮廓线
	中粗		0.7b	可见轮廓线、变更云线
	中		0.5b	可见轮廓线、尺寸线、变更云线
	细		0.25b	图例填充线、家具线
虚线	粗		b	见有关专业制图标准
	中粗		0.7b	不可见轮廓线
	中		0.5b	不可见轮廓线、图例线
	细		0.25b	图例填充线、家具线
单点长画线	粗		b	见有关专业制图标准
	中		0.5b	见有关专业制图标准
	细		0.25b	中心线、对称线、轴线等
双点长画线	粗		b	见有关专业制图标准
	中		0.5b	见有关专业制图标准
	细		0.25b	假想轮廓线、成形前原始轮廓线
折断线	细		0.25b	断开界限
波浪线	细		0.25b	断开界限

1.1.3.3　规定画法

①相互平行的图例线，其净间隙或线中间隙不宜小于 0.2mm。

②虚线、单点长画线或双点长画线的线段长度和间隔，宜各自相等。虚线的画长约 3 ~ 6mm，间隔约 0.5 ~ 1mm；单点长画线或双点长画线的画长约 15 ~ 20mm，如图 1-9（a）。当在

较小图形中绘制有困难时，可用实线代替。

③单点长画线或双点长画线的两端，不应是点。点画线与点画线交接或点画线与其他图线交接时，应是线段交接；虚线与虚线交接或虚线与其他图线交接时，应是线段交接，如图1-9(b)。虚线为实线的延长线时，不得与实线连接，如图1-9(c)中的第一个图。

④图线不得与文字、数字或符号重叠、混淆，不可避免时，应首先保证文字等的清晰。

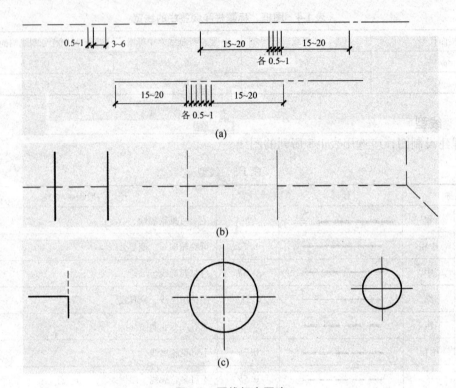

图1-9　图线规定画法

1.1.4　字体

①图纸上所须书写的文字、数字或符号等，均应笔画清晰、字体端正、排列整齐；标点符号应清楚正确。

②文字的字高，应从表1-6中选用。字高大于10mm的文字宜采用True type字体，如须书写更大的字，其高度应按$\sqrt{2}$的倍数递增。

③图样及说明中的汉字，宜采用True type字体中的宋体字型，采用矢量字体时应为长仿宋体字型。同一图纸字体种类不应超过两种。矢量字体宽高比宜为0.7，且应符合表1-7的规定，打印线宽宜为0.25~0.35mm；True type字体宽高比宜为1。大标题、图册封面、地形图等的汉字，也可书写成其他字体，但应易于辨认，其宽高比宜为1。

④汉字的简化字书写应符合国家有关汉字简化方案的规定。

⑤图样及说明中的字母、数字，宜采用True type字体中的Roman字型。

⑥字母与数字，如需写成斜体字，其斜度应是从字的底线逆时针向上倾斜75°。斜体字的高度与宽度应与相应的直体字相等。

⑦字母与数字的字高，应不小于2.5mm。

⑧数量的数值注写，应采用正体阿拉伯数字。各种计量单位凡前面有量值的，均应采用国家颁布的单位符号注写。单位符号应采用正体字母。

⑨分数、百分数和比例数的注写，应采用阿拉伯数字和数学符号，例如：四分之三、百分之二十五和一比二十应分别写成 3/4、25% 和 1:20。

⑩当注写的数字小于 1 时，必须写出个位的"0"，小数点应采用圆点，齐基准线书写，例如 0.01。

⑪长仿宋汉字、字母与数字示例应符合现行国家标准《技术制图——字体》(GB/T 14691—1993)的有关规定。

⑫字体示例：汉字、数字、字母的书写如图 1-10 所示。

表 1-6　文字的字高　　　　　　　　　　　　　　　mm

字体种类	中文矢量字体	True type 字体及非中文矢量字体
字高	3.5、5、7、10、14、20	3、4、6、8、10、14、20

表 1-7　长仿宋字体的高宽关系　　　　　　　　　　mm

字高	20	14	10	7	5	3.5
字宽	14	10	7	5	3.5	2.5

北京林业大学总平面鸟瞰立剖断
风景园林制图工程设计标准测量
大学院系专业班级姓名学号年月日
比例备注材料第张负责人竖向透视
1234567890
ABCDEFGHIJKLMNOPQRSTUVWXYZ
abcdefghijklmnopqrstuvwxyz
1234567890
ABCDEFGHIJKLMNOPQRSTUVWXYZ
abcdefghijklmnopqrstuvwxyz

图 1-10　字体示例

1.1.5　比例与图名

①比例是指图中图形与其实物相对应的线性尺寸之比。比例的大小，是指其比值的大小，

如1:50大于1:100。

②比例的符号为":"，比例应以阿拉伯数字表示，如1:1、1:2、1:100等。

③比例宜注写在图名的右侧，字的基准线应取平；比例的字高宜比图名的字高小一号或二号，如图1-11所示。

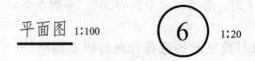

平面图 1:100

图1-11 比例的注写

④绘图所用的比例应根据图样的用途与被绘对象的复杂程度，从表1-8中选用，并优先用表中常用比例。

表1-8 绘图所用的比例

常用比例	1:1、1:2、1:5、1:10、1:20、1:30、1:50、1:100、1:150、1:200、1:500、1:1000、1:2000
可用比例	1:3、1:4、1:6、1:15、1:25、1:40、1:60、1:80、1:250、1:300、1:400、1:600、1:5000、1:10000、1:20000、1:50000、1:100000、1:200000

⑤一般情况下，一个图样应选用一种比例。根据专业制图需要，同一图样可选用两种比例。

⑥特殊情况下也可自选比例，这时除应注出绘图比例外，还必须在适当位置绘制出相应的比例尺。需要微缩的图纸应绘制比例尺。

1.2 手工制图仪器、工具及其使用

要提高绘图的准确度和效率，必须掌握各种绘图工具的使用方法。常用的绘图工具有图板、丁字尺、三角板、圆规、分规、曲线板和铅笔等。下面分别介绍常用绘图工具的用法。

1.2.1 图板、丁字尺、三角板

①图板 规格有0号、1号、2号等种类、一般用胶合板制成，如图1-12所示。

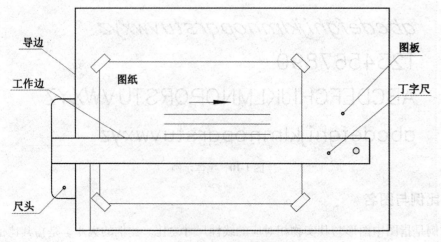

图1-12 丁字尺和图板的应用

②丁字尺、三角板 丁字尺用来画水平线，与三角板配合使用可画垂直线及倾斜线。丁字尺画水平线时，在使用时要注意以下几点：丁字尺必须沿图板的左边缘滑动使用（图1-13）。在画同一张图时，尺头不得在图板的其他各边滑动，以避免图板各边不成直角时，画出的线不准确。三角板与丁字尺联合使用时，可以绘制垂直线以及45°、30°、75°、15°的倾斜线，如图1-13所示。

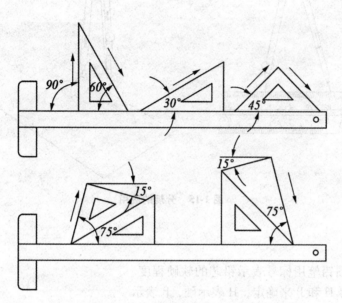

图1-13 丁字尺和三角板的应用

1.2.2 圆规与分规

①圆规 是画圆或圆弧的主要工具。常见的是三用圆规，定圆心的一条腿的钢针两端都为圆锥形，应选用有台肩的一端放在圆心处，并按需要适当调节长度；另一条腿的端部则可按需要装上有铅芯的插腿、有墨线笔头的插腿或有钢针的插腿，分别用来绘制铅笔线的圆、墨线圆或当作分规用。在画圆或圆弧前，应将定圆心的钢针的台肩调整到与铅芯的端部平齐，铅芯应伸出芯套6~8mm。在一般情况下画圆或圆弧时，应使圆规按顺时针方向转动，并稍向画线方向倾斜。在画较大的圆或圆弧时，应使圆规的两条腿都垂直于纸面，如图1-14所示。

②分规 它的形状与圆规相似，但两腿都装有钢针，用它量取线段长度，也可用它等分直线段或圆弧，如图1-15所示。

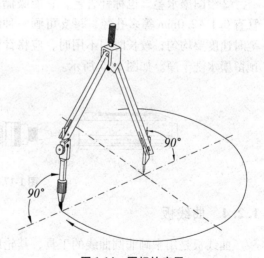

图1-14 圆规的应用

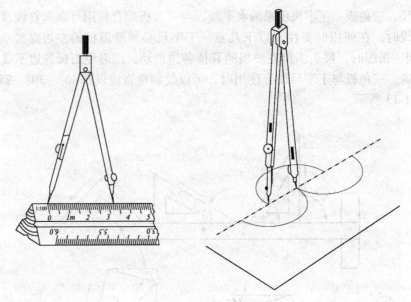

图 1-15 分规的应用

1.2.3 笔

①铅笔 绘图铅笔用标号表示铅芯的软硬程度。其铅芯硬度由代号 H 和 B 来确定，H 表示硬，B 表示软；H 或 B 前面的数字越大表示铅芯越硬或越软；6H 最硬，色最浅；6B 最软，色最深，HB 是中等硬度。通常用 H 或 2H 铅笔画底稿，用 HB 铅笔写字，实线可用 HB 铅笔加粗，如图 1-16 所示。

②绘图墨水笔 也称针管笔，它能吸储墨水，针管有 0.1~2.0mm 等多孔径，每支可画一种线宽，用笔时速度要均匀；较长时间不用时，应将针管笔内的预留墨水洗干净。如图 1-17 所示。

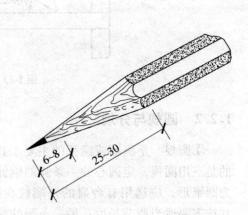

图 1-16 铅笔的应用

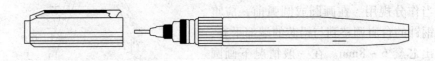

图 1-17 绘图墨水笔

1.2.4 曲线板

曲线板是用来画非圆曲线的工具，其轮廓线由多段不同曲率半径的曲线组成。作图时先徒手用铅笔把曲线上一系列的点顺次地连接起来，然后选择曲线板上曲率合适的部分与徒手连接的曲线贴合。每次连接应通过曲线上三个点，并注意每画一段线，都要比曲线板边与曲线贴合的部分稍短一些，这样才能使所画的曲线圆滑地过渡。如图 1-18(a)和(b)所示。

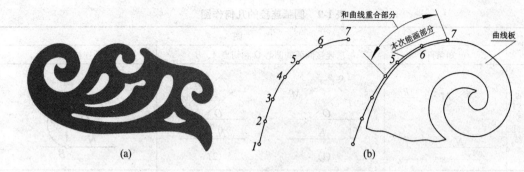

图 1-18　曲线板的应用

1.3　几何图形画法

1.3.1　直线的等分

1.3.1.1　等分直线段

①过 A 点作任直线 AC，用尺子在 AC 上截取所要求的等分数（3 等分），得 1_1、2_1、3_1 点。

②连接 $B3_1$，其余的点作 $B3_1$ 的平行线，1、2 点是 AB 的等分点，如图 1-19 所示。

1.3.1.2　等分两平行线间的距离

将直尺上的刻度 0 点放在 CD 直线上，移动直尺，是刻度点 3 落在 AB 线上（3 等分）记下 M、N 点，过 M、N 作 AB 或 CD 的平行线为所得，如图 1-20 所示。

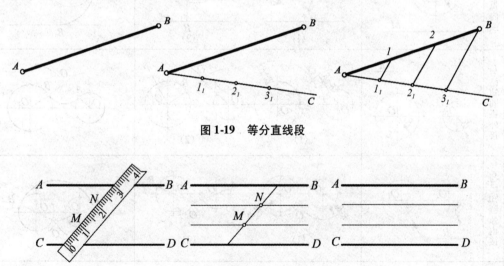

图 1-19　等分直线段

图 1-20　等分两平行线间距

1.3.2　圆弧线的连接

①圆弧连接的概念：用一圆弧圆滑地连接相邻两线段的作图方法，称为圆弧连接。所谓"圆滑地连接"，其几何意义是在连接点处，连接圆弧与被连接线段相切。

②不同的圆弧连接举例，见表 1-9。

表1-9　圆弧连接的几何作图

种类		作　图		
		已知条件	求连接圆弧的圆心 O 和切点 A、B	画连接圆弧
圆弧连接两已知直线	两斜交直线	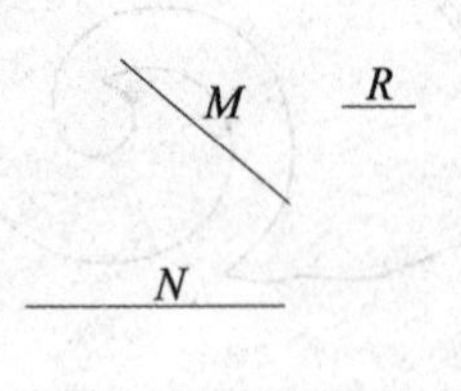	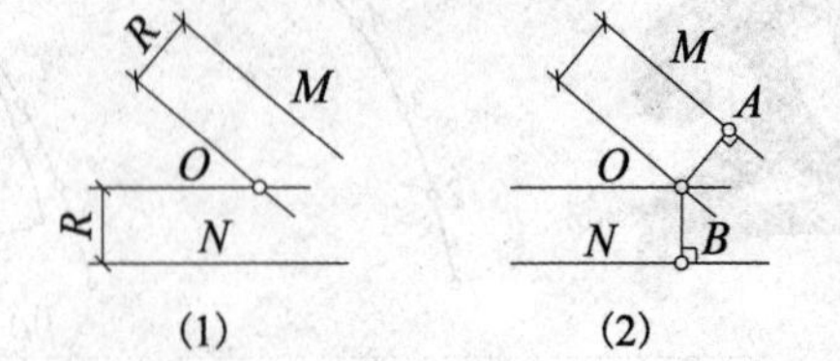 (1)　(2)	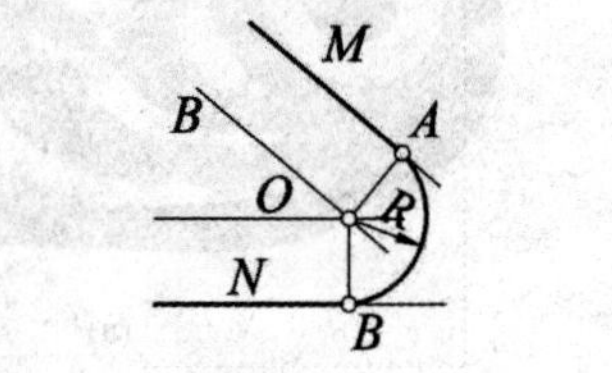
	两正交直线	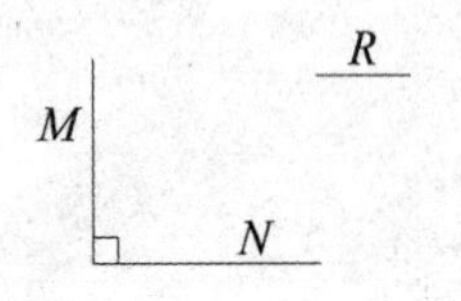	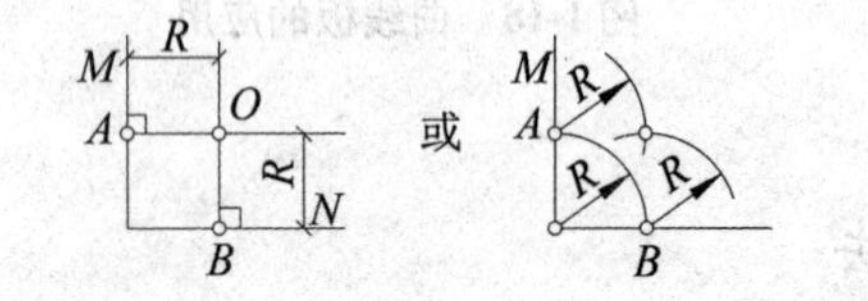 　或　(2)	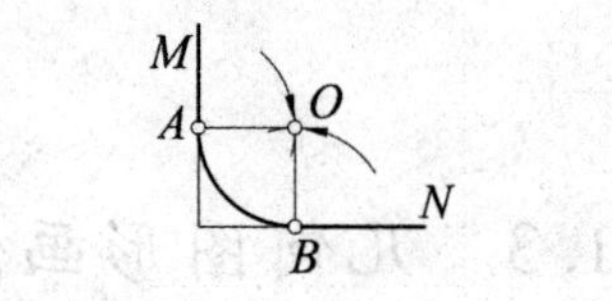
圆弧连接已知圆弧和直线	与已知圆弧外接	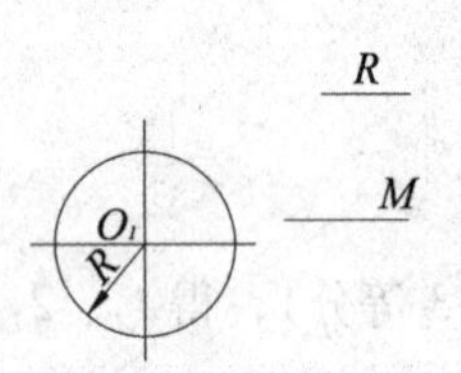	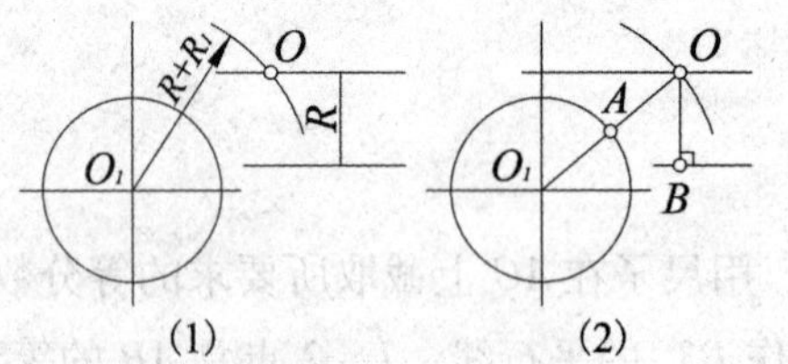 (1)　(2)	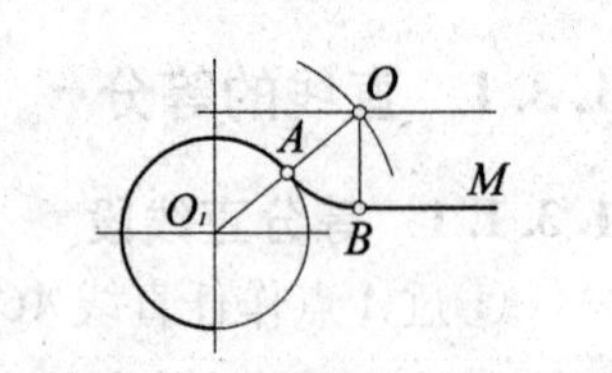
	与已知圆弧内接	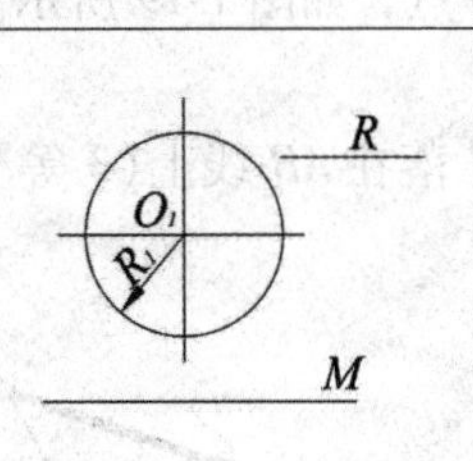	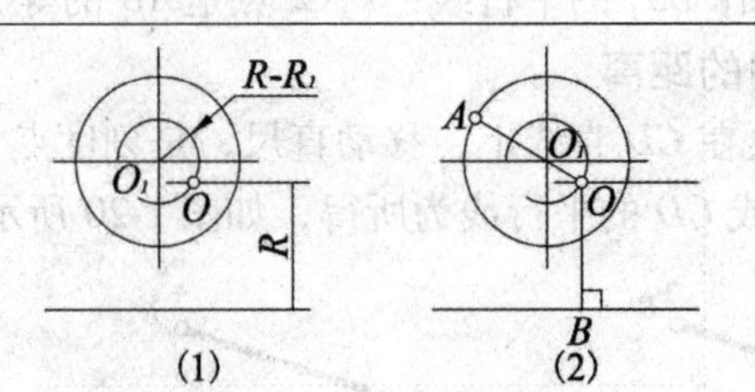 (1)　(2)	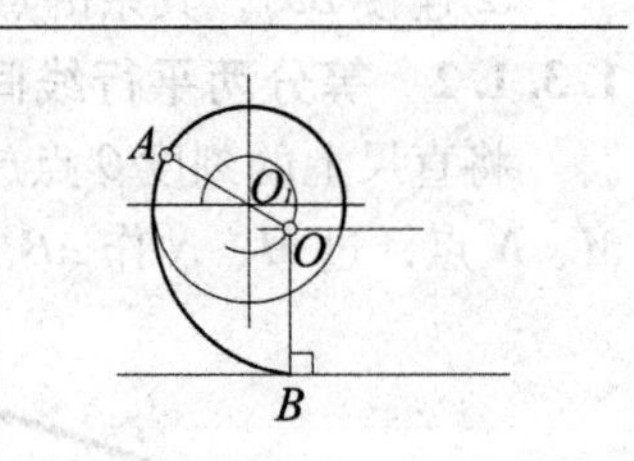
	与已知圆弧外接	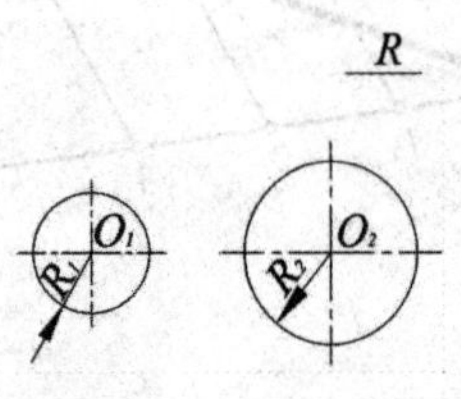	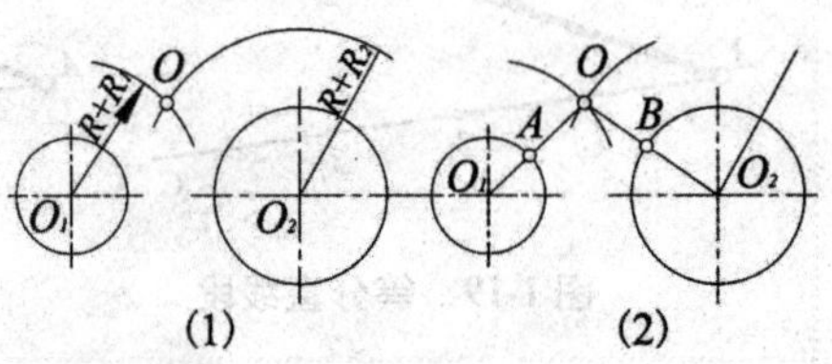 (1)　(2)	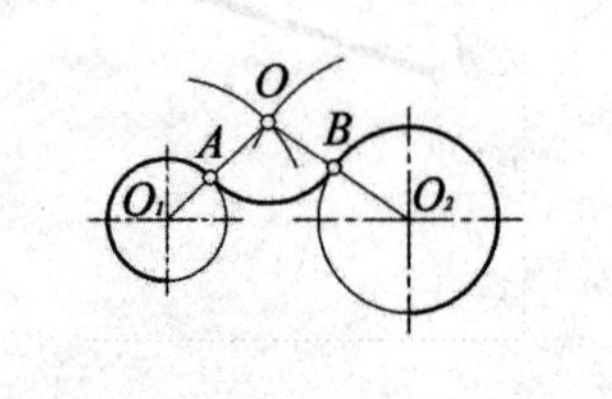
	与已知圆弧内接	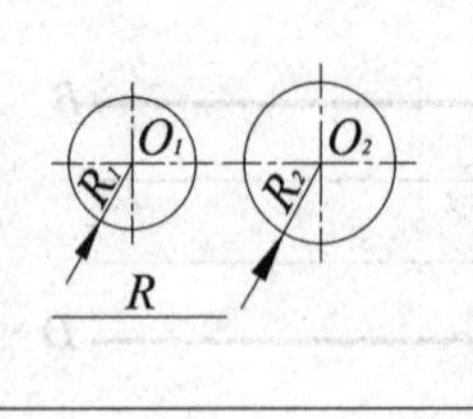	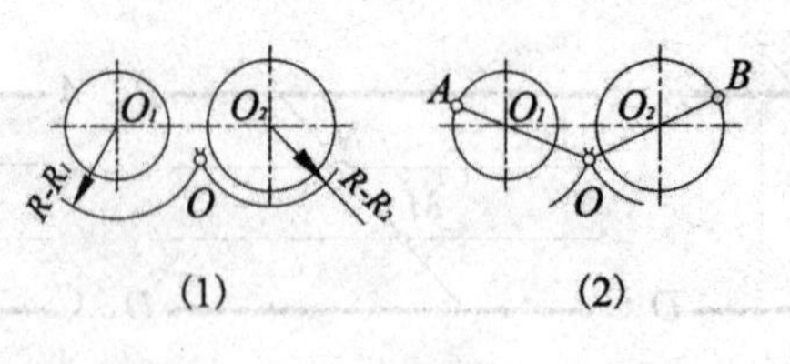 (1)　(2)	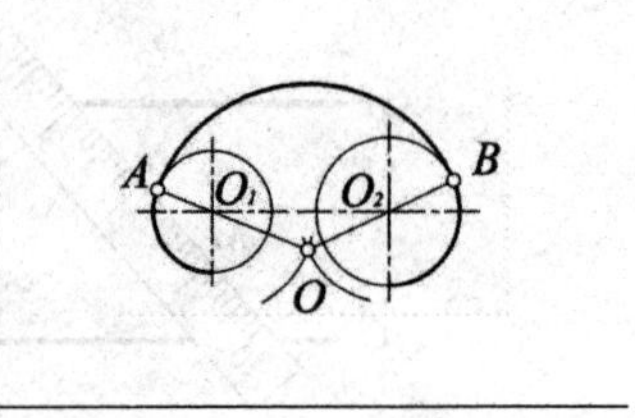
	与已知圆弧外接	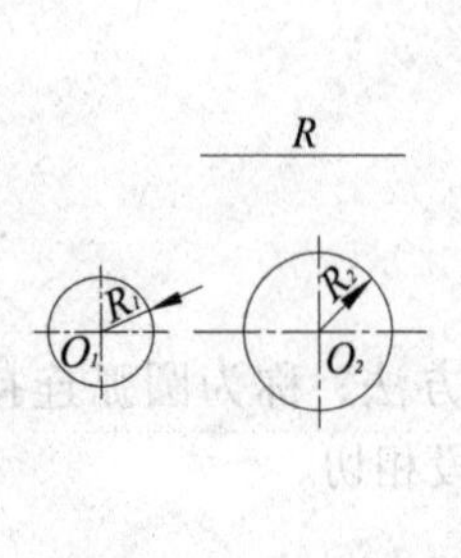	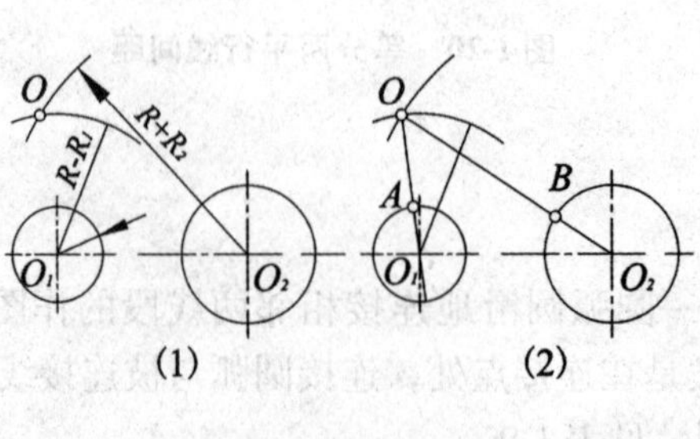 (1)　(2)	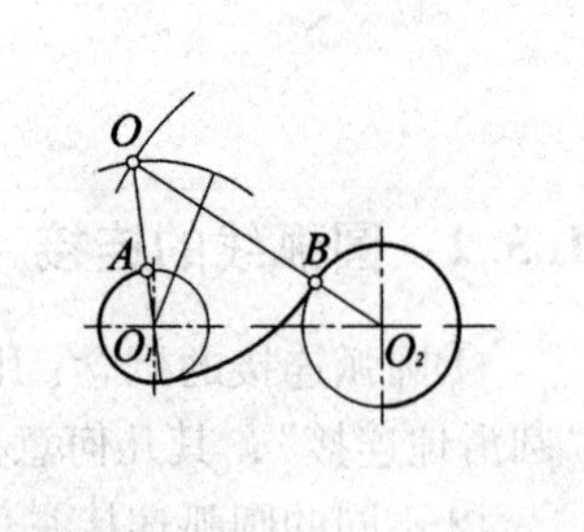

1.4　手工仪器绘图方法和步骤

1.4.1　绘图前的准备工作

①保证有足够的光线，且光线应从左前方射向桌面。绘图桌椅配置要合适，绘图姿势要正确。图板应稍倾斜，便于作图。

②备好必要的制图工具、用品和资料。绘图前应将绘图工具擦拭干净，绘图仪器逐件检查校正，保证绘图质量和图面整洁；各种制图工具、用品和资料应放在绘图桌的右上方，以取用方便，且不影响移动。

③选择合适的图幅，将图纸用胶带纸固定在图板上。

1.4.2　制图步骤

一般用 H 或 2H 铅笔，轻轻淡淡地画底稿图线。一般作图步骤如下：

①确定画图范围。画图纸幅面线（裁边线）、图框线、标题栏外框线等（图1-1）。

②布置图面。按各图采用的比例和预留标注尺寸、文字注释、各图样间距等，安排整张图纸中应画各图样的位置，通常用中心线、轴线或边线等来表示，疏密要匀称，布置要合理。

③根据需画图的类别和内容确定先画的图形。一般应先画轴线或中心线，再画主要轮廓线，然后画细部图线。

④检查图形底稿，布置标注。尺寸界线、尺寸线、尺寸起止符号及图例等。底稿图中应先按字号要求，轻画汉字的字格、字母和数字的字高导线。

⑤铅笔加深或画墨线。

检查底稿无误后，用 HB 铅笔加深或画墨线。铅笔加深图线和画墨线的顺序如下：

①原则上是由上而下，从左到右；通常先画曲线，再画直线。

②画线时笔应离开尺子有一定的间隙，否则墨水会渗透到直尺和图纸上。直线加深一般先画水平、垂直方向，而后画倾斜方向。

③画墨线无论是上墨或描图，无论是用鸭嘴笔或针管笔绘制，都要注意，一条墨线画完后，应将笔立即提起，同时将丁字尺、三角板避开刚画的墨线移开，画不同方向的线条须等到其干后再画。

④完成图样：对图线、图表框线、分格线、尺寸线等铅笔加深或画墨线后，先书写尺寸数字、注释文字、各图名称及标题栏内文字，再铅笔加深或墨线画标题栏的分格、标题栏框及图框等。经校对无误、无遗漏后，完成全图。

思考题

1. 图纸幅面的规格有哪些？
2. 图线有哪些类型？
3. 常用长仿宋体字高与字宽的关系是什么？

第2章 投影基本知识

2.1 投影基本概念和分类

2.1.1 投影的概念

把空间形体真实、准确地表达在平面图纸上，需要用投影的方法。投影法源于日常生活中光的投射成影这一物理现象。

假设光线能够透过物体而将物体的各个顶点和棱线在平面上投落它们的影，这些点和线的影将组成一个能够反映出物体形状的图形，这个图形称为物体的投影，如图2-1所示。

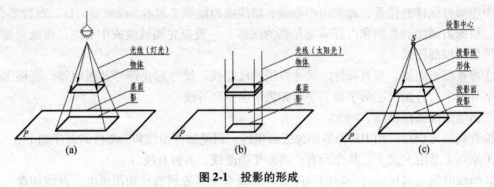

图 2-1 投影的形成

图2-1(c)中，光源 S 称为投影中心；投影所在的平面 P 称为投影面；光线称为投影线；通过一点的投影线与投影面 P 相交，所得交点就是该点在平面 P 上的投影。这种只研究其形状和大小，而不涉及其理化性质的物体，称为形体；**作出形体投影的方法，称为投影法。**

投影法三要素：**形体、投影线和投影面**，如图2-2所示。

2.1.2 投影的分类

投影可分为**中心投影**和**平行投影**两类。

2.1.2.1 中心投影法

投影线由一点放射出来的投影，称为中心投影，如图2-3所示。这种投影方法，称为中心投影法。我们平时见到的透视图(透视投影详见第7章)，就是利用中心投影法绘制的，如图2-5所示。

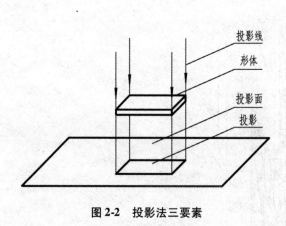

图 2-2　投影法三要素

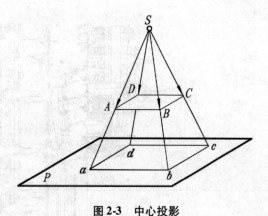

图 2-3　中心投影

2.1.2.2　平行投影法

由相互平行的投影线作出的投影，称为**平行投影**，如图 2-4 所示。这种投影方法，称为平行投影法。

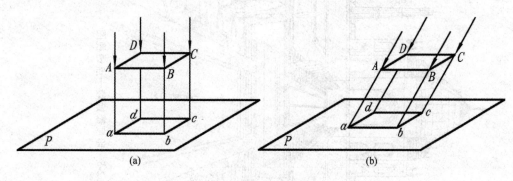

图 2-4　平行投影

（a）正投影　（b）斜投影

根据投影线与投影面成倾斜或垂直关系，平行投影又分为**正投影**和**斜投影**两种。

（1）正投影

投影线垂直于投影面时所作出的平行投影，称为正投影，如图 2-4(a)所示。作出形体正投影的方法，称为正投影法。

用正投影法绘制的投影图，称为正投影图。如图 2-6 台阶的正投影图。轴测图中的正轴测图也是利用正投影法绘制的，如图 2-7 所示。用正投影法还可以得到一段地面的等高线投影，将其按比例缩小画在图纸上，并标注出各等高线的标高，从而表达该地段的地形。这种带有标高用来表示地面形状的正投影图称为标高投影图(标高投影详见第 8 章)，图上附有作图的比例尺。

（2）斜投影

投影线倾斜于投影面时所作出的平行投影，称为斜投影，如图 2-4(b)所示。作出形体斜投影的方法，称为斜投影法。轴测图(轴测投影详见第 5 章)中的斜轴测图就是利用斜投影法绘制的，如图 2-8 所示。

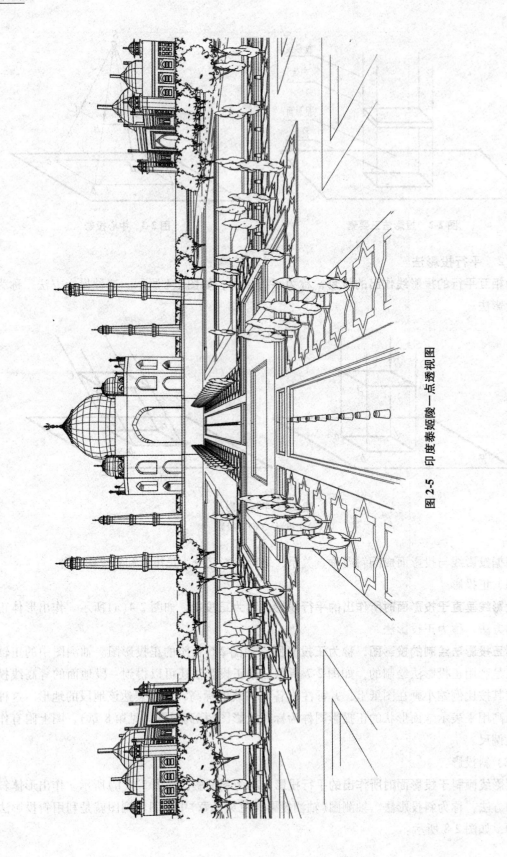

图 2-5　印度泰姬陵—一点透视图

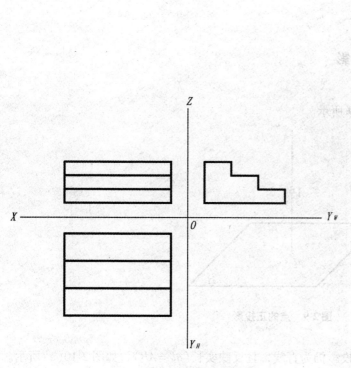

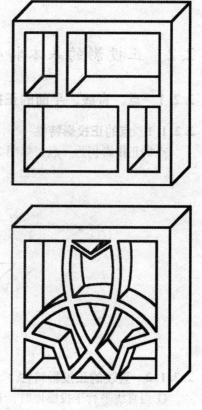

图 2-6　台阶的正投影图

图 2-8　花格窗斜轴测图

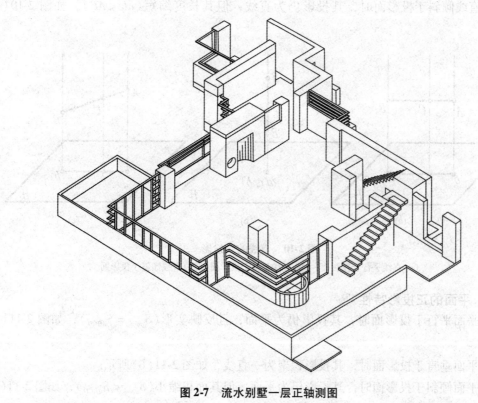

图 2-7　流水别墅一层正轴测图

2.2 正投影的基本特性

2.2.1 点、直线、平面的正投影

2.2.1.1 点的正投影特性

点的正投影仍为一点，如图 2-9 所示。

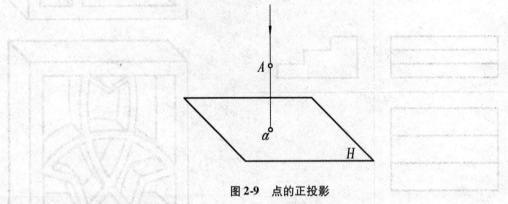

图 2-9 点的正投影

2.2.1.2 直线的正投影特性

①当直线平行于投影面时，其投影仍为直线，且反映实长（$ab = AB$），如图 2-10(a)所示。

②当直线垂直于投影面时，其投影积聚为一点，如图 2-10(b)所示。

③当直线倾斜于投影面时，其投影仍为直线，但其长度缩短（$ab < AB$），如图 2-10(c)所示。

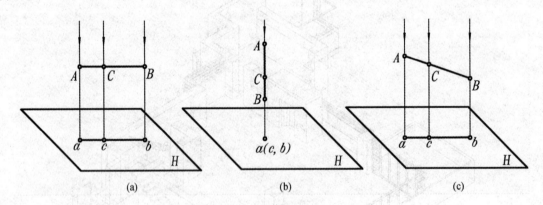

图 2-10 直线的正投影

(a)直线平行于投影面　(b)直线垂直于投影面　(c)直线倾斜于投影面

2.2.1.3 平面的正投影特性

①当平面平行于投影面时，其投影仍为平面，且反映实形（$S_{abcd} = S_{ABCD}$），如图 2-11(a)所示。

②当平面垂直于投影面时，其投影积聚为一直线，如图 2-11(b)所示。

③当平面倾斜于投影面时，其投影仍为平面，但其面积缩小（$S_{abcd} < S_{ABCD}$），如图 2-11(c)所示。

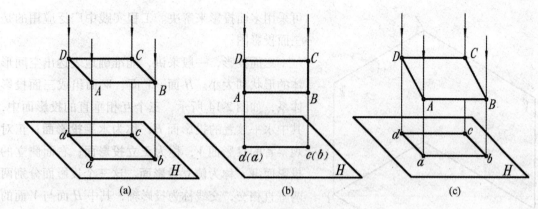

图 2-11　平面的正投影
(a)平面平行于投影面　(b)平面垂直于投影面　(c)平面倾斜于投影面

2.2.2　正投影的基本特性

由点、线、面的正投影特性，可以总结出**正投影的基本特性**：

①**实形性**　直线(或平面图形)平行于投影面，其投影反映实长(或平面实形)。

②**积聚性**　直线(或平面图形)垂直于投影面，其投影积聚为一点(或一直线)。

③**类似性**　直线(或平面图形)倾斜于投影面，其投影长度缩短(或面积缩小)，但与原几何形状相仿(类似形)。

2.3　三面投影图

2.3.1　三面投影体系的建立

空间一点的一个投影不能确定该点在空间的位置，因为过该点的投影线上的任意点，其投影都在该投影线与投影面的交点上，如图 2-12。同样，空间形体的单面投影，也不具有"可逆性"，如图 2-13。投影面 H 上的正投影可以还原出多个空间形体。为使投影图具有"可逆性"，在正投影条件下，

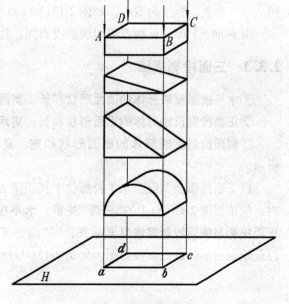

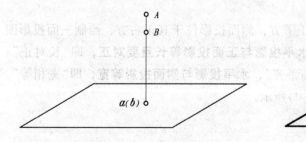

图 2-12　点的单面正投影　　　　**图 2-13　形体的单面正投影**

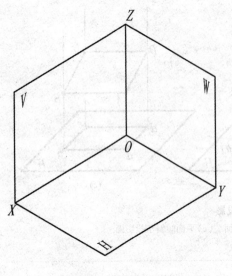

图 2-14　三面投影体系

可采用多面投影来解决。工程实践中广泛应用的是三面投影图。

三面投影，一般来讲，能准确地表达出空间形体的形状和大小。H 面、V 面、W 面组成三面投影体系，如图 2-14 所示，三个互相垂直的投影面中，其中水平放置的投影面 H，称为**水平投影面**；正对观察者的投影面 V，称为**正立投影面**；右面侧立的投影面 W，称为**侧立投影面**。这三个投影面分别两两垂直相交，交线称为投影轴，其中 H 面与 V 面的交线称为 OX 轴；H 面与 W 面的交线称为 OY 轴；V 面与 W 面的交线称为 OZ 轴。OX 轴、OY 轴、OZ 轴是三条相互垂直的投影轴。三个投影面或三个投影轴的交点 O，称为原点。

将形体放置于三面投影体系中，按正投影原理向各投影面投影，即可得到形体的水平投影(或 H 面投影)、正面投影(或 V 面投影)、侧面投影(或 W 面投影)，如图 2-15(a)所示。

2.3.2　三面投影体系的展开

为了方便作图和阅读图样，实际作图时须将形体的三个投影绘制在同一平面上，这就需要将三个互相垂直的投影面展开在同一平面上。

三个投影面展开后，三条投影轴成为两条垂直相交的直线，原 OX 轴、OZ 轴位置不变，即 V 面不动，将 H 面沿 OX 轴向下旋转 90°，W 面沿 OZ 轴向右旋转 90°。原 OY 轴则被一分为二，一条随 H 面转到与 OZ 轴在同一铅垂线上，标注为 OY_H；另一条随 W 面转到与 OX 轴在同一水平线上，标注为 OY_W，如图 2-15(b)(c)所示。

由 H 面、V 面、W 面投影组成的投影图，称为形体的**三面投影图**，如图 2-15(d)所示。

2.3.3　三面投影规律

①水平投影反映形体的顶面形状和长、宽两个方向上的尺寸。

②正面投影反映形体的正面形状和长、高两个方向上的尺寸。

③侧面投影反映形体的侧面形状和宽、高两个方向上的尺寸，如图 2-15(c)和图 2-16所示。

以正面投影为基准，水平投影位于其正下方，侧面投影位于其正右方，绘制三面投影图时，应依据图 2-15(c)中的"三等"关系：水平投影与正面投影等长且要对正，即"**长对正**"；**正面投影与侧面投影等高且要平齐，即"高平齐"；水平投影与侧面投影等宽，即"宽相等"**。以此绘制出形体的三面投影图，如图 2-15(d)所示。

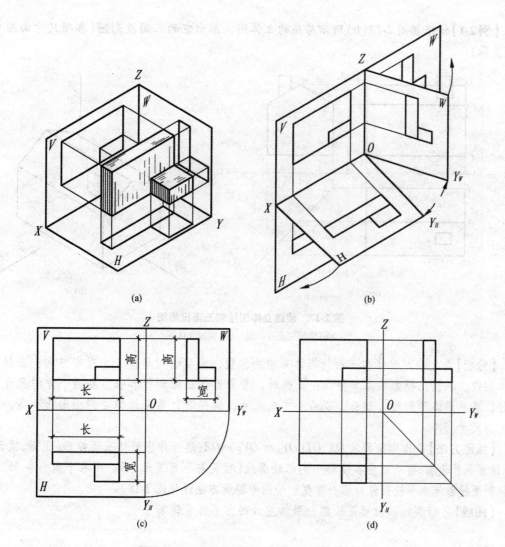

图 2-15　三面投影体系的展开与三面投影图

（a）形体位于三面投影体系中　（b）三面投影体系的展开方式

（c）三面投影中的"三等"关系　（d）依据"三等"关系绘制的形体三面投影图

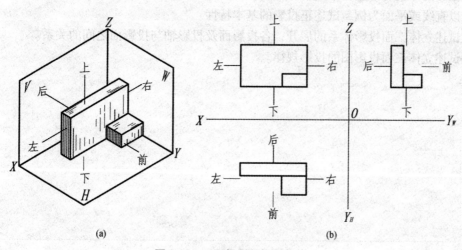

图 2-16　三面投影图投影规律

【例2-1】试根据图2-17(b)所示房屋的立体图，画出它的三面投影图(各项尺寸由图中按1:1量取)。

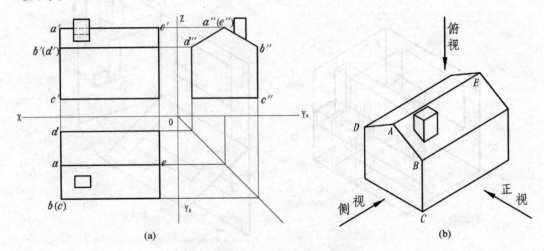

图2-17　根据立体图绘制三面投影图

(a)房屋三面投影图　(b)房屋立体图

【分析】首先确定形体在三面投影体系中的位置，即观者对形体三个观察方向：正视、俯视、侧视。根据正投影的基本特性：正视时，看见形体正面形状和长、高两个方向尺寸；俯视时，看见形体顶面形状和长、宽两个方向尺寸；侧视时，看见形体左侧面形状和高、宽两个方向尺寸。

【绘图方法】先作出投影轴 OX、OY(OY_H 和 OY_W)、OZ，然后作出形体三面投影(正面、顶面、侧面)的可见外轮廓，再绘制出各投影中内部轮廓线(可见与不可见部分)。用右下角一条45°斜线控制侧面投影与水平投影保持同一宽度。绘图步骤及方法详见图2-18。

【图线】用粗实线画出可见轮廓，用细虚线画出不可见轮廓。

思考题

1. 投影的分类有哪些？举例说明各类投影在风景园林工程制图中的应用。
2. 以直线或平面为例，试述正投影的基本特性。
3. 试述立体三面投影体系的展开；各投影面及投影轴与投影面之间的关系。
4. 试述立体三面投影图的投影规律。

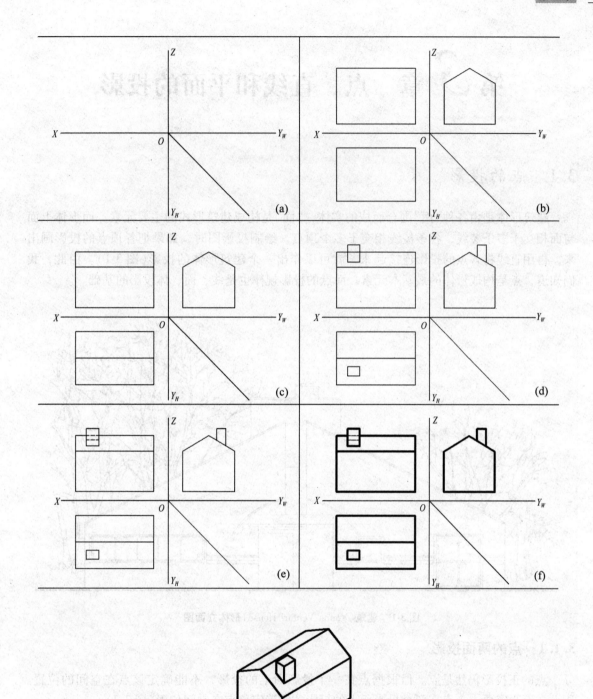

图2-18 绘制三面投影图的作图步骤

(a)画投影轴及45°斜线 (b)依据投影轴及45°斜线确定形体三面投影的最外轮廓位置
(c)画正面投影中的檐口线和水平投影中的屋脊线 (d)画烟囱的三面投影 (e)检查投影图，
图中不可见轮廓线画成虚线 (f)整理投影图，加粗形体可见轮廓线

第 *3* 章 点、直线和平面的投影

3.1 点的投影

　　建筑形体是由各种"面"围合而成的实体，"面"是构成建筑形式的主要元素。而形体上面与面相交于多条棱线，各条棱线相交于多个顶点。绘制投影图时，如果把各顶点的投影画出来，再用直线将各点的投影连接起来，就可以作出一个建筑形体的投影（图3-1）。由此，我们知道，点是构成形体的最基本元素。而点的投影规律也是线、面、体投影的基础。

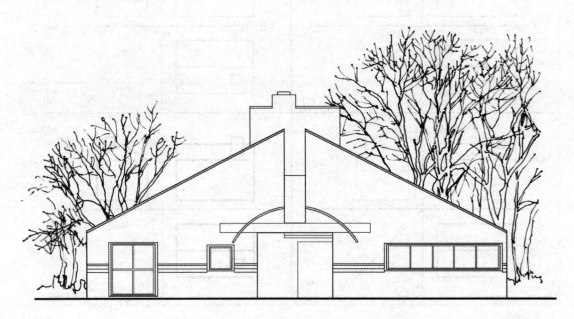

图 3-1　建筑（Vanna Venturi House）形体立面图

3.1.1 点的两面投影

　　点的正投影仍然是点。但根据点在一个投影面上的投影，不能确定该点在空间的位置。因此，至少需要一个点在两个投影面上的投影才能确定该点在空间位置（图3-2）。

　　如图3-2（a）所示，A 点在 V 面上的投影为 a'，在 H 面上的投影为 a，由 a 和 a' 分别向 OX 轴作垂线，形成一矩形 $Aa'a_xa$，规定投影面 V 不动，H 面向下旋转 $90°$，如图3-2（b）所示，因投影面无限大，绘图时一般不画出投影面边框，即得点的两面投影图，如图3-2（c）所示。

　　点在两面体系中的投影特性：

　　①点的正面投影和水平投影连线垂直 OX 轴，即 $a'a \perp OX$。

　　②点的正面投影到 OX 轴的距离，反映该点到 H 面的距离；点的水平投影到 OX 轴的距离，反映该点到 V 面的距离，即 $a'a_x = Aa$，$aa_x = Aa'$。

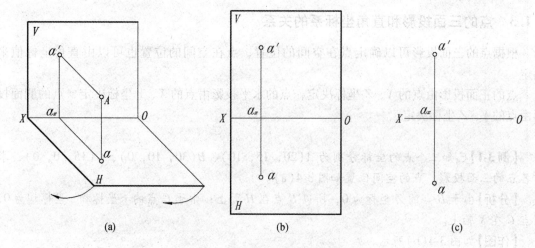

(a)　　　　　　　　(b)　　　　　　　　(c)

图 3-2　点的两面投影的形成及特性
(a)两面投影体系　(b)投影面展开　(c)点的两面投影图

3.1.2　点的三面投影规律

为了更清楚地表达某些形体，有时需要在两面投影体系基础上，再增加一个与 H 面及 V 面垂直的侧立投影面 W 面，形成三面投影体系，如图 3-3 所示。

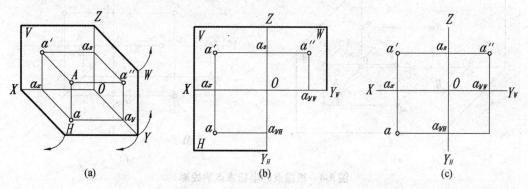

(a)　　　　　　　　(b)　　　　　　　　(c)

图 3-3　点在三面体系中的投影
(a)三面投影体系　(b)投影面展开　(c)点的三面投影图

从图 3-3(a)中我们不难看出：

$$Aa = a'a_x = a''a_y = a_zO$$

$$Aa' = a''a_z = aa_x = a_yO$$

$$Aa'' = aa_y = a'a_z = a_xO$$

据此，我们在展开的三面投影体系中，得出**点在三面投影体系中的投影特性**，如图 3-3(b)(c)所示。其特性如下：**点的水平投影(a)和正面投影(a')的连线垂直于 OX 轴，点的正面投影(a')和侧面投影(a'')的连线垂直于 OZ 轴；点的侧面投影到 OZ 轴的距离($a''a_z$)等于点的水平投影到 OX 轴的距离(aa_x)，都反映该点到 V 面的距离。**即：

①$a'a \perp OX$，$a'a'' \perp OZ$，$aa_{y_H} \perp OY_H$，$a''a_{y_W} \perp OY_W$

②$a''a_z = aa_x = Aa'$，$a'a_x = a''a_y = Aa$，$aa_y = a'a_z = Aa''$

3.1.3　点的三面投影和直角坐标系的关系

根据点的三面投影可以确定点在空间的位置，点在空间的位置也可以由直角坐标值来确定。

点的正面投影由点的 X、Z 坐标决定，点的水平投影由点的 X、Y 坐标决定，点的侧面投影由点的 Y、Z 坐标决定。

【例3-1】已知三个点的坐标分别为 $A(20，15，10)$、$B(30，10，0)$、$C(15，0，0)$，求作各点的三面投影，点的空间位置如图3-4(a)。

【分析】由于 B 的 Z 坐标为0，所以 B 点在 H 面上；由于 C 点的 y 坐标和 z 坐标均为0，则点 C 在 X 轴上。

【作图】如图3-4(b)所示。

(1)作 A 点的投影：

在 OX 轴上量取 $Oa_x = 20$；

过 a_x 作 $aa' \perp OX$ 轴，并使 $aa_x = 15$，$a'a_x = 10$；

过 a' 作 $a'a'' \perp OZ$ 轴，并使 $a''a_z = aa_x$；a，a'，a'' 即为所求 A 点的三面投影。

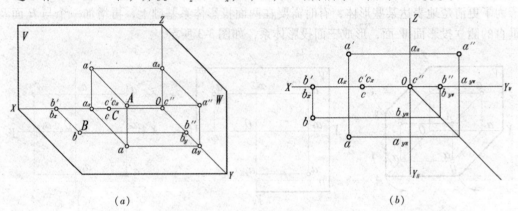

(a)　　　　　　　　　　　　　　　(b)

图3-4　根据点的坐标求点的投影

(2)作 B 点的投影：

在 OX 轴上量取 $Ob_x = 30$；

过 b_x 作 $bb' \perp OX$ 轴，并使 $bb_x = 10$，由于 B 点的 Z 坐标为0，即 $b'b_x = 0$，b'、b_x 重合，b' 在 X 轴上。因为 B 点的 Z 坐标为0，则 b'' 在 OY_W 轴上，在该轴上量取 $Oby_W = 10$，得 b''；则 b、b'、b'' 即为所求 B 点的三面投影。

(3)作 C 点的投影：

在 OX 轴上量取 $Oc_x = 15$；

由于 C 点的 Y 坐标和 Z 坐标均为0，c、c' 在 OX 轴上重合，c'' 与原点 O 重合；c、c'、c'' 即为所求 C 点的三面投影。

图3-4中 B 点在投影面 H 上，是投影面上的点；C 点在 OX 轴上，是投影轴上的点。一点位于投影面上，则该点的三面投影中必有两面投影落在投影轴上；一点位于投影轴上，则点的三面投影中必有两面投影重合为一点并落在投影轴上，而另一面投影落于原点，与原点 O 重合。

3.1.4　两点的相对位置

空间点的相对位置，可以利用两点在同面投影的坐标来判断，其中左右由 X 坐标差判别，上下由 Z 坐标差判别，前后由 Y 坐标差判别，如图 3-5 所示。

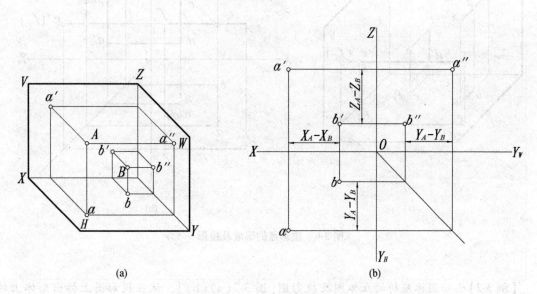

图 3-5　两点间的相对位置

3.1.5　重影点及其可见性判别

当空间两点位于垂直于某个投影面的同一投影线上时，两点在该投影面上的投影重合，称为重影点。 如图 3-6(a) 所示，A、B 为 V 面重影点，C、D 为 H 面重影点，E、F 为 W 面重影点。

重影点可见性的判别方法：

①判别 V 面重影点的可见性，必须从前往后看，较前一点可见，较后一点不可见。如图 3-6(b) 中，A、B 为 V 面重影点，观察 H 面或 W 面投影中 A、B 两点投影的前后位置关系，可以确定 A 点的投影在前，B 点的投影在后（A 点坐标值大，B 点坐标值小），所以在 V 面投影中 A 点的投影 a' 可见，B 点的投影 b' 不可见。投影图中规定，**不可见点的投影的标记字母加括号表示**，即 B 点的 V 面投影表示为 (b')。

②判别 H 面重影点的可见性，必须从上往下看，较高一点可见，较低一点不可见。在投影图中，即观察 V 面或 W 面投影，确定上下关系。

③判别 W 面重影点的可见性，必须从左往右看，较左一点可见，较右一点不可见。在投影图中，即观察 V 面或 H 面投影，确定左右关系。

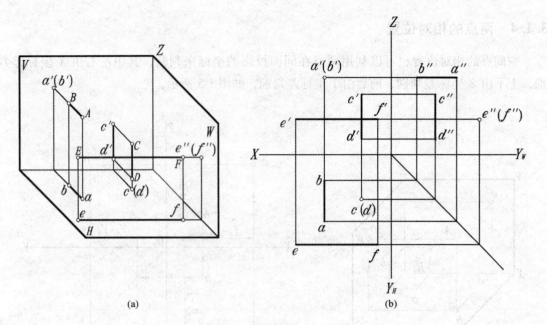

图 3-6　重影点的形成及投影

【例3-2】已知园林座椅的立体图及投影图［图 3-7(a)(b)］，试在投影图上标出形体上的重影点的投影。

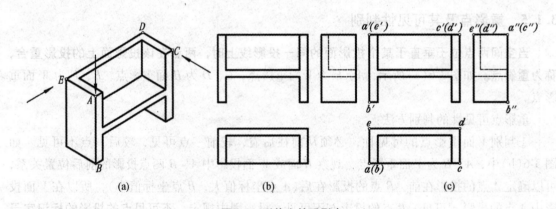

图 3-7　形体上的重影点

(a)座椅立体图　(b)座椅三面投影图　(c)座椅三面投影图中的重影点

【分析】根据重影点可见性的判别方法：

(1)判别 V 面重影点的可见性，必须从前往后看，图 3-7(a)中，A、E 两点在同一条垂直于 V 面的棱线上，A 点的投影在前为可见，E 点的投影在后为不可见，因此 A、E 为 V 面重影点，在投影图上标记为 $a'(e')$；同理，C、D 也为 V 面重影点，在投影图上标记为 $c'(d')$，如图 3-7(c)所示。

(2)判别 H 面重影点的可见性，必须从上往下看，图 3-7(a)中，A、B 两点在同一条垂直于 H 面的棱线上，A 点的投影在上为可见，B 点的投影在下为不可见，因此 A、B 为 H 面重影点，在投影图上标记为 $a(b)$，如图 3-7(c)所示。

（3）判别 W 面重影点的可见性，必须从左往右看，图 3-7(a)中，E、D 两点在同一条垂直于 W 面的棱线上，E 点的投影在左为可见，D 点的投影在右为不可见，因此 E、D 为 W 面重影点，在投影图上标记为 $e''(d'')$；同理，A、C 也为 W 面重影点，在投影图上标记为 $a''(c'')$，如图 3-7(c)所示。

3.2　直线的投影

3.2.1　直线的投影

直线可以由线上的两点确定，所以求直线的投影就是先求点的投影，然后将点的同面投影相连，即为直线的投影，如图 3-8 所示。

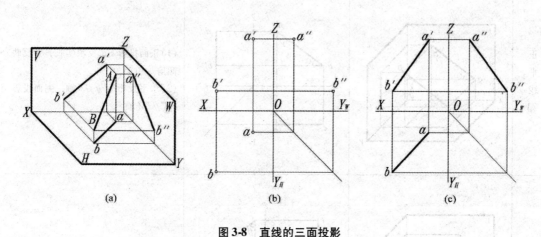

(a)	(b)	(c)

图 3-8　直线的三面投影

3.2.2　各种位置直线的投影及其投影特性

直线与投影面的相对位置分为三种：投影面平行线、投影面垂直线和一般位置直线。投影面平行线和投影面垂直线称为特殊位置直线。

3.2.2.1　投影面平行线

直线平行于一个投影面与另外两个投影面倾斜时，称为投影面平行线。

水平线：平行于 H 面倾斜于 V、W 面；

正平线：平行于 V 面倾斜于 H、W 面；

侧平线：平行于 W 面倾斜于 H、V 面。

投影面平行线特性：平行于哪个投影面，在那个投影面上的投影反映该直线的实长，而且投影与投影轴的夹角，也反映了该直线对另两个投影面的倾角，而另外两个投影平行于相应的投影轴，比实长要短，见表 3-1。

表 3-1 投影面平行线的投影特性

名称	立体图	投影图	投影特性
水平线 (// H)	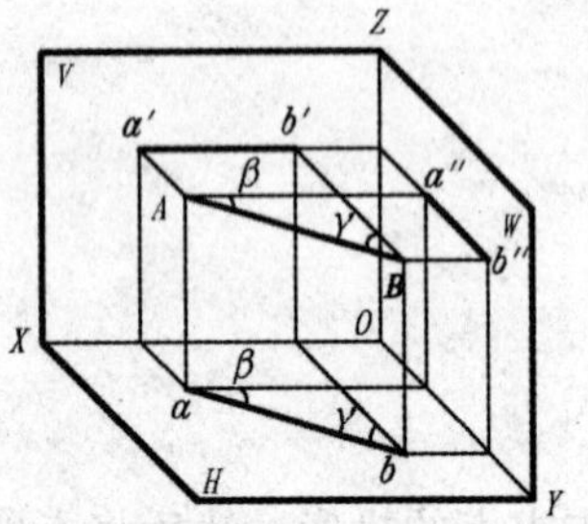	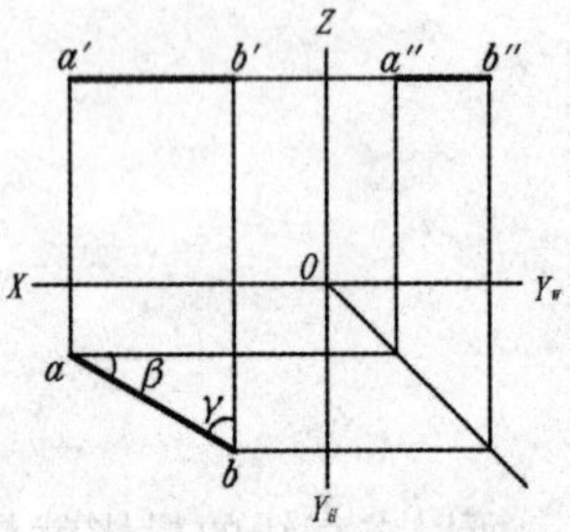	(1) 水平投影 ab 反映实长, 并反映倾角 β 和 γ; (2) 正面投影 a'b' // OX 轴, 侧面投影 a"b" // OY_W 轴
正平线 (// V)	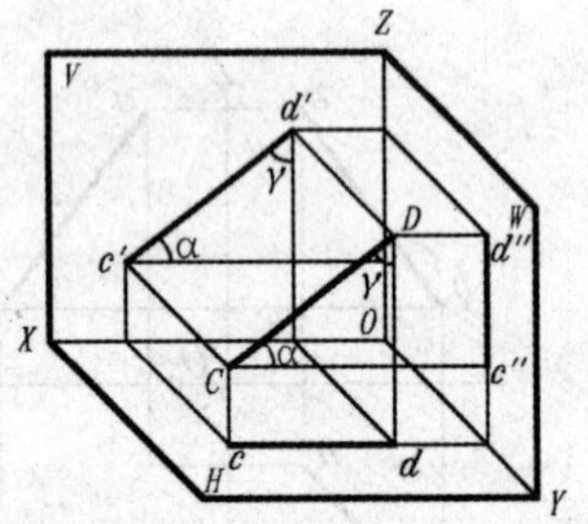	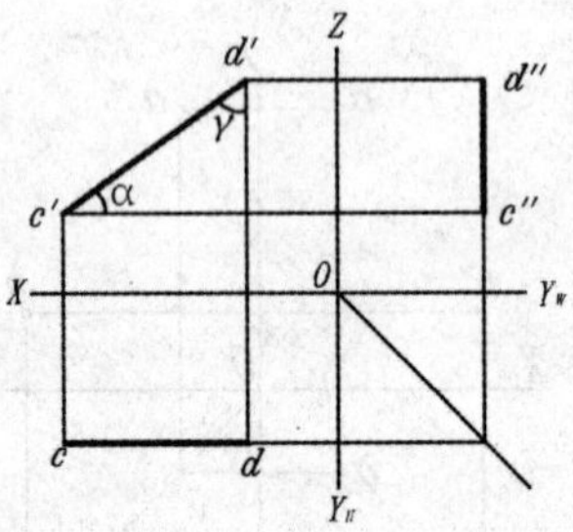	(1) 正面投影 c'd' 反映实长, 并反映倾角 α 和 γ; (2) 水平投影 cd // OX 轴, 侧面投影 c"d" // OZ 轴
侧平线 (// W)	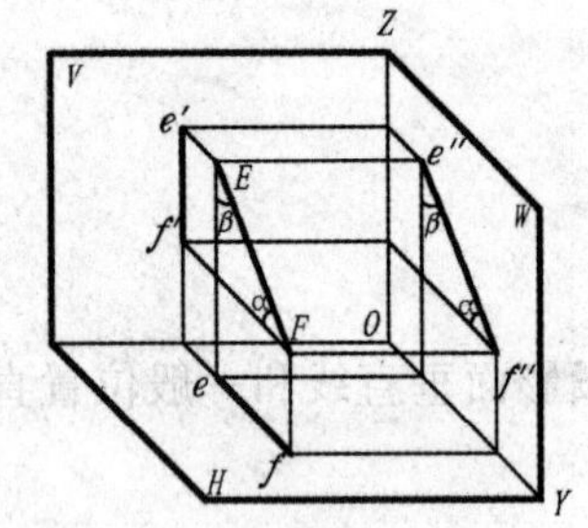	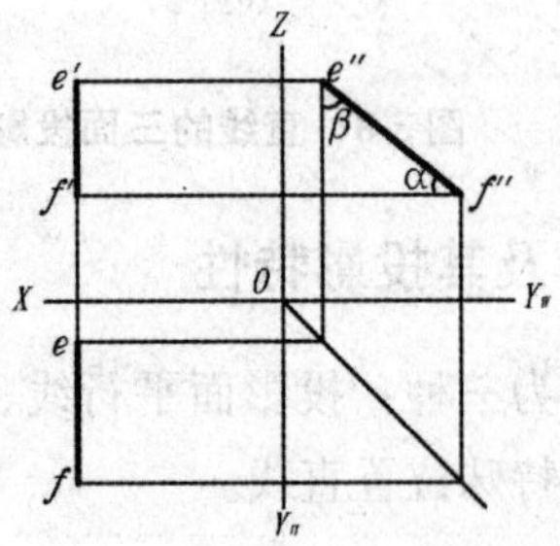	(1) 侧面投影 e"f" 反映实长, 并反映倾角 α 和 β; (2) 正面投影 e'f' // OZ 轴, 水平投影 ef // OY_H 轴

3.2.2.2 投影面垂直线

直线垂直于一个投影面与另外两个投影面平行时, 称为投影面垂直线。

铅垂线: 垂直于 H 面平行于 V、W 面;

正垂线: 垂直于 V 面平行于 H、W 面;

侧垂线: 垂直于 W 面平行于 V、H 面。

投影面垂直线特性: 垂直于哪个投影面, 在那个投影面上的投影积聚成一个点, 而另外两个投影面上的投影垂直于相应的投影轴且反映实长, 见表 3-2。

表3-2 投影面垂直线的投影特性

名称	立体图	投影图	投影特性
铅垂线（⊥H）			(1)水平投影积聚成一点$a(b)$； (2)正面投影$a'b'\perp OX$轴，侧面投影$a''b''\perp OY_W$轴，并且都反映实长
正垂线（⊥V）			(1)正面投影积聚成一点$c'(d')$； (2)水平投影$cd\perp OX$轴，侧面投影$c''d''\perp OZ$轴，并且都反映实长
侧垂线（⊥W）			(1)侧面投影积聚成一点$e''(f'')$； (2)正面投影$e'f'\perp OZ$轴，水平投影$ef\perp OY_H$轴，并且都反映实长

3.2.2.3 一般位置直线

直线与三个投影面都处于倾斜位置，称为一般位置直线（图3-9）。

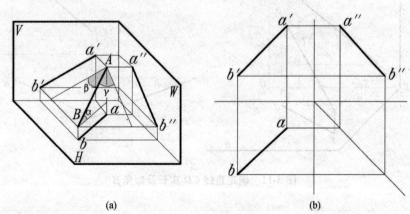

(a)   (b)

图3-9 一般位置直线

空间直线和它在某一投影面上的正投影之间的夹角，就是此直线与投影面的倾角。通常直线与投影面 H、V、W 的倾角分别用 α、β、γ 表示，如图 3-9(a)所示。一般位置直线在三个投影面上的投影都不反映实长，而且与投影轴的夹角也不反映空间直线对投影面的倾角。

3.2.3　一般位置线段的实长及其对投影面倾角 *

一般位置直线的投影既不反映实长又不反映对投影面的真实倾斜角度。要求得实长和倾角，可以利用直角三角形法求得，如图 3-10 所示。

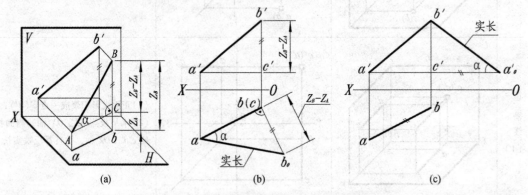

图 3-10　求一般位置直线的实长及对投影面的倾角

图 3-10(a)中过点 A 作 $AC /\!/ ab$，得直角三角形 ABC。其中 AB 为直角三角形斜边反映空间直线实长，$\angle BAC$ 等于直线 AB 对 H 面的倾角 α。而直角边 $AC = ab$，BC 为点 B 和点 A 的高度之差也就是 Z 轴坐标差，即 $BC = Z_B - Z_A$。在投影图中利用直角三角形法便可以求出 AB 的实长和倾角 α，如图 3-10(b)(c)所示。

【例 3-3】如图 3-11，已知直线 CD 的两面投影 cd 和 $c'd'$，试用直角三角形法确定直线 CD 的实长及其对 V 面的倾角 β。

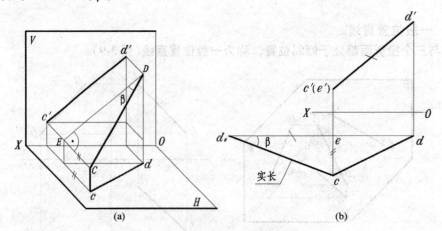

图 3-11　确定直线 CD 实长及倾角 β

注：标有 * 的部分可根据专业的需要和课时的安排选择讲解，下同。

【分析】如图 3-11（a）所示为直线 CD 两面投影及对 V 面的倾角 β 的立体图。过点 D 作 $DE \parallel c'd'$，得直角三角形 CDE，其中一直角边 DE 等于 CD 的正面投影 $c'd'$，另一直角边等于直线两端点 C 和 D 的 Y 轴坐标差，即 $CE = Y_C - Y_D$，斜边 CD 即是所求直线的实长，而斜边 CD 与正面投影长度 DE 的夹角即为 β。

由此，可以归纳出直角三角形法求线段的实长和倾角的方法，如图 3-10（b）（c），图 3-11（b）所示：

①分别以线段在某投影面的投影长度和线段两端点相对于该投影面的坐标差为直角边作直角三角形；

②斜边长即为该线段的实长；

③斜边与该投影的夹角，即为所求空间直线与该投影面的倾角。

【例 3-4】已知直线 AB 的正面投影 $a'b'$ 和点 A 的水平投影 a，并且直线 AB 对 H 面的倾角 $\alpha = 30°$，求直线 AB 的水平投影 ab（图 3-12）。

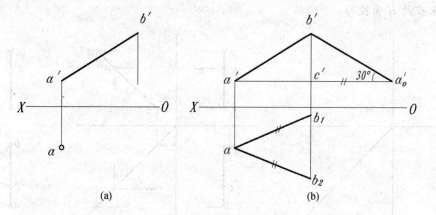

（a）　　　　　　　　（b）

图 3-12　根据直线 CD 的倾角 β 补水平投影

【分析】依据直角三角形法，已知直线 AB 正面投影 $a'b'$ 即可求得直线两端点 A、B 的高度差即 Z 轴坐标差。直线 AB 对 H 面的倾角 $\alpha = 30°$，在已知 α 角的情况下，应以直线 AB 两端点的 Z 坐标差作为一直角边，作出该直角三角形，求得另一直角边长度即为水平投影 ab 长度。

【作图】

①过 a' 作 OX 轴的平行线，与点 B 的投射线交于 c'；

②过 b' 作与 OX 轴成 30° 角的直线，此直线与过 c' 点所作的水平线交于 a'_0，得直角三角形 $b'c'a'_0$，其直角边 $c'a'_0$ 即为直线 AB 的水平投影；

③以点 a 为圆心，$c'a'_0$ 长为半径画弧，与点 B 的投射线相交于 b_1、b_2 两点，连接 ab_1 和 ab_2，则 ab_1 和 ab_2 即为所求，此题共有两解。

3.2.4　直线上的点

如果点在直线上，则点的各个投影必在该直线的同面投影上；点分线段成某一比例，则该点的各个投影也分该线段的同面投影成相同的比例。如图 3-13 所示，$AC:CB = ac:cb = a'c':c'b' = a''c'':c''b''$。

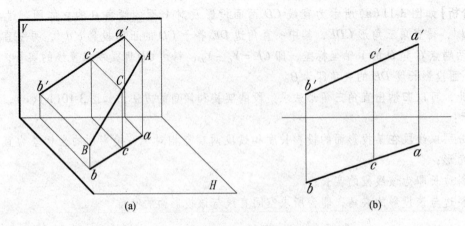

图3-13　直线上的点

【例3-5】如图3-14所示,已知侧平线 AB 的 H、V 投影 ab 和 a'b' 及线上一点 C 的 V 面投影 c',试求点 C 的 H 面投影 c。

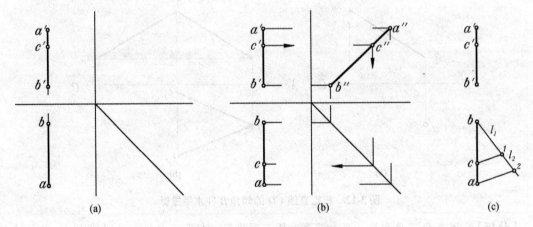

图3-14　求侧平线上的点的投影

【分析】侧平线 AB 的 H、V 面投影 ab 和 a'b' 是在同一竖直方向上,不能根据 c' 直接向下引垂直投影线在 ab 上确定 c,需要先补出 AB 的 W 面投影 a"b",然后根据 c' 作 c",再根据 c" 作 c,如图3-14(b)所示。

此题求侧平线 AB 上点 C 的 H 面投影,也可以应用点分线段成比例的定比关系来确定 c。根据定比关系得出 $bc:ca = b'c':c'a'$,过 b 作一任意直线,在线上截取 $l_1 = b'c'$,$l_2 = c'a'$,然后连 2a,并过点 1 作直线平行于 2a,交 ab 于 c 点即为所求,如图3-14(c)所示。

3.2.5　直线的迹点[*]

直线与投影面的交点称为该直线的迹点。直线与 H 面的交点称为水平迹点,用 M 表示;直线与 V 面的交点称为正面迹点,用 N 表示;直线与 W 面的交点称为侧面迹点,用 S 表示。

迹点是直线上的点,又是投影面上的点。根据这一性质就可以从直线的投影图中确定直线的各个迹点。

【分析】如图3-15所示,由于水平迹点 M 是 H 面上的点,故点 M 的 Z 坐标为零,因此 m' 在 OX 轴上;又因为点 M 也是直线 AB 上的点,所以 m' 在 a'b' 上,m 在 ab 上。

【作图】求水平迹点 M：

①延长 AB 的正面投影 $a'b'$ 与 OX 轴交于 m'；

②自 m' 引 OX 轴的垂线与 ab 的延长线相交得 $m(m \equiv M)$。

同理求正面迹点 N：

①延长直线 AB 的水平投影 ab 与 OX 轴交于 n；

②自 n 引 OX 轴的垂线与 $a'b'$ 的延长线相交得 $n'(n' \equiv N)$。

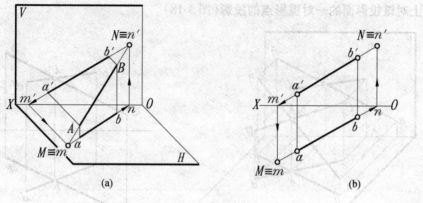

图 3-15　直线的迹点

3.2.6　两直线的相对位置

空间两直线的相对位置有三种：平行、相交和交错。

3.2.6.1　两直线平行

两直线在空间平行则它们的各组同面投影必平行，即：若 $AB /\!/ CD$，则 $ab /\!/ cd$；$a'b' /\!/ c'd'$；$a''b'' /\!/ c''d''$。

若是两条一般位置的直线且它们有两面投影都相互平行，则它们在空间亦平行，如图 3-16 所示。

3.2.6.2　两直线相交

若空间两直线相交，则其同面投影必相交，且交点的投影符合点的投影规律。如图 3-17 所示，空间两直线 AB 与 CD 相交，交点 K 是两直线的共有点，K 点的投影符合点的投影规

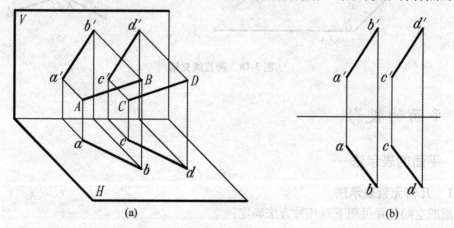

图 3-16　两直线平行

律,即 k' 与 k 的连线垂直于 OX 轴。

3.2.6.3 两直线交错

空间既不平行又不相交的两直线称为交错两直线(也称异面或交叉直线)。在投影图上,若两直线的各同面投影既不具有平行两直线的投影性质,又不具有相交两直线的投影性质,即可判定为交错两直线。

交错两直线的同面投影也可能会相交,但它们的交点不符合点的投影规律,交点实际上是两直线上对该投影面的一对重影点的投影(图3-18)。

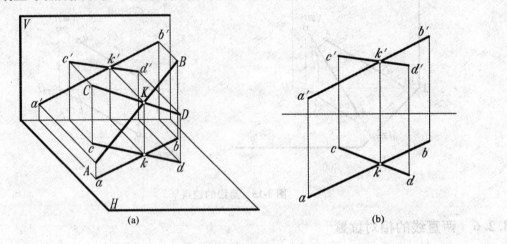

(a)   (b)

图3-17 两直线相交

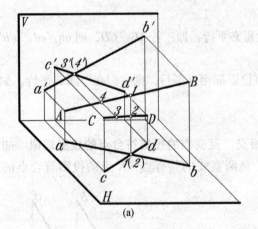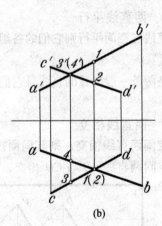

(a)   (b)

图3-18 两直线交错

3.3 平面的投影

3.3.1 平面的表示法

3.3.1.1 几何元素表示法

平面的空间位置可用下列几种方法确定:

①不在一直线上的三点。

②一直线和直线外的一点。

③两相交直线。

④两平行直线。

⑤任意平面图形。

如图 3-19 所示，这几种确定平面的方法是可以相互转化的。

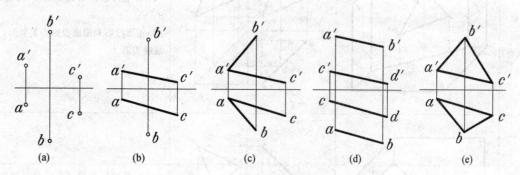

图 3-19 平面的几何元素表示法

3.3.1.2 迹线表示法*

平面与投影面的交线称为平面在该投影面上的迹线。平面 P 与 V 面的交线称为**正面迹线**，用 P_V 表示；与 H 面的交线称为**水平迹线**，用 P_H 表示；与 W 面的交线称为**侧面迹线**，用 P_W 表示。图 3-20（a）为一般位置平面的迹线表示法，图 3-20（b）为铅垂面的迹线表示法。

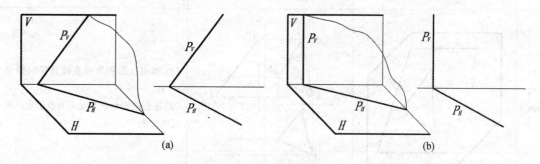

图 3-20 平面的迹线表示法

（a）一般位置平面的迹线表示法　（b）铅垂面的迹线表示法

3.3.2 各种位置平面的投影及其投影特性

平面与投影面的相对位置分为三种：投影面垂直面、投影面平行面和一般位置平面。投影面垂直面和投影面平行面称为特殊位置平面。

平面与投影面的夹角称为平面对投影面的倾角，平面与 H、V、W 面的倾角分别用希腊字母 α、β、γ 表示。

3.3.2.1 投影面垂直面

垂直于一个投影面并与另两个投影面都倾斜的平面，称为投影面垂直面。依所垂直的投影面不同，投影面垂直面可分为铅垂面、正垂面、侧垂面三种，其投影特性见表 3-3。

表 3-3 投影面垂直面的投影特性

名称	立体图	投影图	投影特性
铅垂面 (⊥H)	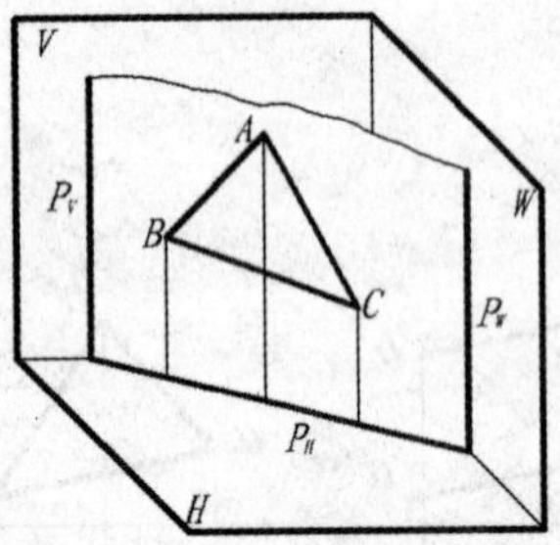	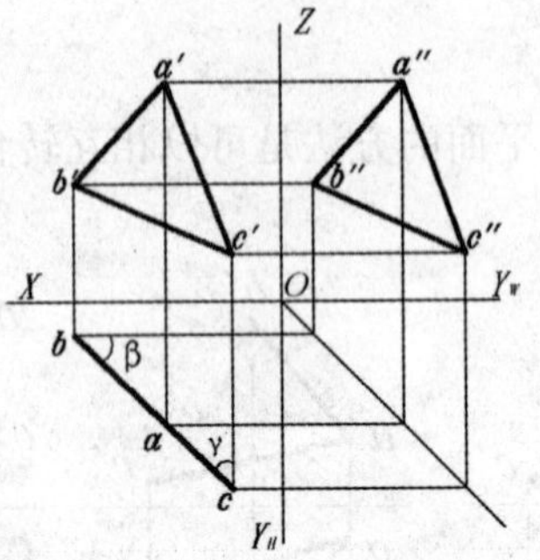	(1)水平投影积聚成直线且反映倾角 β、γ; (2)正面投影和侧面投影为类似形;不反映实形
正垂面 (⊥V)	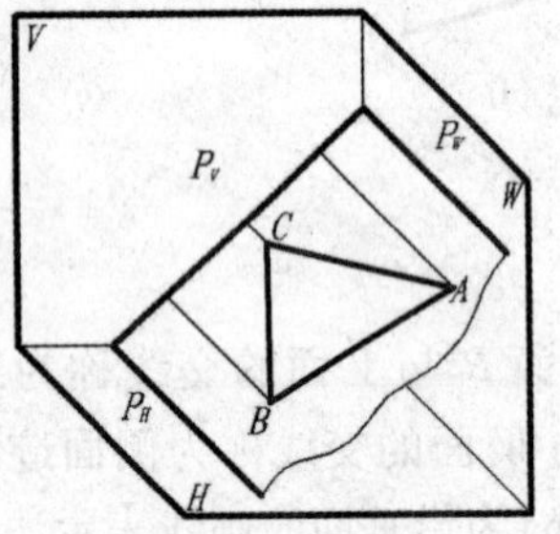	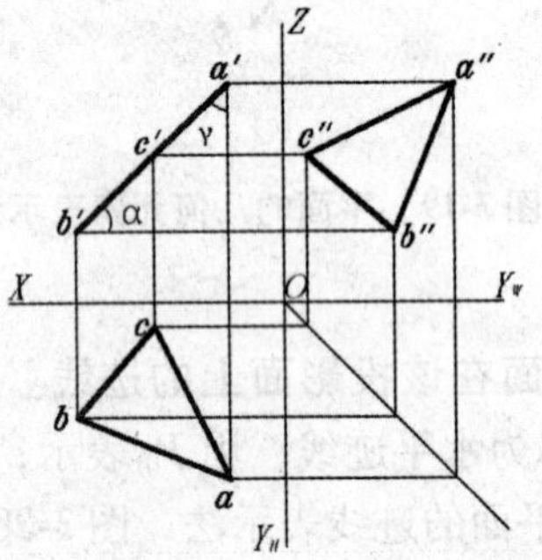	(1)正面投影积聚成直线且反映倾角 α、γ; (2)水平投影和侧面投影为类似形;不反映实形
侧垂面 (⊥W)	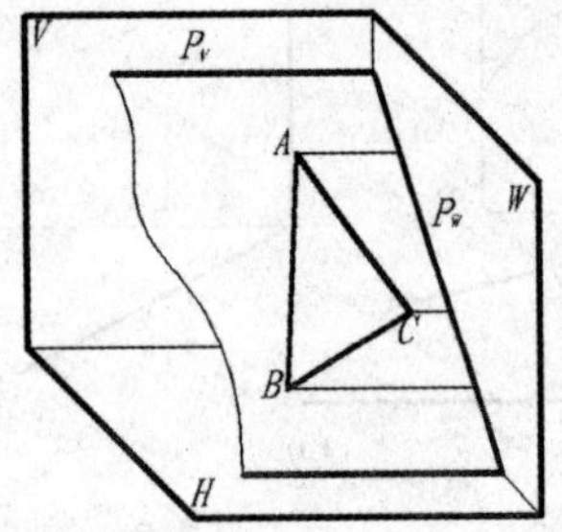	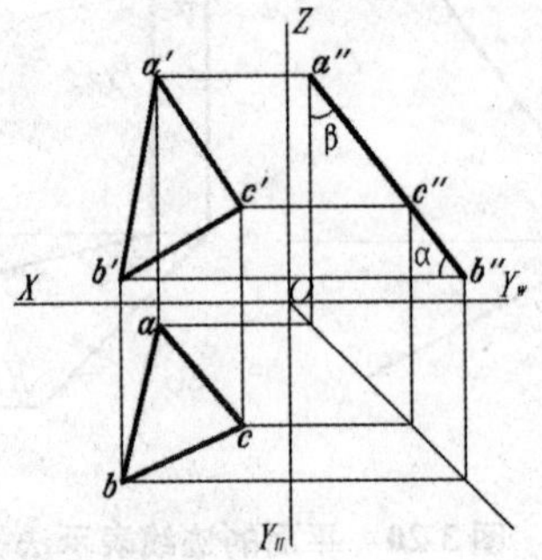	(1)侧面投影积聚成直线且反映倾角 α、β; (2)正面投影和侧面投影为类似形;不反映实形

铅垂面:垂直于 H 面与 V 面、W 面倾斜的平面。

正垂面:垂直于 V 面与 H 面、W 面倾斜的平面。

侧垂面:垂直于 W 面与 V 面、H 面倾斜的平面。

投影面垂直面投影特性可归结为:

①在平面所垂直的投影面上,投影积聚为一直线。该直线与相邻投影轴的夹角反映该平面对另两个投影面的倾角。

②在另外两个投影面上的投影均为类似形。

3.3.2.2 投影面平行面

平行于一个投影面并与另两个投影面都垂直的平面,称为投影面平行面。依所平行的投影面的不同,投影面平行面可分为正平面、水平面、侧平面三种,其投影特性见表 3-4。

表 3-4　投影面垂直面的投影特性

名称	立体图	投影图	投影特性
正平面（平行于 V）	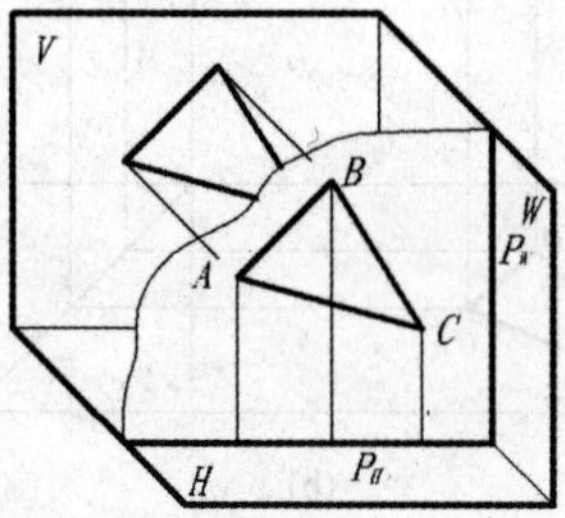	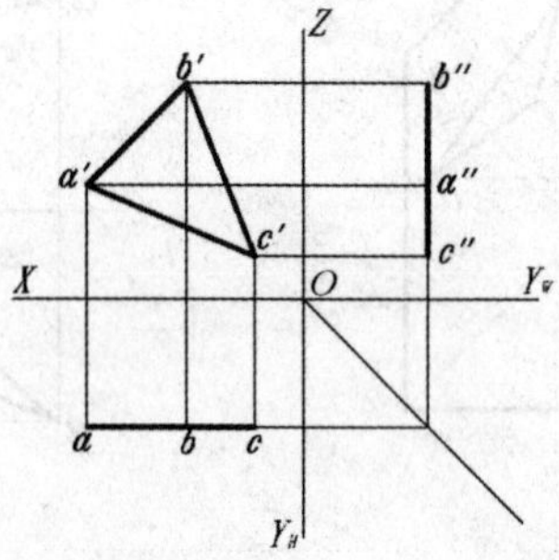	(1) 正面投影反映实形； (2) 水平投影积聚成直线，且平行于 OX； (3) 侧面投影积聚成直线，且平行于 OZ
水平面（平行于 H）	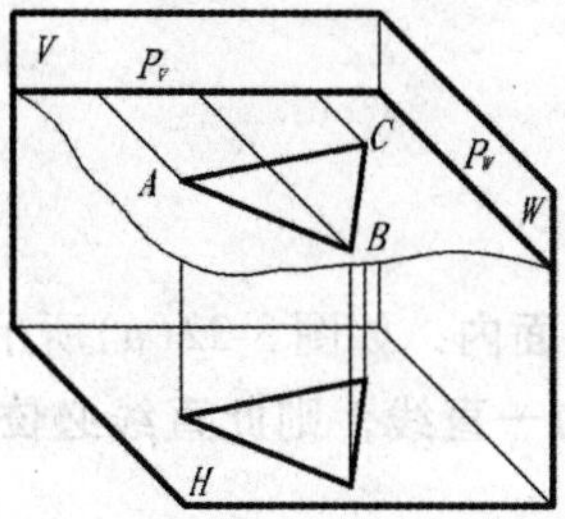	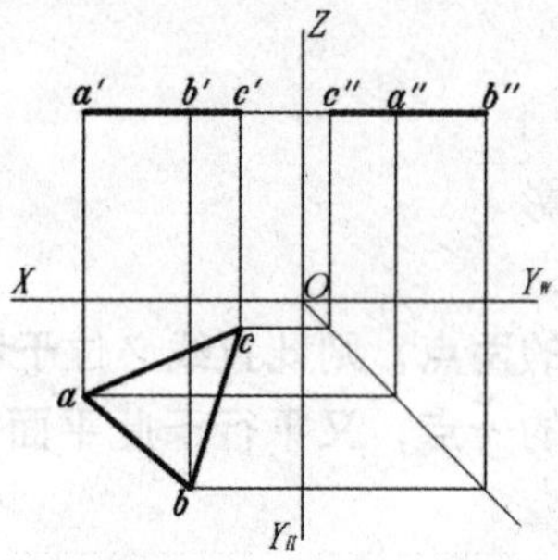	(1) 水平投影反映实形； (2) 正面投影积聚成直线，且平行于 OX； (3) 侧面投影积聚成直线，且平行于 OY_W
侧平面（平行于 W）	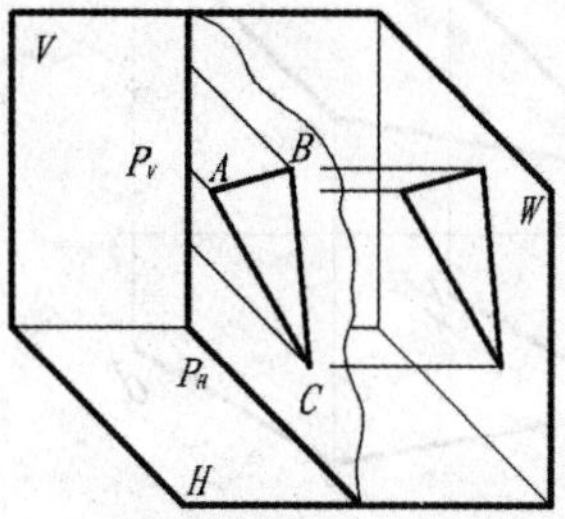	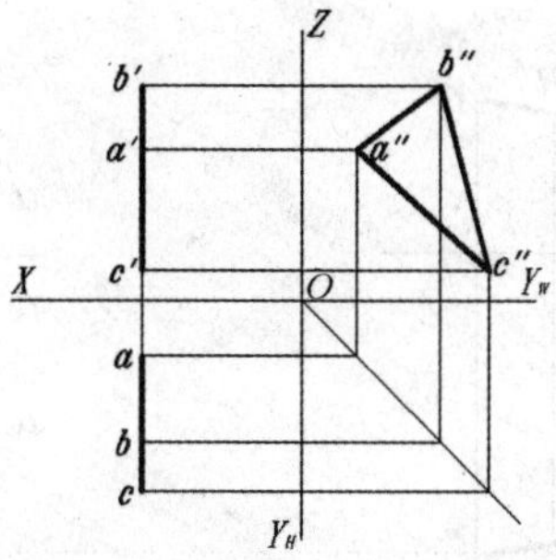	(1) 侧面投影反映实形； (2) 正面投影积聚成直线，且平行于 OZ； (3) 水平投影积聚成直线，且平行于 OY_H

正平面：平行于 V 面与 H 面、W 面垂直的平面。

水平面：平行于 H 面与 V 面、W 面垂直的平面。

侧平面：平行于 W 面与 V 面、H 面垂直的平面。

投影面平行面的投影特性可归纳为：

①在平面所平行的投影面上，其投影反映平面图形的实形。

②平面在另外两个投影面上的投影积聚为直线，且分别平行于该平面平行的投影面所包含的两根投影轴。

3.3.2.3　一般位置平面

一般位置平面与各投影面都倾斜，其各投影均为类似形，且各投影都不反映该平面对各投影面的倾角，如图 3-21 所示。

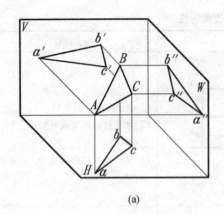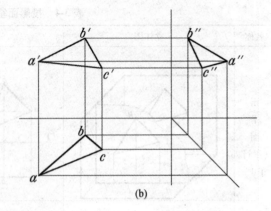

(a)　　　　　　　　　　　　　　(b)

图 3-21　一般位置平面投影特性

3.3.3　平面内的直线和点

3.3.3.1　平面内作直线的投影

直线在平面内的判定规则：

①一直线若通过一平面内的两点，则此直线必位于该平面内，如图 3-22(a)所示。

②一直线若通过一平面内的一点，又平行于此平面内的一直线，则此直线必位于该平面内，如图 3-22(b)所示。

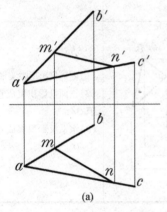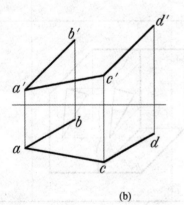

(a)　　　　　　　　　　　　　　(b)

图 3-22　直线在平面内的判定规则

根据这两条规则，就可以在投影图上作出属于已知平面内的直线。

图 3-23(a)中，已知直线 *EF* 在△*ABC* 所决定的平面内，要根据 *e′f′* 求其水平投影 *ef*。首先延长△*ABC* 平面内的直线 *EF* 的正面投影 *e′f′*，交 *a′b′* 于 *1′*，交 *a′c′* 于 *2′*，并求出对应的水平投影 *12*，如图 3-23(b)所示，则 *ef* 在 *12* 线上。过 *e′*、*f′* 作垂直投影线交 *12* 于点 *e*、*f*，加粗 *ef*，完成作图，如图 3-23(c)所示。

3.3.3.2　平面内作点的投影

点在平面内的判定规则是：

如果一点属于平面内的一直线，则该点属于该平面，如图 3-24(b)所示。

根据这条规则，就可以在投影图上作出属于已知平面内的点，也可以判断出一点是否属于已知平面。

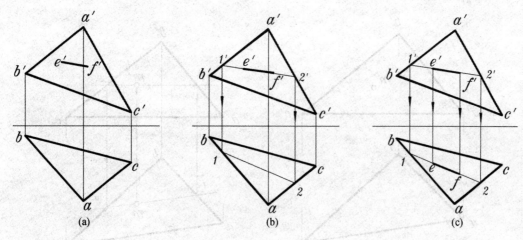

图 3-23 平面内作直线的投影

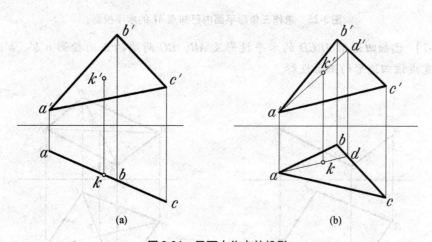

图 3-24 平面内作点的投影

（a）特殊位置平面利用有积聚性的投影求点 （b）一般位置平面利用在面内作辅助线求点

如图 3-24（a）所示，点 K 是属于△ABC 内的点，而由△ABC 所决定的平面为特殊位置平面铅垂面，因为铅垂面 ABC 的水平投影积聚为一条直线 abc，因此属于该平面上的所有点的水平投影必积聚在该投影 abc 上。作图时我们就可以直接利用平面有积聚性的投影来求作点的投影。

【例 3-6】已知△ABC 内一点 M 的正面投影 m'，要求补出其水平投影 m，如图 3-25（a）。

【分析】依据点在平面内的判定规则，如果在△ABC 内过 M 点作一条辅助直线，那么 M 点的两个投影就必然落在此辅助直线的同面投影上。

【作图】如图 3-25（b）所示：

①在△$a'b'c'$ 内过 m' 任意作一条辅助直线的正面投影 $1'2'$；

②在△abc 内求出此辅助直线的水平投影 12；

③从 m' 向下引铅垂投影线，在 12 上得到 M 点的水平投影 m。

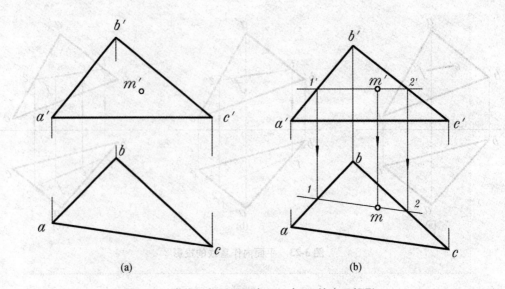

图 3-25　求作三角形平面内已知点 M 的水平投影

【例 3-7】* 已知四边形 *ABCD* 的水平投影及 *AB*、*BC* 两边的正面投影 *a'b'*、*b'c'*［图 3-26（a）］，试完成该四边形的正面投影。

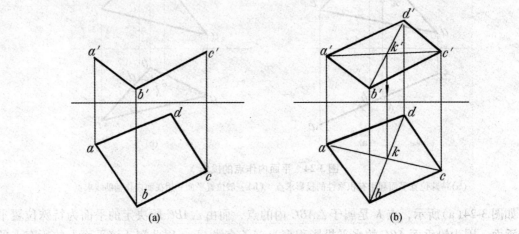

图 3-26　补全平面的投影

【分析】由于四边形 *ABCD* 两相交边线 *AB*、*BC* 的投影已知，即平面 *ABC* 已知，所以本题实际上是求属于平面 *ABC* 上的点 *D* 的正面投影 *d'*。

【作图】如图 3-26(b)所示：

①连 *abcd* 的对角线得交点 *k*，同时连接 *a'c'*；

②过点 *k* 作 *kk'*⊥*OX* 轴，交 *a'c'* 于 *k'*；

③连接 *b'k'* 并延长 *b'k'* 与过点 *d* 向上所作的垂直投影线交于 *d'*；

④连 *a'd'*，*c'd'* 即得所求四边形正面投影。

要判别一点是否属于一个已知平面，如图 3-27(a)所示，可通过点 *K* 的 *V* 面投影 *k'*，任作一条辅助直线的正面投影 *b'd'*，与 *a'c'c'* 交于 *d'*，过 *d'* 作垂直投影线与 *ac* 交于 *d*，连接 *bd* 求出辅助直线的水平投影。此题点 *K* 的水平投影 *k* 不在辅助直线的水平投影 *bd* 上，即点 *K* 不属于平面上的直线 *BD*，因此得出点 *K* 不属于平面△*ABC* 的结论。

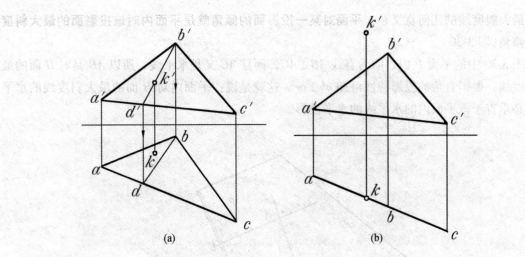

图 3-27 判别已知点是否从属于已知三角形平面

图 3-27(b)中，平面△ABC 为铅垂面，点 K 的水平投影 k 在△ABC 有积聚性的水平投影 abc 上，由于平面是可以无限延伸的，因此这里我们判定点 K 从属于铅垂面△ABC。

3.3.3.3 平面内作投影面平行线

在一般位置平面内总可以作出相对每个投影面的一簇平行线。它们既有投影面平行线的投影特性，又有与平面的从属关系。如图 3-28 所示，欲在△ABC 平面内作两条水平线，可先过 a'作 a'l' // OX，交 b'c'于 l'。由从属性求得 l，连 al，得水平线 AL 的水平投影 al。又作 m'n' // a'l'，由从属性求得 m、n 点。连 mn，得水平线 MN 的水平投影 mn。最后将求得的投影线加粗完成作图。

用同样方法，可作出平面内正平线的投影 a'l'、al(图 3-29)。

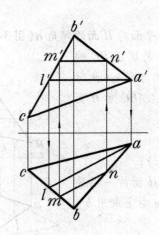

图 3-28 平面内作水平线

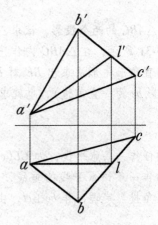

图 3-29 平面内作正平线

3.3.3.4 平面内最大斜度线 *

平面内的最大斜度线就是平面内垂直于各投影面的平行线的直线。其中：

属于平面且垂直于平面内水平线的直线，称为对 H 面的最大斜度线；

属于平面且垂直于平面内正平线的直线，称为对 V 面的最大斜度线；

属于平面且垂直于平面内侧平线的直线，称为对 W 面的最大斜度线。

最大斜度线的几何意义是：**平面对某一投影面的倾角就是平面内对该投影面的最大斜度线的倾角**(图 3-30)。

图 3-30 中的平面 P 内，因为直线 $AB \perp AC$，而且 AC 又是水平线，所以 AB 是对 H 面的最大斜度线。根据直角的投影特性可知 $ab \perp ac$。这就是说：平面内对 H 面的最大斜度线的水平投影必垂直于该平面内的水平线的水平投影。

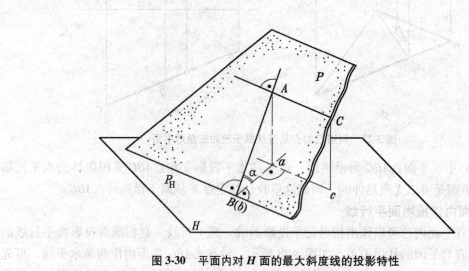

图 3-30　平面内对 H 面的最大斜度线的投影特性

从图上还可以看出，直线 AB 和它的水平投影 ab 同时垂直于 P_H，所以 $\angle ABa$ 为平面 P 和 H 面所构成的两面角的平面角。由此得出结论：平面内对 H 面的最大斜度线的倾角 α，即等于该平面对 H 面的倾角 α。

【**例 3-8**】已知 $\triangle ABC$ 的两个投影，试求 $\triangle ABC$ 平面对 H 面的倾角 α(图 3-31)。

【**分析**】如图 3-31 所示，在 $\triangle ABC$ 内作出最大斜度线 BE 的投影以后，再利用直角三角形法求出 BE 对 H 面的倾角 α(此时要以 BE 的水平投影 be 为一直角边)，也就求出了 $\triangle ABC$ 对 H 面的倾角 α。

【**作图**】

①先在平面内任作一条水平线，如 $CL(c'l'，cl)$；

②在 $\triangle ABC$ 内作一条该水平线的垂线，即对 H 面的一条最大斜度线，根据直角投影定理，作 $be \perp cl$，由 b、e 向上求出 b'、e'，连 $b'e'$；

③用直角三角形法，以 be 为一直角边，$b'e'$ 的高度差为另一直角边构造直角三角形，得最大斜度线与 H 面的倾角 α，即是平面对 H 面的倾角 α。

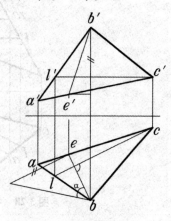

图 3-31　H 面最大斜度线

3.3.4 直线和平面平行、两平面平行

3.3.4.1 直线和平面平行

直线和平面平行的判定规则是：**一直线若和一平面内的直线平行，则此直线就和该平面平行**（图 3-32）。

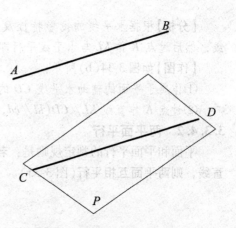

图 3-32 直线和平面平行的条件

【例 3-9】判别直线 MN 是否平行于平面 $\triangle ABC$ [图 3-33(a)]。

【分析】根据直线和平面平行的判定规则，如果能在平面内作出一条平行于 MN 的直线，则此直线 MN 与平面 $\triangle ABC$ 平行。反之，则不平行。

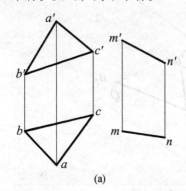 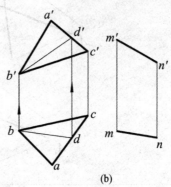

(a)　　　　　　　　　　(b)

图 3-33 判别直线 MN 是否平行于已知平面

【作图】如图 3-33(b)所示：

① 作属于平面的辅助直线 BD，使水平投影 $bd /\!/ mn$；

② 作出相应的正面投影 $b'd'$，观察 $b'd'$ 与 $m'n'$ 是否平行；

③ 从图 3-33(b)中看出 $b'd'$ 与 $m'n'$ 不平行，即在平面 $\triangle ABC$ 上没有与直线 MN 相平行的直线，所以直线 MN 不平行于平面 $\triangle ABC$。

【例 3-10】过点 K 作水平线 KL，并且使 KL 平行于平面 $\triangle ABC$ [图 3-34(a)]。

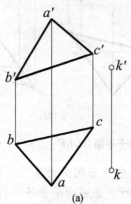 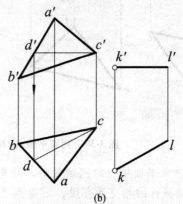

(a)　　　　　　　　　　(b)

图 3-34 作水平线 KL 平行于 $\triangle ABC$

【分析】根据水平线的投影特性及直线与平面平行的判定规则,可先在平面内作一水平线,然后过点 K 作 KL 与水平线平行即为所求。

【作图】如图 3-34(b)所示:

①作属于平面的辅助水平线 CD 的投影 $c'd'$、cd;

②过点 K 作直线 $KL /\!/ CD(kl /\!/ cd$, $k'l' /\!/ c'd')$,则直线 KL 即为所求。

3.3.4.2 两平面平行

平面和平面平行的判定规则是:**若一平面内相交两直线对应地平行于另一平面内相交两直线,则两平面互相平行**(图 3-35)。

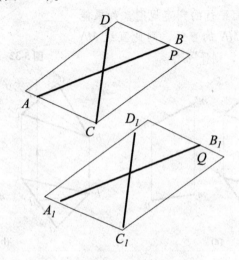

图 3-35 两平面互相平行的条件

【例 3-11】判别平面 $\triangle ABC$ 是否平行于平面 $\triangle DEF$ [图 3-36(a)]。

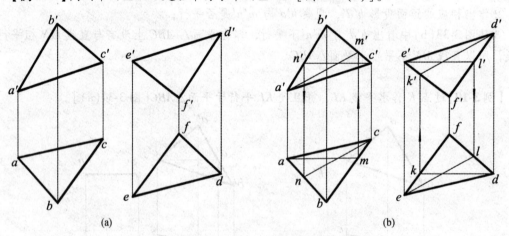

图 3-36 判别平面 $\triangle ABC$ 是否平行于平面 $\triangle DEF$

【分析】根据两平面平行的判定规则,可先在一平面内作出相交两直线,如能在另一个平面内作出与之相平行的相交两直线,则此两平面相互平行。否则两平面不平行。为作图简便,常在平面上作出的相交两直线为水平线和正平线。

【作图】如图 3-36(b)所示:

①作属于平面△ABC的相交两直线AM与CN(AM为正平线，CN为水平线)；

②在平面△DEF内分别作与AM和CN平行的直线DK与EL；

③从图3-36(b)中看出AM∥DK，CN∥EL，且AM与CN为相交两直线，则平面△ABC平行于平面△DEF。

【例3-12】过点K作一平面平行于平面△ABC，如图3-37(a)。

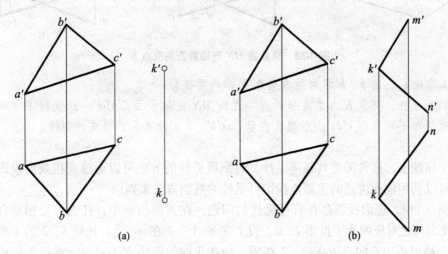

图3-37 过点K作一平面平行于已知平面

【分析】根据两平面平行的判定规则，可先在平面△ABC内作出相交两直线，然后过点K分别作与之相平行的两直线，则所得平面即为所求。

【作图】如图3-37(b)所示：

①过点K作直线KM∥AB，作直线KN∥BC，即km∥ab、k'm'∥a'b'、kn∥bc、k'n'∥b'c'；

②由两相交直线KM和KN所确定的平面KMN即为所求。

3.3.5 直线和平面相交、两平面相交*

直线与平面相交，交点只有一个，既为直线与平面的共有点，也是直线的投影可见性的分界点；平面与平面相交，交线是一条直线，既为两平面的共有线，同时也是两平面的投影可见性的分界线。

3.3.5.1 一般位置直线与特殊位置平面相交

根据特殊位置平面的投影特性，特殊位置平面至少有一个投影具有积聚性，可利用这个投影的积聚性直接求出交点。

【例3-13】求直线MN与铅垂面△ABC的交点K，如图3-38(b)。

【分析】如图3-38(a)所示，铅垂面△ABC的水平投影abc积聚成一直线，由于交点K既在平面上，又在直线上，因此水平投影mn与abc的交点k，即是直线与平面的交点K的水平投影。则K的正面投影k'也可求出。

【作图】如图3-38(c)所示：

①mn与abc的交点k，即为所求直线MN与铅垂面△ABC的交点K的水平投影；

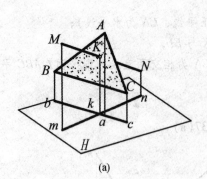
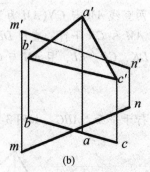
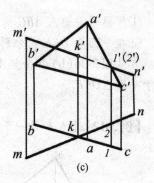

(a)　　　　　　　　(b)　　　　　　　　(c)

图3-38　求直线 *MN* 与铅垂面的交点 *K*

②由 *k* 求出 *k'*，则 *k*、*k'* 即为所求交点 *K* 的两面投影；

③判别可见性，交点 *K* 为虚实分界点。直线 *MN* 穿越平面△*ABC*，沿投影方向观察有一段被平面遮挡而不可见即 *k'2'*，用虚线表示；*m'k'*、*2'n'* 段可见，画成粗实线。

在相交问题上，通常需要判别可见性。判别可见性的方法可以通过直接观察投影图得出结论，也可以利用前面讲过的重影点投影可见性的判别方法来判别。

图3-38(c)中，正面投影存在有可见性的问题。在正面投影中，任选一处相重合的投影 *1'(2')*，找出与之对应的水平投影 *1*、*2*，设 *1* 在 *ac* 上，*2* 在 *mn* 上，比较 *1*、*2* 的 *Y* 坐标值可知 $Y_1 > Y_2$，故可得出空间点 *1* 在前，*2* 在后，即在正面投影中 *2'* 不可见，在投影图中加括号表示。交点 *K* 是可见与不可见的分界点，因此直线 *MN* 上 *K2* 段的正面投影 *k'2'* 为不可见，用虚线表示；*k'* 的另一侧即 *m'k'* 为可见，画成粗实线。

3.3.5.2　平面与特殊位置平面相交

（1）一般位置平面与特殊位置平面相交

一般位置平面与特殊位置平面相交，当特殊位置平面为投影面垂直面时，其交线为一般位置直线；当特殊位置平面为投影面平行面时，其交线则为一条投影面平行线，它们可以由相交两平面的两个共有点或一个共有点和交线的方向来确定。

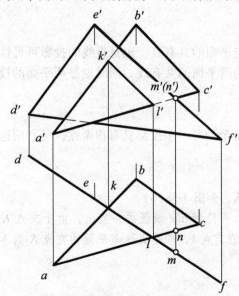
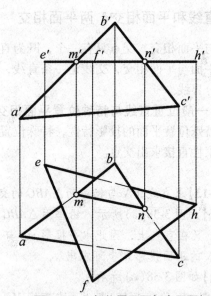

图3-39　一般位置平面与铅垂面相交　　　　图3-40　一般位置平面与水平面相交

图 3-39 中铅垂面 △DEF 在它所垂直的 H 投影面上的投影具有积聚性,图 3-40 中水平面 △EFH 在 V 投影面上的投影具有积聚性,故一般位置平面与特殊位置平面相交问题可借助平面投影的积聚性来解决。两平面相交的可见性问题,可通过重影点投影可见性的判别方法来判别。投影图中一平面被另一平面遮挡部分的轮廓用虚线表示,可见部分的轮廓画成粗实线。

（2）两特殊位置平面相交

两特殊位置平面相交（图 3-41、图 3-42）,依据平面的位置不同,其交线可能是投影面垂直线,也可能是投影面平行线,甚至可能是一般位置直线。对于这类相交问题,都可以利用平面所特有的投影积聚性来解决。两平面相交的两种情况如图 3-41 中为一个平面图形贯穿另一个平面图形的情况,称为"全交";图 3-42 中为两平面图形各有一条边彼此相交,称为"互交"。

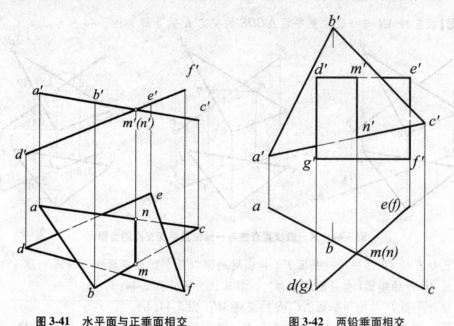

图 3-41 水平面与正垂面相交　　图 3-42 两铅垂面相交

图 3-42 中两铅垂面相交,交线为一条铅垂线,交线的水平投影积聚为一点,且为两平面积聚投影的交点;交线的正面投影垂直于 OX 轴,且位于两相交平面投影的有限重叠区域内。在判别两平面正面投影重叠处的可见性时,从水平投影中可以看出,在交线 MN（其投影积聚为一点）的左侧,矩形平面在前、三角形平面在后,因此,在正面投影中,m'n' 之左的矩形区域为可见,其轮廓用粗实线表示,被它挡住了的三角形区域为不可见,其轮廓用虚线表示;而交线右侧的可见性则正好相反。由此可见,通过积聚投影可在投影图中直接判断出这类平面相交问题投影重合部分的可见性。

3.3.5.3 一般位置直线与一般位置平面相交

一般位置直线和一般位置平面的投影都没有积聚性,在这种情况下直线与平面的交点就不能直接从投影图中得出,如图 3-43（a）所示。

【分析】设想把空间直线与其某一投影构成一个投影面垂直面,如图 3-43（b）所示,由 AB 与其投影 ab 构成了一个铅垂面 P。利用铅垂面 P 的投影积聚性,可以求出该两平面的交线 MN。又由于直线 AB 与交线 MN 同是铅垂面 P 上的直线,它们不平行必相交,其交点 K 既在直线 AB 上,又在 △CDE 上,即点 K 为 AB 与 △CDE 的交点[图 3-43（c）]。这种由空间直线与其某一投影构成的平面称为辅助平面,把这一种求线面交点的方法称为辅助平面法。

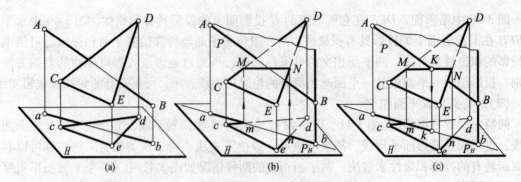

图3-43 一般位置直线与一般位置平面相交

【作图】求直线 AB 与一般位置平面 $\triangle CDE$ 的交点 K 的步骤如图3-44所示。

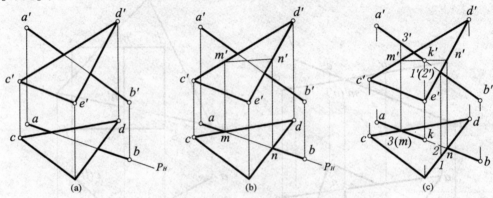

图3-44 求一般位置直线与一般位置平面交点的步骤

①过已知直线 AB 作一辅助平面 P。作图时通常以投影面垂直面作为辅助平面，这里为包含已知直线 AB 作铅垂面(也可取正垂面)，其迹线为 P_H[图3-44(a)]。

②求辅助平面 P 与已知平面 $\triangle CDE$ 的交线 MN[图3-44(b)]。

③所得交线 MN 与已知直线 AB 的交点 K，即为所求直线与平面的交点[图3-44(c)]。

④最后判别相交后直线 AB 在两面投影图中的可见性。

思考题

1. 试述点的三面投影图的特性。

2. 试述各种位置直线的投影特性。

3. 举例说明根据一般位置线段的投影求其实长及倾角的方法*。

4. 试述直线上的点及其投影特性。

5. 试述两平行直线、两相交直线、两交错直线的判别方法。

6. 什么叫做重影点？如何判别它们的可见性。

7. 试述在正投影图上表示平面的方法。

8. 试述各种位置平面的投影特性。

9. 如何绘制位于已知平面内的直线和点(平面内取点取线的方法)。

10. 判别已知直线和平面互相平行的方法。

11. 举例说明直线和平面相交求交点的方法*。

第 4 章 立体的投影

立体是由点、线、面等几何元素组成的，所以立体的投影实际上就是点、线、面投影的综合。立体分为平面立体和曲面立体两大类。**由平面多边形围成的立体称为平面立体，由曲面或曲面和平面共同围成的立体称为曲面立体。**

本章主要研究立体的投影特性、平面与立体相交等基本知识。

4.1 平面立体的投影

平面立体的表面均为平面多边形，每个多边形都是由直线段构成，而每一棱线都是由两个端点确定，因此，绘制平面立体的投影实际上就是绘制平面立体各多边形表面，也就是绘制各棱线和各顶点的投影。在平面立体的投影图中，可见棱线用实线表示，不可见棱线用虚线表示。常见的平面立体有棱柱和棱锥(图4-1 至图4-3)。

4.1.1 棱柱

4.1.1.1 棱柱的投影

棱柱一般由棱面及上、下底面组成，各棱线互相平行。在三面投影中，一般放置上、下底面为投影面平行面，其他棱面为投影面平行面或投影面垂直面，然后从"面"出发，先画出各平面具有积聚性的投影，再画出其他投影。

【例4-1】图 4-1 所示为一直立的三棱柱的立体图，求作三面投影图。

【分析】三棱柱是由上、下两个底面和三个棱面组成的。棱柱体相对于投影面，上、下两底面是水平面，左、右两个棱面为铅垂面，后棱面为正平面。三条棱线为铅垂线。

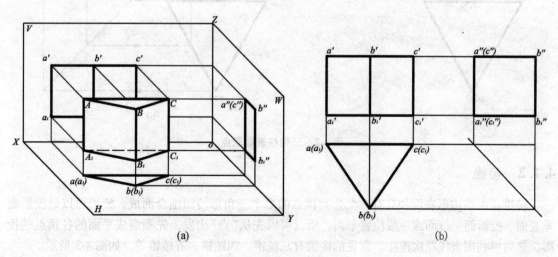

图 4-1 三棱柱的投影图

【作图】

①*H* 面投影　如图 4-1(b)所示，反映上、下两底面的实形，为三角形；三角形的三条边，是垂直于 *H* 面的三个棱面的积聚投影；三个顶点是三条铅垂棱线的积聚投影。

②*V* 面投影　投影为两个矩形。上、下两条线是上、下两个水平面的积聚投影，左、右两个矩形分别为左、右两个棱面的投影(不反映实形)，外围矩形线框表示后棱面的实形；三条铅垂线是三条棱线的投影，反映实长。

③*W* 面投影　投影为矩形。上、下两底面积聚为两条水平的直线，左右两个棱面投影重合为一个矩形线框(不反映实形)，右边的棱面被左边的棱面遮挡住；左右两条铅垂线，分别为后棱面和左右两棱面交线的积聚投影。

4.1.1.2　棱柱表面点的投影

求棱柱表面上的点，只要把棱柱上的各表面都看成是一个独立的平面，利用平面的积聚性或在平面上取点的原理进行作图。

【例 4-2】如图 4-2(a)所示，已知三棱柱表面上点 *M*、*N* 的投影 *m′* 和 *n′*，求作其另两面投影。

【分析】已知 *m′* 不可见，*M* 点必在三棱柱后棱面上；*n′* 可见，*N* 点必在三棱柱的右前棱面上。

【作图】利用棱柱体各棱面水平投影的积聚性，可自 *m′* 和 *n′* 向下引投影线直接求得 *m* 和 *n*，再根据点的投影规律求出 *m″* 和 *n″*。注意，在向 *W* 面投影时，*N* 点位于右侧不可见棱面上，故 *n″* 不可见，需加括号，如图 4-2(b)所示。

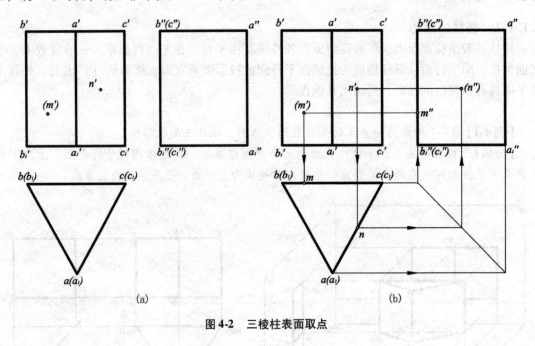

图 4-2　三棱柱表面取点

4.1.2　棱锥

棱锥是由多边形底面和具有一个公共顶点的多个三角形棱面围合而成。棱面可以是投影面垂直面、投影面平行面或一般位置平面，所以可以先从"点"出发，先画组成平面的各顶点的投影，然后再利用直线顺次连接，常见的棱锥有三棱锥、四棱锥、五棱锥等，如图 4-3 所示。

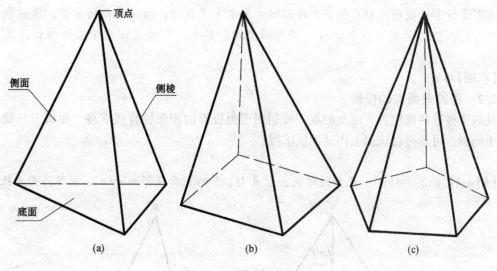

图4-3 棱锥体的投影图

4.1.2.1 棱锥的投影

【例4-3】图4-4所示为一个直立三棱锥的立体图，求作三面投影图。

【分析】三棱锥是由一底面和三个棱面组成。相对投影面，底面△ABC 为水平面，其中 AB、BC 为水平线，AC 为侧垂线；后棱面△SAC 是侧垂面，左、右棱面△SAB 和△SBC 均为一般位置平面，棱线 SA、SC 均为一般位置直线，SB 为侧平线。

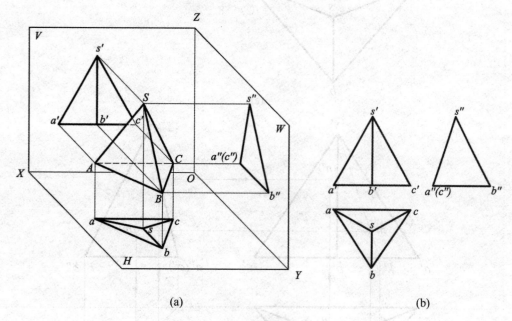

图4-4 三棱锥的投影图

①H 面投影：图4-4(b) 外围△abc 反映三棱锥底面△ABC 的实形，三个小三角形分别为三个棱面的投影，均不反应实形，锥顶 S 的水平投影 s 在△abc 内。

②V 面投影：底面△ABC 的正面投影积聚为水平直线段，左、右两个三角形分别为左、右两个棱面的投影，均不反应实形；外围三角形是后棱面的投影，后棱面被前面两个棱面遮挡住，为不可见面。

③W面投影：底面△ABC的侧面投影积聚为水平直线段，后棱面是侧垂面，投影积聚为一条直线段，左右两棱面投影重合，仍为三角形，其中，右棱面被左棱面遮挡住，为不可见面。

【作图】略。

4.1.2.2 棱锥表面点的投影

凡属于棱锥特殊位置表面上的点，可利用表面投影的积聚性直接求得，而属于一般位置表面上的点，可通过在该面上作辅助线求得。

【例4-4】如图4-5（a），已知棱锥表面上点M、N的正面投影m'和n'，求其另两面投影。

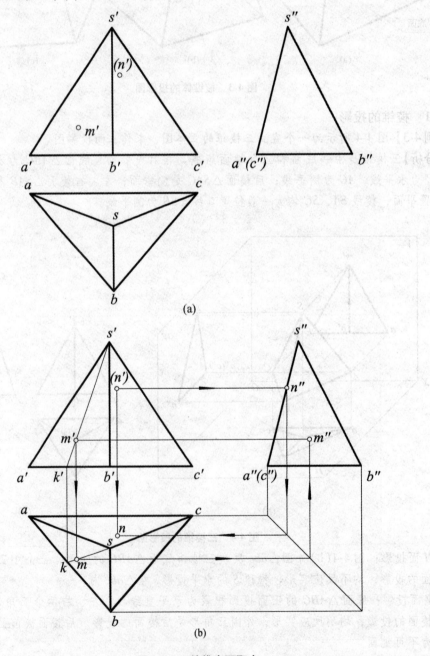

(a)

(b)

图4-5　三棱锥表面取点

【分析】

①m'可见，M 点必在左棱面△SAB 上，n'不可见。

②N 点必在后棱面△SAC 上，棱面△SAC 是侧垂面，侧面投影积聚为直线段 $s''a''(c'')$，因此 n''必在 $s''a''(c'')$上。

【作图】

①如图 4-5（b）采用辅助线法，过 m'作 $s'k'$交 $a'b'$于 k'，求出其水平投影 sk（也可以作辅助线 AB 的平行线），由于点 M 在直线 SK 上，可知 m 必在 sk 上，求出 m，由 m、m'求出 m''。

②N 点不可见，故点 N 必在后棱面△SAC 上，△SAC 为侧垂面投影积聚在 $s''a''(c'')$上，因此 n''必在 $s''a''(c'')$上，由 n、n''求出 n'。

4.2　平面与平面立体相交

4.2.1　截交线分析

平面和平面立体相交，如同平面去切割平面立体，此平面叫**截平面**；所得的交线叫**截交线**，由截交线围成的平面图形叫**截断面**。如图 4-6 所示，平面立体的截交线是由直线段组成的平面多边形，多边形的顶点是立体棱线与截平面的交点；多边形的各边是立体表面与截平面的交线。截交线既在截平面上，又在立体表面上，是截平面与立体表面的共有线。

4.2.2　求截交线的方法

求作截交线的实质，就是求出截平面与立体表面共有点的集合，主要有两种方法：

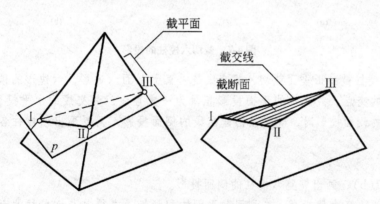

图 4-6　平面与平面立体相交

①交点法　求平面立体棱线与截平面的交点，再连接各交点，判断可见性，最后整理轮廓线。

②交线法　求截平面与平面立体表面的交线。

平面立体被单个或多个平面切割后，既具有平面立体的形状特征，又具有截平面的平面特征。因此，在看图或画图时，一般应从反映平面立体特征视图的多边形线框出发，想象出完整的平面立体形状并画出其投影，然后再根据截平面的空间位置，想象出截断面的形状并画出其投影。

4.2.3 求截交线的步骤

①求出截平面与平面立体各棱线的交点。

②依次连接各点，即位在同一棱面上的两点才能连线。

③判断可见性，可见棱面画实线，不可见棱面画虚线。

④整理棱线。

【例4-5】如图4-7所示，求作截切六棱柱的投影图。

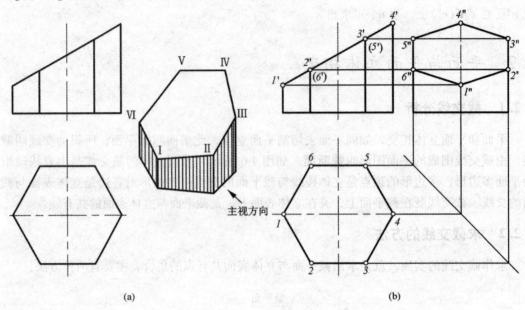

图4-7 截切六棱柱的投影

【分析】六棱柱被一正垂面截切，截交线是垂直于 V 面六边形，六边形的顶点是六棱柱各棱线与截平面的交点。截交线的正面投影积聚为一段直线，截交线的水平投影是正六边形。画截切六棱柱的侧面投影时，既要画出截交线的侧面投影，又要画出六棱柱各轮廓线的投影[图4-7(a)]。

【作图】

①如图4-7(b)，画出完整六棱柱的侧面投影。

②求截交线上各点的投影。先利用截平面的积聚性，求得其与六棱柱的六条棱线投影的交点 1′、2′、3′、4′、5′、6′；根据直线上的点的投影特性，分别求出各顶点的 H 面投影 1、2、3、4、5、6，及 W 面投影 1″、2″、3″、4″、5″、6″。

③依次连接各顶点的同面投影，即得截交线的投影。

④画出六棱柱各轮廓线的侧面投影，并判别可见性。

【例4-6】已知带切口三棱锥的正面投影如图4-8(a)所示，求其水平投影和侧面投影。

【分析】由于同时截割该三棱锥的分别是正垂面和水平面，故作图时应逐个考虑，还要特别注意两截平面产生的交线，两截平面都垂直于 V 面，其交线为正垂线。

【作图】

①作出截平面未被截割的三棱锥的侧面投影，如图4-8（b）所示。

②根据水平截平面与三棱锥各棱线的交点1、2，与棱面交为3、4，截平面为正垂面与三棱锥各棱线的交点为5、6，由于两截平面均垂直于V面，故其交线为正垂线3、4。分别求出其交点的三面投影，再依次连接各点的同面投影。

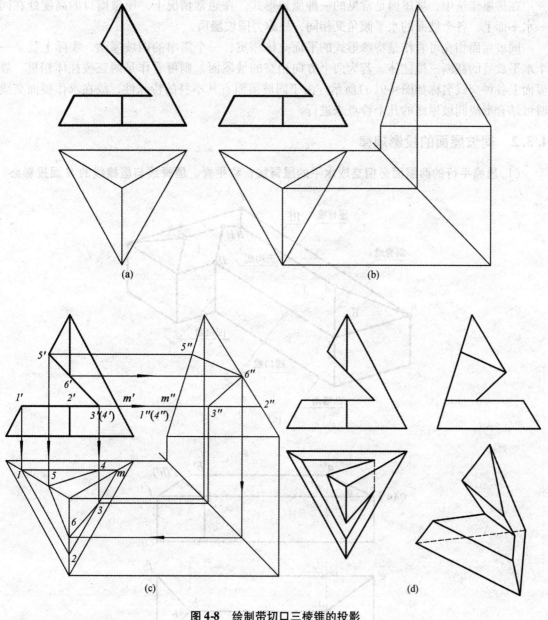

图4-8 绘制带切口三棱锥的投影

③连线时应注意，只有位于同一棱面上的各点才能按顺序相连。三棱锥被截去的部分是相交两截割平面之间的部分，因此截断面1、2、3、4和3、4、5、6之间的交线，其水平投影3、4是不可见的，如图4-8（c）（d）所示。

④按规定加粗图线，完成全图，如图4-8（d）所示。

4.3 同坡屋顶的投影

4.3.1 同坡屋顶的概念

在房屋建筑中，坡屋面是常见的一种屋顶形式。在通常情况下，屋顶檐口的高度处在同一水平面上，各个坡面的水平倾角又相同，故称为**同坡屋顶**。

同坡屋面相交可看作是特殊形式的平面立体相贯，一个简单的四坡屋面，实际上就是一个水平放置的截断三棱柱体。若为两个方向相交的坡屋面，则可看作是两三棱柱体相贯。坡屋面上各种交线名称如图4-9(a)所示。由于同坡屋面有其本身的特殊性，故在求作屋面交线时可结合形成同坡屋面的几个特点来进行。

4.3.2 同坡屋面的投影规律

（1）屋檐平行的两屋面必相交成水平的屋脊线，称平脊。屋脊线与屋檐线的 H 面投影必

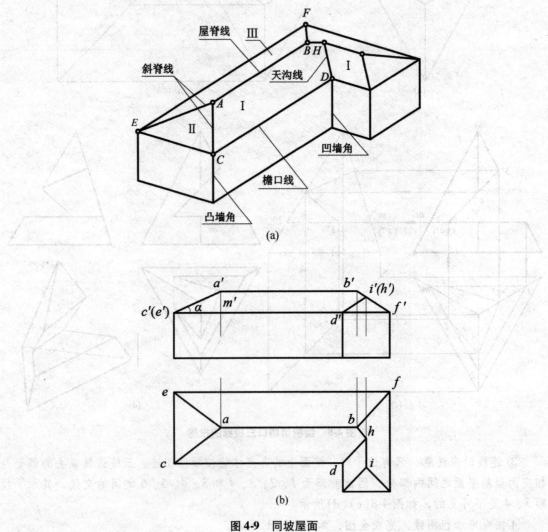

(a)

(b)

图4-9 同坡屋面

平行，且与两檐线等距。

（2）屋檐相交两屋面，必相交成倾斜的屋脊线或天沟线，称斜脊或天沟。它们的 H 面投影为两屋檐 H 面投影夹角的平分线。斜脊位于凸墙角上，天沟位于凹墙角上，如图 4-9（a）。当两檐口线相交成直角时，两坡面的交线（斜脊线或天沟线）在 H 面上的投影与檐口线的投影呈 45°角。

（3）在屋面上如果有两屋脊线交于一点，则至少有第三条屋脊线通过该点。该点就是三个相邻屋面的共有点。

如图 4-9（a）所示，两坡面 I、II 相交于斜脊线 AC，两坡面 II、III 相交于斜脊线 AE。两斜脊线 AC、AE 又相交于点 A，则点 A 为三个坡面 I、II、III 所共有，点 A 必在坡面 I、III 的屋脊线 AB 上。也就是说，两个坡面 I 和 III 的屋脊线必通过点 A。投影图如图 4-9（b）。

跨度相等时，有几个屋面相交，必有几条脊线交于一点，如图 4-10 所示。

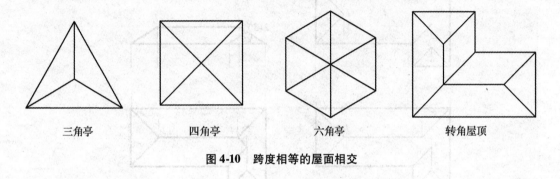

三角亭　　　四角亭　　　六角亭　　　转角屋顶

图 4-10　跨度相等的屋面相交

当建筑墙身外型不是单一矩形时，屋面要按一个建筑整体来处理，避免出现水平天沟线，如图 4-11 所示。

在正投影和侧面投影图中，垂直于投影面的屋面，能反映屋面坡度的大小，建筑跨度越大，屋顶越高。跨度小的屋面插在跨度大的屋面上，如图 4-12（a）。

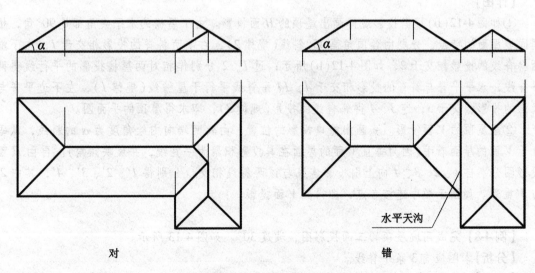

对　　　　　　　　　　　　错

图 4-11　天沟线画法正误

【例4-7】如图4-12(a)，已知四坡顶房屋檐口线的*H*面投影及各坡面的水平倾角α，求作屋顶的*H*和*V*面投影。

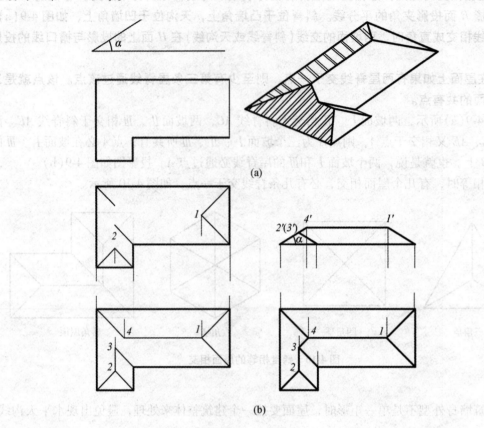

(a)

(b)

图4-12　坡面投影作法

【分析】此房屋平面形状是一个*L*形，是由两个四坡屋面垂直相交的屋顶。

【作图】

①如图4-12(b)根据投影规律画出屋顶的*H*面投影。由于屋檐的水平夹角都是90°角，根据同坡屋面的特点，分别由各顶角画45°斜线(规律2)，右端两斜脊的投影相交于*1*，左下端两斜脊线的投影相交于*2*，如图4-12(b)所示；过*1*、*2*分别作相对两屋檐投影的平行线得两平脊线，水平平脊与斜脊的投影相交于*4*，*14*平脊线平行于屋檐线(规律*1*)，左下边平脊与天沟的投影相交于*3*，连*3*、*4*得斜脊线的投影(规律*3*)，即求得屋顶的平面图。

②画屋顶的*V*面投影。先画出檐口投影的位置，由其两端向内绘角度为α的斜线，从垂直于*V*面的屋面着手(因为垂直*V*面的屋面在其投影积聚为一直线，并反映倾角)。再由*H*面投影图分别自*1*、*2*、*3*、*4*向上引投影连线与该两斜线相交，分别得*1′*、*2′*、*3′*、*4′*，其中*2′*与*3′*重影。如图示顺序连接各点，即得其*V*面投影。

【例4-8】完成同坡屋顶的三面投影图，坡度30°。如图4-13所示。

【分析】本图应有3条平脊线。

【作图】

①在屋面平面图形上过每一屋角作45°分角线(规律2)。其中两对斜脊线分别相交于*A*和

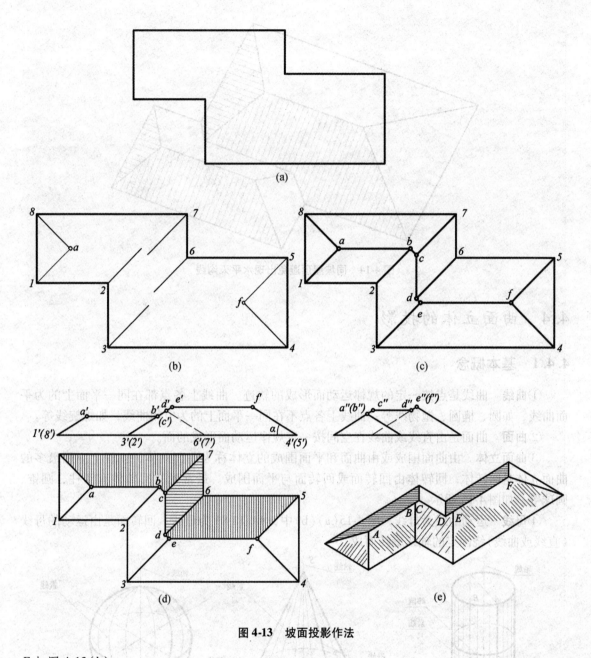

图4-13 坡面投影作法

F 如图4-13(b)。

②先从 a 点和 f 点开始，顺次作出水平脊线（规律1与规律3）。求得 ab 和 ef。b 点和 e 点确定：过 a 和 f 作平脊线，首先与 2b 和 3e 相交，作图应符合"先碰先交"求得 b 点和 e 点。

③c 点求法一：因为 23 和 67 屋檐线平行，作平脊线分别与过 7 点分角线交于 c 点，与过 6 点的天沟线交于 d 点，根据规律3求得 bc 和 de；c 点求法二：或过 b 点作45°线（规律3）求得 c 点，再做平脊线 cd。

此时每一屋面必为闭合，完成了水平投影。再完成 V 面投影和侧面投影（过程略）。

需要注意的应避免出现水平天沟线，如图4-14所示。

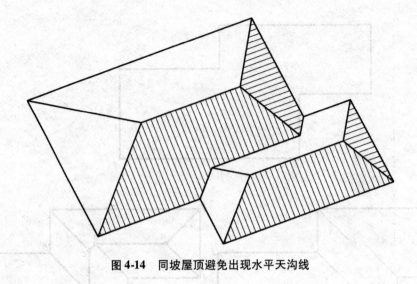

图 4-14　同坡屋顶避免出现水平天沟线

4.4　曲面立体的投影

4.4.1　基本概念

①**曲线**　曲线是点按一定的规律运动而形成的轨迹。曲线上各点都在同一平面上的为平面曲线，如圆、椭圆、抛物线等；曲线上各点不在同一平面上的为空间曲线，如螺旋线等。

②**曲面**　曲面是由直线或曲线在空间按一定规律运动而形成的面。

③**曲面立体**　由曲面围成或由曲面和平面围成的立体称为曲面立体，工程上应用最多的曲面立体是回转体，回转体由回转面或回转面与平面围成。最常见的回转体有圆柱、圆锥、圆球等，如图 4-15 所示。

④**母线**　运动的线为母线，图 4-15(a)(b)中，AA_1 和 SA 为母线。回转面是由运动的母线（直线或曲线）绕固定的轴线旋转而成。

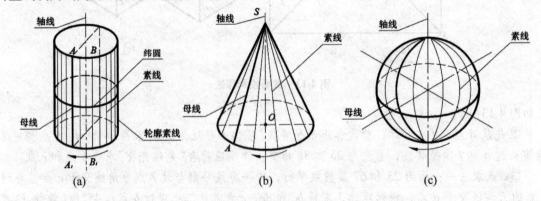

图 4-15　回转曲面的形成

⑤**素线**　母线在回转面上的任意位置称为素线，图 4-15(a)，BB_1 为素线。

⑥**纬圆**　母线上任意点绕轴旋转，形成回转面上垂直于轴线的圆，称为纬圆，如图 4-15(a)。

⑦**回转曲面的特性**　经过轴的平面必和曲面相交于以轴为对称的两条素线；垂直于轴的平面必和曲面相交于一个纬圆，如图 4-15。

4.4.2　圆柱体

4.4.2.1　圆柱体的形成

一条母线 AA_1 绕与它平行的固定轴线 OO_1 旋转一周而形成的曲面称为圆柱面。母线的两个端点 A、A_1 旋转形成的上下两个圆周称为上、下底圆，圆柱是由两个相互平行的上、下底圆和圆柱面围成。如图 4-15(a) 所示。

4.4.2.2　圆柱体的投影

如图 4-16 所示为一轴线垂直于水平投影的圆柱体。

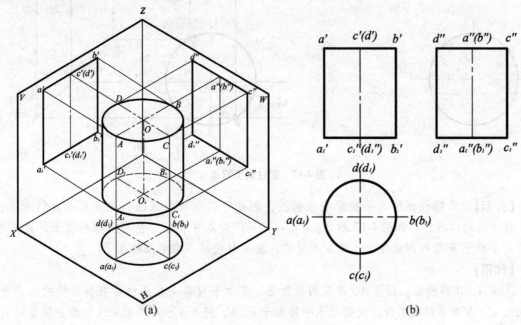

图 4-16　圆柱的投影图

形体分析：

①H 面投影　圆柱轴线垂直 H 面，圆柱面和上、下底圆的水平投影积聚为一圆，反映上、下底圆的实形。

②V 面投影　正面投影为矩形。矩形的上、下两条边分别为圆柱上、下底圆的积聚投影，且直线段长度等于上、下底圆的直径；矩形左、右两边 $a'a_1'$、$b'b_1'$ 分别为圆柱面上轮廓素线 AA_1 和 BB_1 的正面投影，它们把圆柱分为前后两部分，前半圆柱正面投影可见，后半圆柱正面投影不可见。

③W 面投影　侧面投影为矩形。矩形的上、下两条边为圆柱上、下底圆的投影，且直线段长度等于上、下底圆的直径；矩形左、右两边 $d''d_1''$、$c''c_1''$ 分别为圆柱面轮廓素线 DD_1 和 CC_1 的投影，它们把圆柱分为左右两部分，左半圆柱侧面投影可见，右半圆柱侧面投影不可见。

圆柱表面点的投影：

在三面投影图上确定圆柱表面点的投影，可以直接利用圆柱表面投影的积聚性来作图。

【例 4-9】如图 4-17(a) 所示，已知圆柱面上点 A、B、C 的正面投影 a'、b'、c'，求另两面投影。

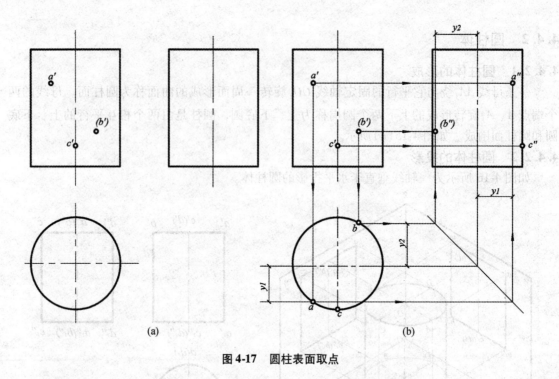

图 4-17 圆柱表面取点

【分析】由于圆柱面的水平投影有积聚性，因此可以利用积聚性，先求出各点的水平投影，再求其侧面投影。如图 4-17 所示，a'、c' 可见，故点 A 在前、左半圆圆柱上，点 C 在最前的平行于 W 面轮廓素线上，而 b' 不可见，故点 B 在后、右半圆柱面上。

【作图】

①求 A、B 的投影。因为 A、B 在圆柱面上，其水平投影必在圆柱面有积聚性的圆周上。分别过 a'、b' 向下引投影线，交圆柱水平投影于 a、b。过点 a'、b' 作水平线，再分别量取 y_1、y_2 坐标(或利用 45 度线求出侧面投影)，求得 a''、b''。因为点 B 在后、右半圆柱面上，故侧面投影 b'' 不可见。

②求点 C 的投影。c' 在正面投影的中心对称线上，即圆柱面的最前素线上，属于特殊位置点，c 在圆柱面具有积聚性的圆周上，而 c'' 在侧面投影的右侧轮廓线上。

4.4.3 圆锥体

4.4.3.1 圆锥体的形成

一条母线 SA 绕与它相交的固定轴线 SO 旋转一周而形成的曲面称为圆锥面，如图 4-15(b)。圆锥体由圆锥面和一个底圆围合成。

4.4.3.2 圆锥体的投影

形体分析：如图 4-18 所示圆锥面的三面投影。

①H 面投影　水平投影为一圆，此圆既是圆锥面的投影，也是圆锥底圆的投影。

②V 面投影　正投影为三角形。三角形底边是底圆的积聚投影，$s'a'$、$s'b'$ 两条斜边分别为锥面轮廓素线 SA 和 SB 的正面投影，它们把圆锥分为前后两部分，正面投影中，前半部分投影可见，后半部分投影不可见。

③W 面投影　锥面的侧面投影为三角形，三角形底边是底圆的积聚投影，$s''c''$、$s''d''$ 两条

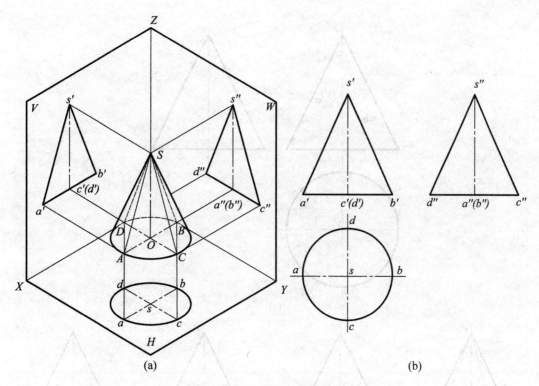

图 4-18 圆锥的投影图

斜边分别为锥面轮廓素线 *SC* 和 *SD* 的侧面投影，它们把圆锥分为左右两部分，侧面投影中，左半部分投影可见，右半部分投影不可见。

4.4.3.3 圆锥表面点的投影

在圆锥表面取点，常用的作图方法为素线法和纬圆法。**素线法**是指在圆锥表面过已知点做一过锥顶的直线，即素线，先求出该素线的投影，然后在其上求出点的投影。**纬圆法**是指在圆锥表现过已知点作一垂直圆锥轴线的圆，即辅助圆，先求出该辅助圆的投影，然后在其上求出点的投影。

【**例 4-10**】如图 4-19（a），已知圆锥表面上点 *M*、*N* 的正面投影 *m'*、*n'*，求其另两面投影。

【**分析**】*m'* 可见，*M* 在左、前半圆锥上；*n'* 不可见，*N* 在右、后半圆锥上，分别采用素线法和纬圆法作图求出点 *M*、*N* 的另两面投影。

【**作图**】

①素线法：如图 4-19（b）。

过锥顶 *s'* 和 *m'* 作一辅助线 *s'1'*，由 *s'1'* 求水平投影 *s1*；过 *m'* 作投影线交 *s1* 于点 *m*，由 *m'* 和 *m* 求出 *m"*。同理，利用辅助线 *S2* 求出点 *N* 的另两面投影。因点 *N* 在右、后半圆锥上，故 *n"* 不可见。

②纬圆法：如图 4-19（c）。

纬圆的直径是随纬圆的圆心与底圆的距离而变化。距离大，纬圆的直径变小。接近锥顶的纬圆直径最小。过 *M* 点作垂直于轴线的水平辅助圆，该圆在 *V* 投影面上的投影积聚为过 *m'*

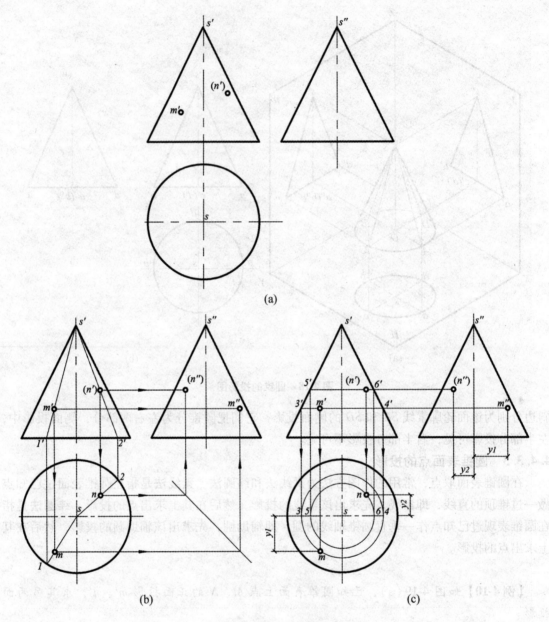

图 4-19　圆锥表面取点

且轴线垂直投影的直线 3'4'。该圆的 H 面投影反映实形，圆心为 s，直径等于直线 3'4' 长度，m 在圆周上，根据点投影规律，求得 m，由 m' 和 m 求出 m"。同理，借助辅助线 5'6' 求得 n 和 n"。

4.4.4　圆球体

4.4.4.1　圆球体形成

图 4-15(c) 由半圆(曲母线)绕它的直径(轴线)旋转一周而形成的曲面称为球面，由圆球面围成的立体称为圆球体(简称球)。

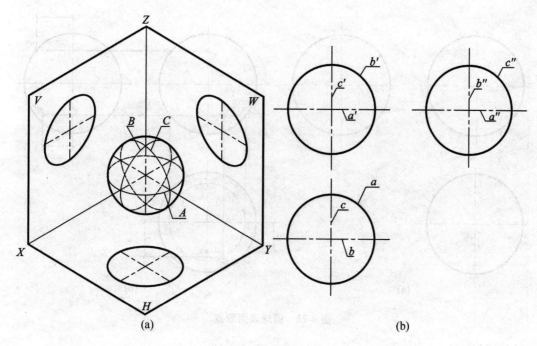

图 4-20　圆球的投影图

4.4.4.2　圆球体投影

投影分析：如图 4-20 所示，球的三面投影都是直径相同的圆，圆的直径等于圆球的直径。

①*H* 面投影　水平投影中的圆 *a* 是球面上平行于 *H* 面的最大圆 *A* 的水平投影。圆的直径等于圆球直径，圆 *A* 把球面分为上、下两半，上半球面水平投影可见，下半球面不可见。圆 *A* 正面投影 *a'* 和侧面投影 *a"* 分别与同面投影上水平轴线重合。

②*V* 面投影　正面投影中的圆 *b'* 是球面上平行于 *V* 面的最大圆 *B* 的正面投影，圆的直径等于圆球直径，圆 *B* 把球面分为前后两半，前半球面正面投影可见，后半球面不可见。圆 *B* 水平投影 *b* 和侧面投影 *b"* 分别与同面投影上水平轴线和垂直轴线重合。

③*W* 面投影　侧面投影中的圆 *c"* 是球面上平行于 *W* 面的最大圆 *C* 的侧面投影，圆的直径等于圆球直径，圆 *C* 把球面分为左右两半，左半球面侧面投影可见，右半球面不可见。圆 *C* 正面投影 *c'* 和水平投影 *c* 分别与同面投影上垂直轴线重合。

4.4.4.3　圆球面上点的投影

在圆球表面取点，可采用辅助圆法，即过该点作与各投影面平行的圆作为辅助圆。只要求出该点所在辅助圆的投影，即可求出该点的投影。

【例 4-11】如图 4-21（a），已知圆球表面点 *M*、*N* 的一个投影 *m'*、*n"*，求其另两面投影。

【分析】*M* 点在前、左、下半球面上，*m'* 可见；点 *N* 在上、右半球面上，且在平行于侧面的最大纬圆上。采用辅助圆法，过已知点 *M* 在球面上做辅助圆。因点 *m'* 在辅助圆的正面投影上，故 *m* 必在辅助圆的水平投影上。

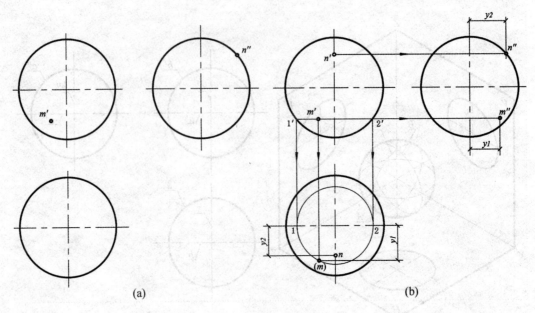

图4-21　圆球表面取点

【作图】

①求点 M 的投影。过 *m'* 作水平线，与正面投影的轮廓素线分别交于 *1'*、*2'*，*1'2'* 即为水平辅助圆的正面投影；过 *m'* 作投影连线，交该辅助圆的水平投影前半圆于 *m*，量取坐标 y_1 得 *m''*。由于点 M 在前、左、下半球面，*m* 不可见，*m''* 可见，如图4-21(b)。

②求点 N 的投影。点 N 属于特殊位置点，可直接根据球面上特殊位置点的投影关系，求出另两面投影 *n'*、*n*，如图4-21(b)。

4.5　平面与曲面立体相交

平面与曲面立体表面相交，截交线的形状取决于被截形体的表面几何形状及截平面与曲面立体的相对位置。截交线的形状一般是封闭的平面曲线或由平面曲线与直线组成的平面图形，特殊情况下可能是由直线段组成的平面图形。

与求平面立体截交线的方法相似，求曲面立体截交线的方法常利用积聚性或者辅助面的方法求解。**求解一般步骤**是：首先根据曲面立体的形状及截平面与回转轴线的相对位置，判断截交线的形状和投影特征，然后在各投影面上确定截交线的特殊点（如最高、最低、最左、最右、最前、最后点以及可见性分界点等）；再求截交线上一般点的投影；最后将一系列的交点按照顺序光滑地相连，并判断其可见性。

画截切曲面立体的投影，既要画出截交线的投影，又要画出立体轮廓线的投影。

4.5.1　平面与圆柱体相交

根据截平面与圆柱轴线的相对位置不同，截交线有截平面平行于轴线、截平面垂直于轴线、截平面斜交于轴线三种情况，见表4-1。

表 4-1 平面与圆柱相交的各种情况

截平面位置	平行于轴线	垂直于轴线	斜交于轴线
立体图	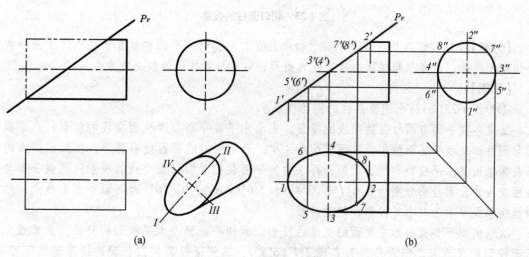		
投影图			
截交线形状	矩 形	圆	椭 圆

下面举例说明截切圆柱体投影的方法和步骤。

【例 4-12】如图 4-22(a)所示，求作截切圆柱的水平面投影。

(a)　　　　　　　　　　　(b)

图 4-22 截切圆柱的投影

【分析】轴线垂直于 W 面的圆柱体，被一正垂面截去上面一部分，截交线是椭圆。截交线的正面投影积聚为一直线；截交线的侧面投影为圆；水平投影为椭圆。

【作图】

①如图 4-22(b)求截交线上各点的投影。先标出截交线上特殊点的侧面投影 *1″*、*2″*、*3″*、

4"和正面投影 1′、2′、3′、4′,并求出这些点的水平投影 1、2、3、4;再标出截交线上一般点的侧面投影 5″、6″、7″、8″和正面投影 5′、6′、7′、8′,并求出这些点的水平投影 5、6、7、8。

②画出截交线的水平投影。依截交线上各点水平投影的顺序,光滑连接得截交线的水平投影,其投影为椭圆,水平投影上所有图线均可见。

【例 4-13】 如图 4-23(a)所示,求作切口圆柱的侧面投影。

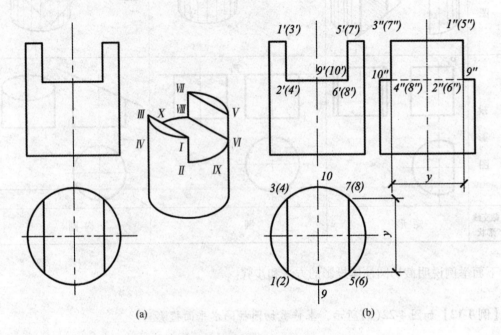

图 4-23 切口圆柱的投影

【分析】 圆柱的切口是由两个平行于轴线且左右对称的侧平面和垂直于轴线的水平面共同截切而形成的,前者与圆柱面的截交线为矩形,后者与圆柱面的截交线为圆弧。

【作图】

①如图 4-23(b)画出完整圆柱的侧面投影。

②求各截平面与圆柱面的交线的投影。先求水平截平面与圆柱面交线的投影:水平截平面与圆柱面交线的正面投影为直线 2′6′和 4′8′,而且它们的正面投影重合,然后根据点的投影关系求出其水平投影和侧面投影;再求两侧平面截面与圆柱面交线的投影:两截平面与圆柱面交线的正面投影分别为直线 1′2′(3′4′)和 5′6′(7′8′),9′(10′)为侧面外形素线点,然后根据投影关系求出其水平投影和侧面投影。

③求两侧平截面与水平截面的交线的投影。两侧平截面与水平截面的交线为正垂线,其正面投影积聚为点,侧面投影为直线 2″4″(6″8″),其侧面投影被圆柱面的投影遮住不可见,故画成虚线。

4.5.2 平面与圆锥体相交

根据截平面与圆锥轴线的相对位置不同分为截平面与轴线垂直、截平面与轴线倾斜、截平面与素线平行、截平面与两条素线平行、截平面过锥顶共 5 种情况,见表 4-2。

表 4-2　平面与圆锥相交的各种情况

截平面 位置	与轴线垂直	与轴线倾斜	与一素线平行	与两条素线或轴线平行	过锥顶
截交线 形状	纬　圆	椭　圆	抛物线	双曲线	三角形
立 体 图					
投 影 图					

下面举例说明截切圆锥体投影的方法和步骤。

【例 4-14】作侧平面 Q 与圆锥的截交线，如图 4-24 所示。

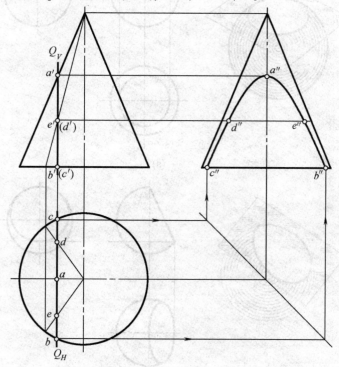

图 4-24　平面与圆锥的截交线

【分析】因截平面 Q 与圆锥轴线及两条素线平行，可知截交线是双曲线（一叶）。它的正面投影和水平投影均由于 Q 面的积聚性而落在 Q_v 上和 Q_H 上；它的侧面投影，因 Q 面与 W 面平行而具有显实性。

【作图】

①在 Q_v 与圆锥正面投影左边轮廓素线的交点处，得截交线最高点 A 的投影 a'，由此得 a、a''；

②在 Q_v 与圆锥底面正面投影的交点处，得截交线的最低点 B 和 C 的投影 $b'(c')$，由此求得 b、c 和 b''、c''；

③用素线法求得一般点 D 和 E 的各投影；

④在侧面投影上，用光滑曲线把 b''、e''、a''、d''、b'' 和 c'' 连线，它反映了双曲线的实形。

4.5.3 平面与圆球面相交

任何位置截平面截圆球，截交线的形状都是圆，如图 4-25 所示。根据截平面与投影面的相对位置，其投影有下列情况：

①当截平面与投影面平行面时，截交线在所平行的投影面上的投影反映圆的实形，其余两面投影积聚为一直线段，如图 4-25(a)所示。

②当截平面与投影面垂直时，截交线在其垂直的投影面上的投影积聚为直线段，而其余两个投影均为椭圆，如图 4-25(b)所示。

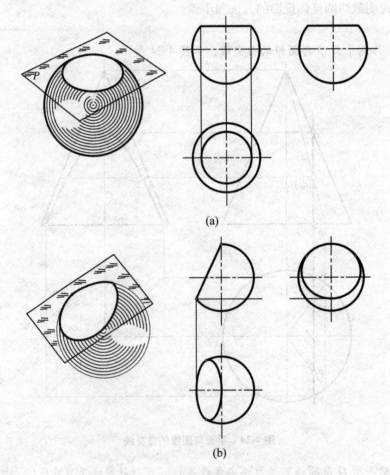

(a)

(b)

图 4-25　球面与水平面和垂直面相交

【例4-15】 求开槽的半圆球的投影图(图4-26)。

【分析】 球面开槽是由水平面和两个侧平面对称地截切半圆球而形成的。截平面与球面的截交线是圆的一部分。槽的 V 面投影为三个截平面的积聚投影，为已知。主要是求槽的 H 面投影和 W 面投影，作图的关键是确定反映实形的截交线圆的投影半径，如图示 R_1 和 R_2。

【作图】

①在 H 面投影以 R_1 为半径画纬圆，如图4-26(b)。

②画出半圆球的侧面投影图，在 W 面投影以 R_2 为半径画纬圆，分别依次画出通槽的 H 面投影和 W 面投影，如图4-26(b)(c)。

作图时，注意球面 W 面投影的轮廓线及可见性的判定。

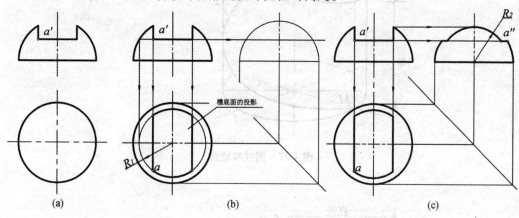

图4-26 开槽半圆球的投影图

4.6 螺旋线和螺旋面

4.6.1 圆柱螺旋线

一动点沿着一圆柱的母线作等速运动，而母线同时又绕圆柱的轴线作等速旋转，则该动点运动的轨迹叫做圆柱螺旋线。此圆柱叫做导圆柱。

如图4-27所示，点 M 沿一条直线做匀速直线运动，与此同时，这条直线绕着与其平行的轴线做等速圆周运动，动点 M 的轨迹就是一条圆柱螺旋线。直线旋转形成的圆柱面称为圆柱螺旋线的导圆柱。直线与轴线的垂直距离称为圆柱螺旋线的半径，直线旋转一周(360°)，动点 M 在直线上移动的距离称为圆柱螺旋线的一个螺距。圆柱螺旋线根据运动方向分为右旋和左旋两种：前者是直线对轴线作逆时针方向旋转；后者作顺时针方向旋转。

对于圆柱螺旋线，只要给出半径和螺距，就可以绘制其投影。现在以轴线垂直于 H 面的右旋圆柱螺旋线为例，介绍圆柱螺旋线投影的绘制方法(图4-27)。

①根据已知圆柱螺旋线的半径和螺距绘制出圆柱螺旋线导圆柱的 H 面和 V 面投影，如图4-28(a)。

②如图4-28(b)所示，将导圆柱的 H 面投影等分若干份(图中等分成12份，等分份数越多，作图越精确，曲线越圆滑)，同时在 V 面投影中，将螺距等分成相同份数，经过等分点做水平线，并进行标示，注意点的排列顺序应该与圆柱螺旋线的旋转方向一致。

③经过圆周 H 面投影上的等分点向上做铅垂线，与对应标号的水平线相交，得到圆柱螺

旋线上各点的 V 面投影。将交点用光滑曲线相连，即得所求的圆柱螺旋线，如图 4-28(c)。

④最后判定投影的可见性，如图 4-28(d)所示。

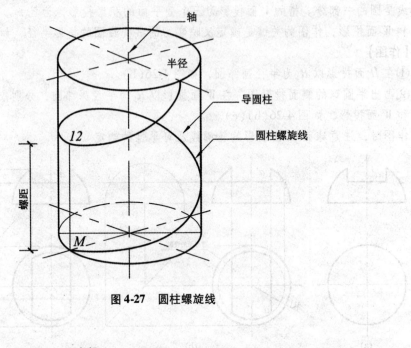

图 4-27　圆柱螺旋线

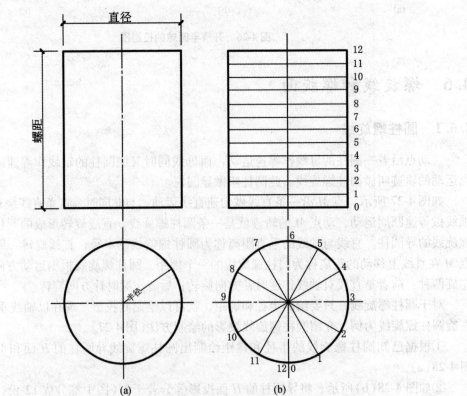

图 4-28　圆柱螺旋线的画法

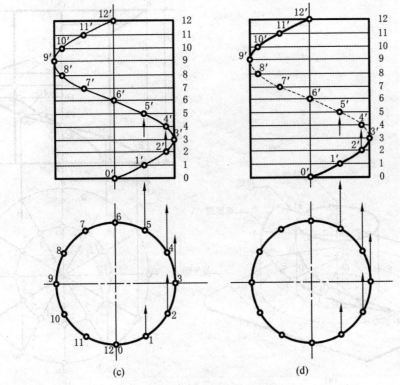

图 4-28　圆柱螺旋线的画法（续）

4.6.2　正螺旋面

4.6.2.1　正螺旋面的形成

　　正螺旋面是由一直母线沿圆柱螺旋线（曲导线）和螺旋线轴线（直导线）运动而形成，在运动过程中直母线始终与轴线垂直相交亦即母线始终平行于垂直轴线的导平面，如图 4-29 所示。

4.6.2.2　正螺旋面的表示法

　　画正螺旋面的投影时，先画出曲导线（圆柱螺旋线）及其轴线（直导线）的两投影，再画出螺旋面的 H 面、V 面投影。为此，将圆柱螺旋线分成若干等份。当轴线垂直于 H 面时，可从螺旋线 H 面投影（圆周）上各等分点引直线与轴线的 H 面积聚投影（圆心）相连，就是螺旋面相应素线的 H 面投影；素线 V 面投影是过螺旋线 V 面投影上各分点的投影到轴线 V 面投影的水平直线。如果螺旋面被一个同轴的小圆柱面截，它的投影图如图 4-29（b）所示。小圆柱面与螺旋线的交线，是一根与螺旋曲导线有相等螺距的螺旋线。具体作图方法如图 4-29（b）所示。

　　例如，已知螺旋线的螺距为 P_h，母线长度为 L。

　　①画出直导线（轴）及曲线（圆柱螺旋线）的 H 面和 V 面投影。

　　②将导程 P_h 的轴线和螺旋线分为若干等份。将螺旋线分成相同等份，先等分其 H 面投影（圆周），再求其 V 面投影上各等分点。

　　③做出该曲面上各素线的投影。如图 4-29 所示，由于各素线平行于导平面 H，故为水平线，其 V 面投影为水平直线，H 面投影都交于轴线的 H 面积聚投影（圆心）。

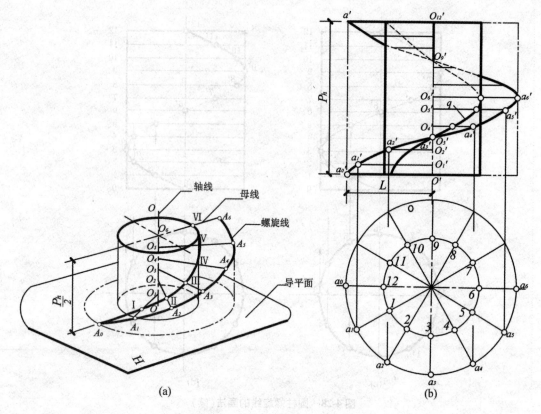

图 4-29　正螺旋面的形成和投影

4.6.2.3　螺旋楼梯画法

正螺旋面在工程上应用较多，如建筑物的螺旋梯、螺旋输送器等，如图 4-30 为螺旋楼梯画法。下面以螺旋梯投影作图的实例说明具体作图方法，如图 4-30(c)(d)所示。

①确定螺旋面的旋距及其所在圆柱面直径。沿螺旋楼梯走一圈的高度就是该螺旋面的螺距；螺旋梯内外侧到轴线距离分别是内、外圆柱的半径。

②根据内、外圆柱的半径，螺距的大小以及梯级数，画出螺旋面的两面投影，如图 4-30(a)所示。

假设把螺旋面的 H 面投影分为 12 等份，每一份就是螺旋梯上一个踏面的 H 面投影。螺旋梯面的 H 面投影积聚在两踏面投影的分界线上，如图中$(1_1)2_12_21_2$ 和 $(3_1)4_14_2(3_2)$ 等。因此，在画旋转梯的投影时，只要按一个螺旋的步级数目等分螺旋面的 H 面投影，就完成螺旋梯的 H 面投影。

③画各步级的 V 面投影，如图 4-30(b)所示，级梯面 $I_1 II_1 II_2 I_2$ 的 H 面投影积聚成一水平线段$(1_1)2_12_2(1_2)$，踢面的底线 $I_1 I_2$ 是螺旋面一根素线，求出它的 V 面投影 $1_1'1_2'$ 面后，过两端点分别画一竖直线，截取一级的高度，得点 $2_1'$ 和 $2_2'$。矩形 $1_1'2_1'2_2'1_2'$ 就是一第一级踢面的 V 面投影，它反映踢面的实形。

第一级踏面的 H 面投影 $2_12_23_23_1$ 是螺旋面 H 面投影的第一等份。第一踏面的 V 面投影积聚成一水平线段 $2_1'2_2'3_2'(3_1')$，其中$(3_1')3_2'$ 是第二级踢面底线(螺旋线的另一根素线)的 V 面投影，它于该踏面的 H 面投影 3_13_2 相对应，如图 4-30(b)所示。

画第二级的 V 面投影，如图 4-30(c)，过点 $3_1'$ 和 $3_2'$ 分别画一竖直线，截取一级的高度得

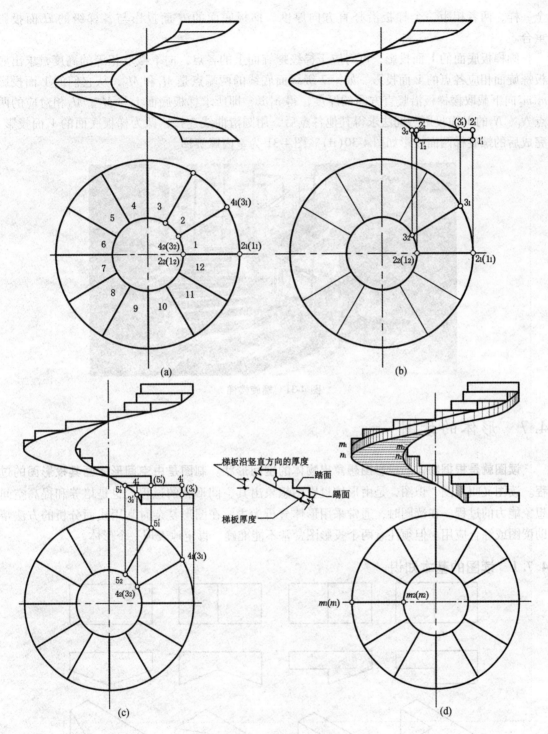

图 4-30 螺旋梯画法

点 $4_1'4_2'$。矩形 $3_1'3_2'4_2'4_1'$ 就是第二级踢面的 V 面投影。

依此类推，依次画出其余各级的踢面和踏面的 V 面投影。注意，第 5～9 级的踢面，由于被螺旋梯本身挡住，它的 V 面投影是不可见的。各级投影如图 4-30（c）所示。

④画出螺旋梯底面的投影。楼梯底面也是一螺旋面，它的形状和大小与梯级的螺旋面完

全一样，两者相距一个梯板沿竖直方向厚度。梯板底面的 H 面投影与各梯级的 H 面投影重合。

画梯板底面的 V 面投影，可对应于梯级螺旋面上的各点，向下截取相等的高度，求出底板螺旋面相应各点的 V 面投影。如第 7 级踢面底线的两端点是 M_1 和 M_2，从它们的 V 面投影 $m_1'm_2'$ 向下截取楼梯板沿竖直方向的厚度，得 $n_1'n_2'$，即所求梯板底面上与 M_1、M_2 相对应的两点 N_1、N_2 的 V 面投影。同法求得其他各点后，用圆滑曲线连接，即为梯板底面的 V 面投影。完成后的螺旋梯两面投影如图 4-30(d)。图 4-31 为室内螺旋梯。

图 4-31　螺旋楼梯

4.7　形体的读图

读图就是根据物体的投影图想象出物体的空间形状。制图是由空间形体画其投影图的过程。读图又叫看图、识图，是由形体投影图想象出其空间形状的过程，也是培养和提高空间想象能力的过程。在读图时，通常采用形体分析为主，在图形复杂时常用线面分析的方法帮助读图或综合应用。但须注意两个投影图常常不能准确、肯定地表现一个形体。

4.7.1　读图的基本知识

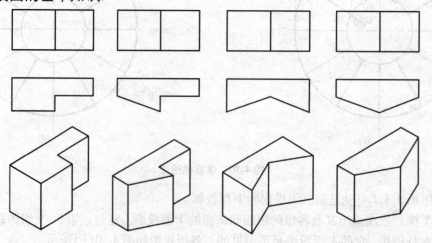

图 4-32　根据两面投影判别物体的形状

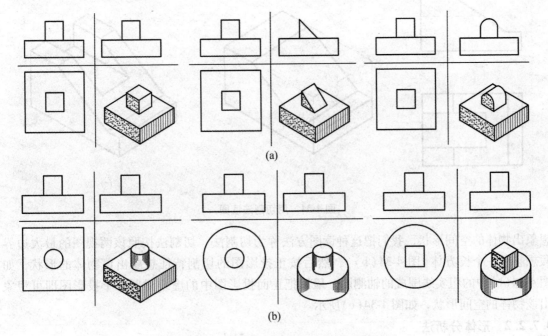

图 4-33 根据三面投影判别物体的形状

①读图时，要把几个视图联系起来分析　通常只看一个投影图不能正确判断物体的空间形状。如图 4-32，在一组投影图中，正面投影图都是相同的；若只看物体的一个视图就会判断错误，这些图要根据两个视图才能正确判断物体的空间形状。

有时只看两个视图也不能正确判断物体的空间形状。如图 4-33，在两组投影图中的正投影图和水平图都是相同的，若只看每一组的 V 面和 H 面投影就会判断错误，要把三个投影图结合起来才能正确判断物体的空间形状。

②了解线条的含义　视图中的一条线可能代表一个有积聚性的投影面，可能是面与面的交线（图 4-32、图 4-33），也可能是曲面的轮廓素线如图 4-33(b)。

③了解线框（指封闭图形）的含义　被投影图中每一个线框一般代表一个表面，可能是平面如图 4-33(a)，也可能是曲面如图 4-33(b)，特殊情况下是孔洞。视图中相邻两线框一般表示物体上两个不同的面，它们可能是相交的两表面或平行的两表面（图 4-32）。

④了解线框与其对应投影的关系　对于特殊位置平面投影图中的线框在其他投影图中的对应投影有两种可能，即成为相似形或线。例如，在某投影图中的投影为线框，而另一投影图没有与它对应的相似形时，其对应投影必积聚为一线，这个关系可简述为：**无相似形必积聚**。如图 4-33(a)的中间图形水平投影和 V 面投影中间是一个矩形线框，则该矩形线框的对应的侧面投影就一定是积聚的斜线。

4.7.2　形体读图步骤和方法

简单形体的读图步骤是：**对线框、找投影、想形状**。根据不同的投影图采用不同的读图方法。常用的方法有下列三种：切割法、形体分析法和线面分析法。

4.7.2.1　切割法

根据各投影图的最大边界假想物体是一个完整的基本形体，然后按照投影图的切割特征

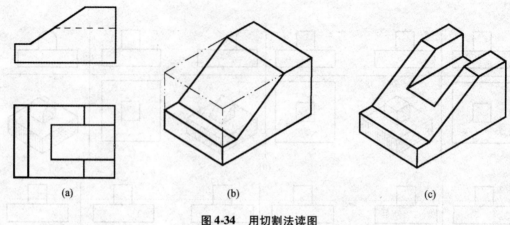

(a)　　　　　　　　　　(b)　　　　　　　　　　(c)

图4-34　用切割法读图

想象出物体的空间形状,我们把这种读图方法称为切割法。切割法按照该两视图的最大边界假想它是一个长方体[图4-34(b)],然后按正投影图的切割特征想象出该物体的形状,如图4-34(b)中的粗实线围成的轴测图。最后把正面投影图中的虚线对照水平投影图即可想象出该物体的空间形状,如图4-34(c)所示。

4.7.2.2　形体分析法

运用各种基本体投影特征及投影图之间数量和方位的关系,特别是"高平齐、宽相等、长对正"的对应关系,对组合体的投影图进行形体分析。如同组合体画图一样,把组合体分解成若干基本体或简单形体,并想象其形状和对投影面的位置,再按各组成部分之间的相对位置,像搭积木那样将其拼装成整体。形体分析法是假象的形体叠加,注意形体间的图线交接,如图4-35所示。

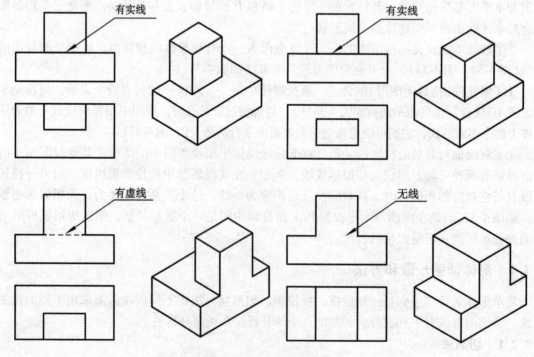

图4-35　组合体的投影图

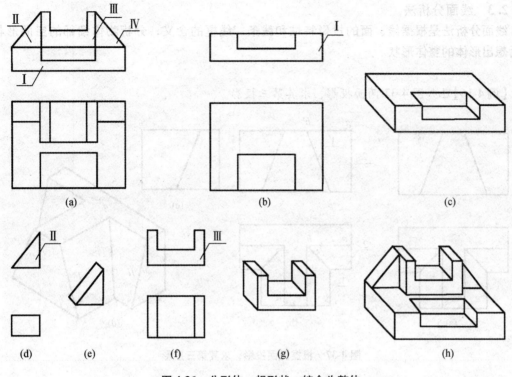

图 4-36　分形体、想形状，综合为整体

形体分析法读图步骤：

①概括了解；

②对线框、分形体、想形状；

③综合想整体。

下文以图 4-36 为例说明。

①概括了解　先了解表达物体用了哪些视图，然后以特征明显的视图为主，结合其他视图，初步了解物体的大概形状，分析该物体大概是由哪几个主要部分组成，各主要组成部分的形体是否明显，图 4-36(a)所示物体用了 V 面、H 面两投影图表达，分析这两个投影图了解到该物体大概是由几部分组成。

②对线框、分形体、想形状　在投影重叠较少，结构关系明显的投影图上划分线框，然后用投影图的投影规律对线框，找出各线框的有关投影(对线框可借助于三角板、分规等工具)，把组成组合体的简单形体或基本形体分离出来，把每个简单形体的空间形状想出来。在图 4-36(a)的正视图上划分线框，该图共有 5 个线框。用对线框、找投影的方法分析得知其中只有四个线框为反映简单形体的线框，分别编号为Ⅰ、Ⅱ，Ⅲ、Ⅳ。线框Ⅱ、Ⅳ的形体相同，仅需分析Ⅰ、Ⅱ、Ⅲ形体的形状。按投影关系分别把它们的有关投影分离出来如图 4-36(b)(d)(f)，所示的三组视图。逐个想出它们的空间形状如图 4-36(c)(e)(g)。

③综合想整体　把分析所得各形体的形状，对照组合体的各视图所给定的相互位置关系，想出组合体的形状。图 4-36(a)中，以形体Ⅰ为基础，上加Ⅱ、Ⅲ、Ⅳ三个形体均与后面靠齐，而形体Ⅱ和形体Ⅳ分居形体Ⅲ的两侧，由此想出组合体的空间形状如图 4-36(h)。

形体分析法是假想的。分析时，不能破坏原来物体的整体性。画图时，应注意各组成部分结合处不能出现原来物体没有的轮廓线，如图 4-35。

4.7.2.3 线面分析法

线面分析法是根据线、面的投影特性和线条、线框的含义，分析物体细部的空间形状，然后想出形体的整体形状。

【例4-16】 已知图4-37两面投影，求其第三投影。

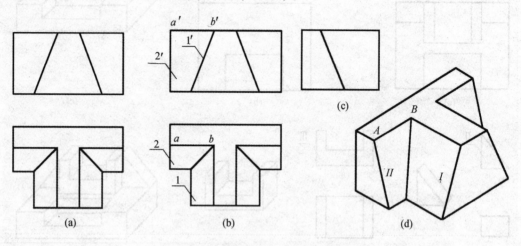

图4-37 根据两面投影，求其第三投影

【分析】 本题可假定物体是一长方体，按 H 面投影图可把物体切去左右两块，为了确切地知道被切割部分的情况，还要对视图中的线条、线框进行分析。为此，在投影图中划分线框 I 和 II（1′、1，2′、2），如图4-37(b)。根据"无相似形必积聚"可知，H 面投影图中的线框 I 所表示的平面必积聚在 V 面图的斜线 1′ 上，即平面 I 是正垂面。又 V 面图中，线框 2 是 H 面图中线框 2 的相似形，故知平面 II 同时倾斜于 V、H 面，但与 W 面的相对关系还要进一步分析。从图4-37(b)可知，线框 II 的一边 AB 为侧垂线，故平面 II 为侧垂面。由此可知物体的两侧各被一正垂面和一侧垂面所切割。切割后物体的空间形状如图4-37(d)所示。根据上述分析，画出物体的 W 面投影图，如图4-37(c)所示。

综上所述，读图是一个综合思维过程，可以几种方法考虑。

思考题

1. 试述平面立体的表示法。
2. 试述平面立体截交线的画法。
3. 什么叫做同坡屋顶，其画法规则如何？
4. 试述回转曲面的形成和表示法。
5. 在回转曲面上定点用什么方法？
6. 怎样求平面与曲面立体的截交线？
7. 平面与圆锥面或圆柱面的截交线有哪几种？
8. 怎样绘制圆柱螺旋线的投影图？
9. 简述形体读图步骤和方法。

第 5 章 轴测投影

5.1 轴测投影的基本知识

5.1.1 轴测投影的概念

工程上常用的图样是按照正投影法绘制的多面投影图，如图 5-1(a)别墅及其庭院三面投影图，但这种图缺乏立体感，直观性不佳。因此，工程设计上常采用轴测投影图作为辅助图样来表达设计者的空间构想意图。轴测投影属于单面平行投影，它能在一张图纸上同时反映空间形体长、宽、高三个向度，有较好的立体感，如图 5-1(b)别墅及其庭院轴测投影图。绘制轴测投影，是沿着轴测轴的方向进行测量作图，因此把这种投影称为**轴测投影或轴测图**。

(a)

图 5-1 正投影图与轴测投影图

(b)

图 5-1　正投影图与轴测投影图(续)

(a)别墅及其庭院三面投影图　(b)别墅及其庭院轴测投影图

5.1.2　轴测投影的形成和分类

若想在形体的一个投影中同时反映长、宽、高三个向度，可以选用一个不平行于任一坐标面的方向为投影方向，把形体连同确定其空间位置的三条直角坐标轴 O_1X_1、O_1Y_1、O_1Z_1 一起(图 5-2)，用平行投影的方法投影到一个投影面 P 上面，则所得到的三个向度都不积聚，所以该投影能同时反映形体的三个向度，这样得到的投影图即为**轴测投影图**。

轴测投影分为斜轴测投影和正轴测投影两类。

①斜轴测投影　将形体的一个坐标面平行于轴测投影面 P，而投影方向倾斜于轴测投影面 P，所得投影图为斜轴测图，如图 5-2 所示。

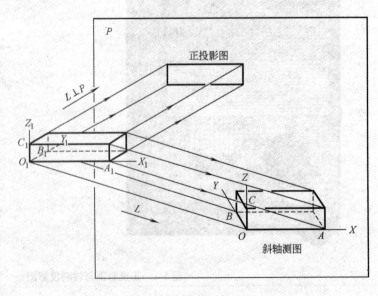

图 5-2　斜轴测投影的形成

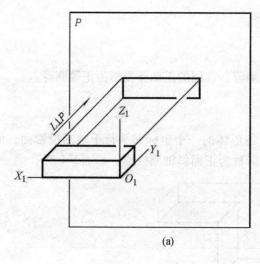 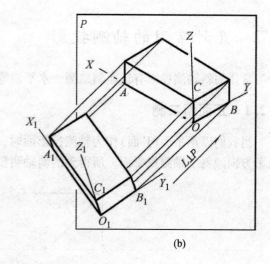

图 5-3　正轴测投影的形成

（a）正投影图　　（b）正轴测投影图

②正轴测投影　将形体的三个坐标面都与轴测投影面 P 倾斜，而投影方向仍垂直于轴测投影面 P，所得轴测图称为正轴测图，如图 5-3（b）所示。

由此，我们看出斜轴测投影图是用斜投影法作出物体的投影，正投影图则是用正投影法作出物体的投影。下面我们来了解一下轴测投影中的术语。

轴测投影面　在轴测投影中，投影面 P 成为轴测投影面。

轴测轴　三条坐标轴 O_1X_1、O_1Y_1、O_1Z_1 在轴测投影面上的投影 OX、OY、OZ 称为轴测轴。

轴间角　两轴测轴之间的夹角 $\angle XOY$、$\angle XOZ$、$\angle YOZ$ 称为轴间角。

轴向伸缩系数（变形系数）　轴测轴上线段长度与空间物体上对应的长度之比，称为轴向伸缩系数，通常用 p、q、r 表示。

$$p = \frac{OA}{O_1A_1} \qquad q = \frac{OB}{O_1B_1} \qquad r = \frac{OC}{O_1C_1}$$

5.1.3　轴测投影的特性

轴测投影是利用平行投影绘制的，具有平行投影的投影特性。

①平行性　**空间相互平行的直线，它们的轴测投影也相互平行。**因此，形体上平行于三个坐标轴的线段，在轴测投影图上，都分别平行于相应的轴测轴。

②定比性　**空间相互平行的两线段长度之比，等于他们平行投影的长度之比。**因此，平行于坐标轴的线段其轴测投影长度与原长度之比等于相应的轴向伸缩系数。

绘制轴测图时，必须先要确定轴间角和轴向伸缩系数，根据平行性确定出形体上平行于坐标轴的线段在轴测图中的方向，根据定比性确定出形体上平行于坐标轴的线段在轴测图中的长度，并且只能沿轴测轴方向度量。

5.2 几种常用的轴测投影

常用的斜轴测投影有正面斜二测、水平斜等测等；常用的正轴测投影为正等测等。

5.2.1 正面斜二测

当我们以正平面(V面)作为轴测投影面时，将形体的一个坐标面平行于轴测投影面，而投影方向倾斜于轴测投影面，所得到的斜轴测投影称为正面斜轴测投影，如图5-4所示。

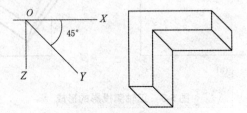

图5-4 正面斜二测图(仰视)

从图5-2可以看出坐标面$X_1O_1Z_1$平行于轴测投影面P时，不管投影方向如何倾斜，形体上平行于坐标面$X_1O_1Z_1$的表面，在P面上的投影形状大小都不会改变，它的轴测投影反映实形，即$\angle XOZ = 90°$，OX轴与OZ轴的轴向伸缩系数p和r都是1。这个特点使得轴测图的作图变得更为简便。

形体上垂直于轴测投影面P的O_1Y_1轴，它的轴测投影即轴测轴OY的方向和长度会随着投影方向的不同而变化。为便于作图，**常取OY轴与水平线成45°或30°、60°角；轴向伸缩系数q则常取0.5**。作图时常用的四种不同形式的斜二测轴测轴如图5-5所示。

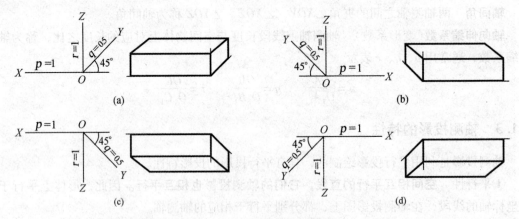

图5-5 正面斜二测图四种形式

图5-5中，利用这四种不同的斜轴测轴画出的轴测图，**正面均不变形，轴间角$\angle XOZ = 90°$，三个轴测轴的伸缩系数为$p = r = 1$，$q = 0.5$**，这样的正面斜轴测图叫做正面斜二测图，简称**斜二测**。

【**例5-1**】作出图5-6所示花格的斜二测图。

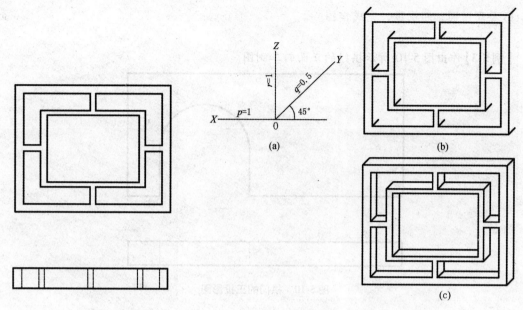

图 5-6　花格的正投影图　　　　　图 5-7　作花格的斜二测图

【作图】作图步骤如图 5-7 所示。

①画出轴测轴。

②把花格的正面形状，按照它的正面投影画到坐标平面 *XOZ* 内，并引出各条宽度线，长度取水平投影宽度的一半，即 $q = 0.5$。

③作出花格后面及内部空心部分可见的轮廓线。

④整理图面加粗图线，完成作图。

【例 5-2】作出图 5-8 所示台阶的正面斜二测图。

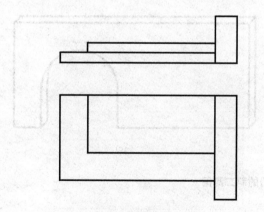

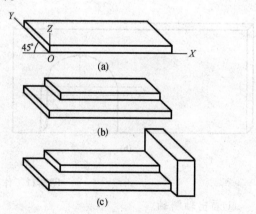

图 5-8　台阶正投影图　　　　　图 5-9　作台阶的斜二测图

【作图】作图步骤如图 5-9 所示。

①画出轴测轴，选择左俯视。

②作出底层踏步板的斜二测图。

③作出二层踏步板的斜二测图。

④在踏步板的右侧画出栏板的斜二测图。

⑤整理图面加粗图线，完成作图。

【例5-3】作出图5-10所示拱门的正面斜二测图。

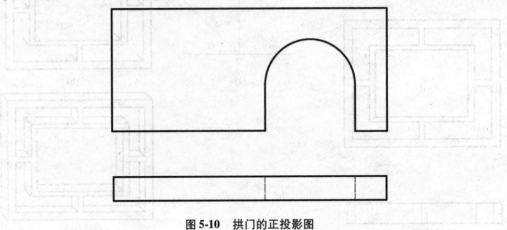

图5-10　拱门的正投影图

【作图】作图步骤如图5-11所示。

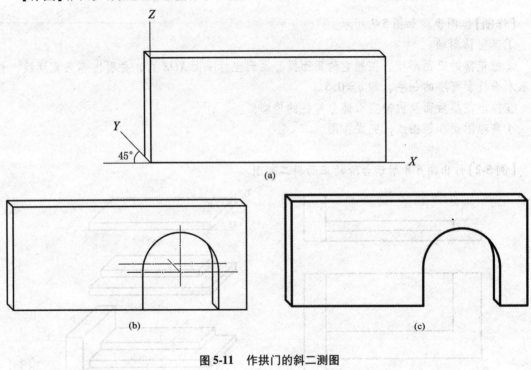

图5-11　作拱门的斜二测图

①画出轴测轴。

②作墙体的斜二测图。

③根据正投影图确定拱门的宽度及圆拱部分的圆心，作出拱门的正面斜二测图。

④整理图面加粗图线，完成作图。

5.2.2　水平斜等测

当我们以水平面(H面)作为轴测投影面时，将形体的一个坐标面平行于轴测投影面，而投影方向倾斜于轴测投影面，所得的斜轴测投影称为水平斜轴测投影，如图 5-12 所示。

从图 5-12 可以看出坐标面 *XOY* 平行于轴测投影面时，不管投影方向如何倾斜，形体上平行于坐标面 *XOY* 的表面，在轴测投影面上的投影形状大小不变，**轴间角 ∠*XOY* = 90°**。水平斜轴测图的 *OZ* 轴一般置于竖直位置［图 5-12(b)］，并使 *OX* 或 *OY* 与水平线呈 **30°、60°** 或 **45°角，轴向伸缩系数取 $p = q = r = 1$**，这时所得的水平斜轴测图为水平斜等测图。

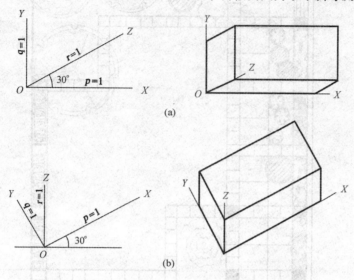

图 5-12　水平斜等测图的轴间角及轴向伸缩系数

水平斜等测图适用于水平投影显示较为复杂的形体，常根据房屋的水平剖面来绘制，能清晰地反映出房屋的内部布置；或根据一个区域的总平面图，表达设计地块与周围道路、环境的关系以及区域内建筑的总体布局、道路、设施等。与透视图中的鸟瞰图有类似的表达效果，也被称为**轴测鸟瞰图**，如图 5-13、图 5-15 所示。

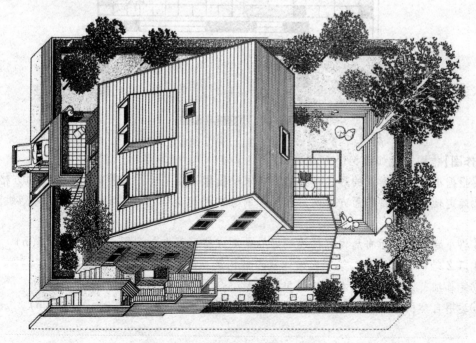

图 5-13　别墅及其庭院水平斜轴测图

【例5-4】作出图5-14小庭院的水平斜等测图。

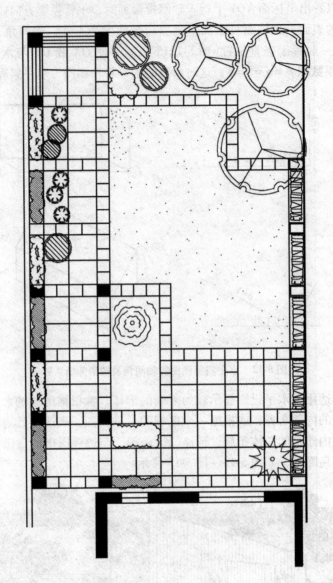

图5-14 小庭院平面图

【作图】作图步骤如图5-15所示。

①根据小庭院平面图的形式与内容，在水平投影图上包含图形整体轮廓作平面方格网。

②确定轴测轴，将平面方格网沿轴测轴的方向按比例画出，得到轴测方格网，如图5-15（a）。

③将小庭院的平面布局内容按绘制好的轴测方格网画在轴测图中，如图5-15（b）。

④沿Z轴向上引垂线，绘制出墙体及内部构筑物的轮廓，如图5-15（b）。

⑤完善细节，增添乔灌木，如图5-15（c）。

⑥运用自然的手法表现植物，整理图面，加粗图线，完成作图，如图5-15（c）。

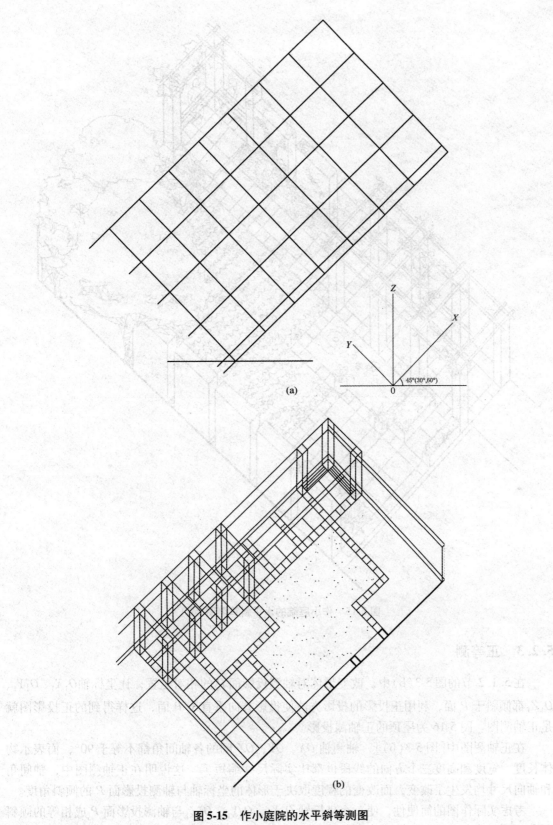

(a)

(b)

图 5-15　作小庭院的水平斜等测图

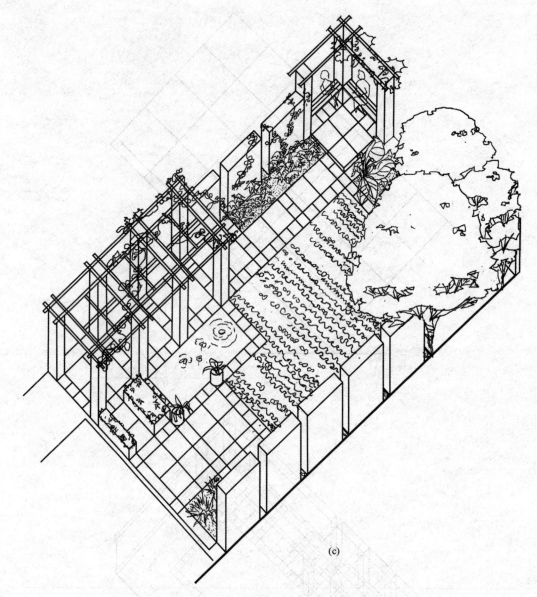

(c)

图 5-15 作小庭院的水平斜等测图(续)

5.2.3 正等测

在 5.1.2 节的图 5-3(b) 中，改变形体对轴测投影面 P 的相对位置，让坐标轴 O_1X_1、O_1Y_1、O_1Z_1 都倾斜于 P 面，利用正投影的投影方法使投影方向垂直于 P 面，这样得到的正投影图就是正轴测图。图 5-16 为屋顶的正轴测投影。

在正轴测图中[图 5-3(b)]，轴测轴 OX、OY、OZ 间的各轴间角都不等于 90°，而表示物体长度、宽度和高度三个方向的线段也都比实际尺寸缩短了。这说明在正轴测图中，轴间角和轴向尺寸均发生了改变，而改变的程度取决于形体的坐标轴与轴测投影面 P 的倾斜角度。

考虑实际作图的简便性，使三个坐标轴 O_1X_1、O_1Y_1、O_1Z_1 与轴测投影面 P 成相等的倾斜角度，这个角度约等于 35°，于是得出：

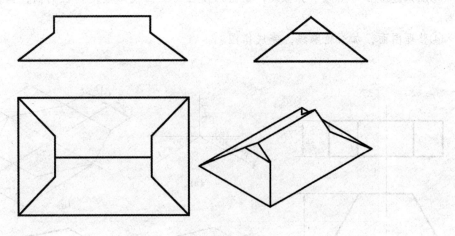

图 5-16　屋顶的正轴测投影

①三个轴间角都相等，即 $\angle XOY = \angle XOZ = \angle YOZ = 120°$，如图 5-17(a)。

②三个轴向伸缩系数都相等，即 $p = q = r = 0.82$。它们是

$$p = \cos35° \times OA = 0.82\, OA$$

$$q = \cos35° \times OB = 0.82\, OB$$

$$r = \cos35° \times OC = 0.82\, OC$$

画正轴测图时，通常将 OZ 轴处于竖直的位置，那么 OX、OY 轴必分别与水平线成 30°角 [图 5-17(a)]。而为了作图简便，**轴向伸缩系数常简化为 1**，这样三个轴向比例均为 1:1（图 5-17），这样画出的轴测图相当于将原形体放大了 1.22 倍，但形体的形象并未改变。由于我们选用的轴测轴，三个轴间角和三个轴向伸缩系数都相等，这样画出的正轴测图又叫**正等测图**。

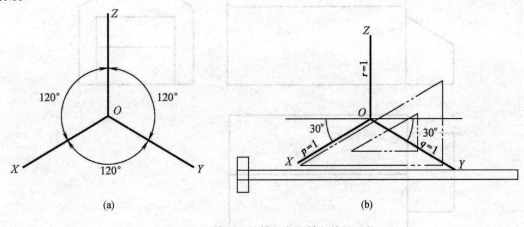

图 5-17　正等测图的轴间角和轴向伸缩系数

【例 5-5】作出图 5-18 所示正六棱柱的正等测图。

【作图】作图步骤如图 5-19 所示。

①画出轴测轴。

②以原点为中心，根据正六棱柱水平投影的尺寸，作出上底的轴测图。

③从六边形各角点向下引垂线，根据六棱柱的正面投影确定棱柱的高，画出下底的可见轮廓。

④整理图面，加深轮廓线，完成作图。

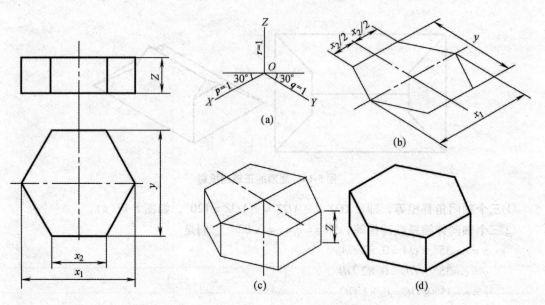

图 5-18 正六棱柱的正投影图   图 5-19 作正六棱柱的正等测图

【例5-6】作出图 5-20 所示房屋的正等测图。

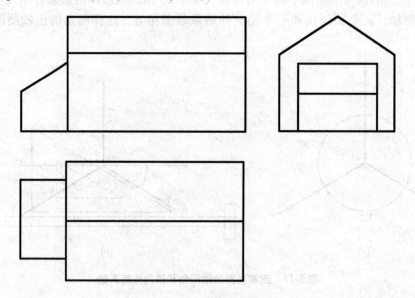

图 5-20 房屋的正投影图

【作图】作图步骤如图 5-21 所示。

①画轴测轴，作出主体房屋的正等测图，注意屋脊的作图方法。

②作房屋左侧形体的正等测图。

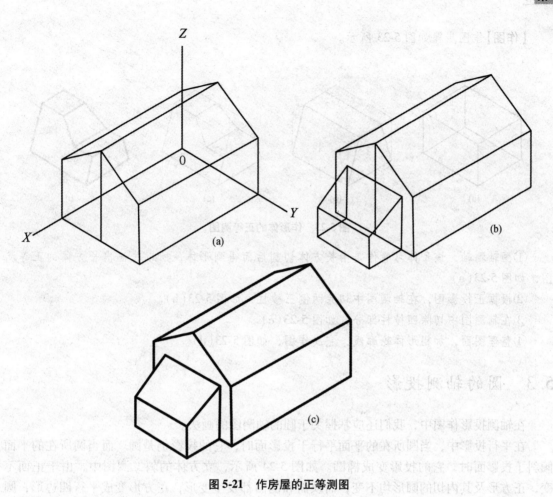

图 5-21　作房屋的正等测图

③整理图面，加粗轮廓线，完成作图。

【例 5-7】作出图 5-22 所示形体的正等测图。

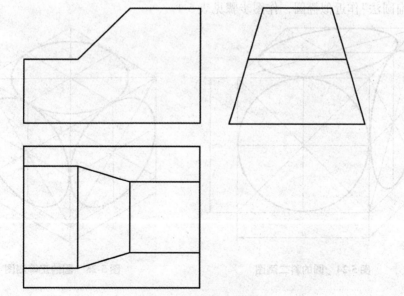

图 5-22　形体的正投影图

【作图】作图步骤如图 5-23 所示。

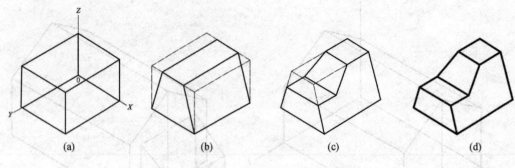

图 5-23　作形体的正等测图

①画轴测轴，该形体可看作是由长方体切割后而得到形体，所以先画出长方体的正等测图，如图 5-23(a)。

②根据正投影图，在轴测图中切除两侧三棱柱，如图 5-23(b)。

③在轴测图中切除四棱柱部分，如图 5-23(c)。

④整理图面，加粗形体轮廓线，完成作图，如图 5-23(d)。

5.3　圆的轴测投影

在轴测投影作图中，我们还应掌握关于圆的轴测图的画法。

在平行投影中，当圆所在的平面平行于投影面时，它的投影仍是圆。而当圆所在的平面倾斜于投影面时，它的投影变成椭圆。如图 5-24 所示，立方体的斜二测图中，由于正面不变，正方形及其内切的圆形均不变；而顶面和侧面都发生变形，正方形变成平行四边形，圆变成椭圆。在斜轴测投影中，常用"八点法"作平行四边形内切的椭圆，作图步骤见表 5-1。

如图 5-25 所示，立方体的正等测图中，因为圆所在的平面都不平行于轴测投影面，故正面、顶面和侧面均发生变形，正方形变成菱形而圆的正等测图是椭圆。在正等测图中，通常采用"四心扁圆法"作近似椭圆，作图步骤见表 5-1。

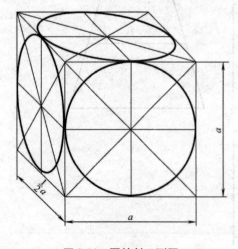

图 5-24　圆的斜二测图

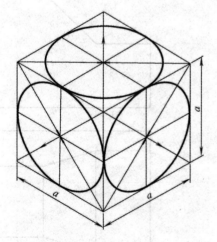

图 5-25　圆的正等测图

表 5-1　圆的轴测投影——"八点法"及"四心扁圆法"作椭圆的画图步骤

用八点法作斜二测椭圆		用四心扁圆法作正等测椭圆	
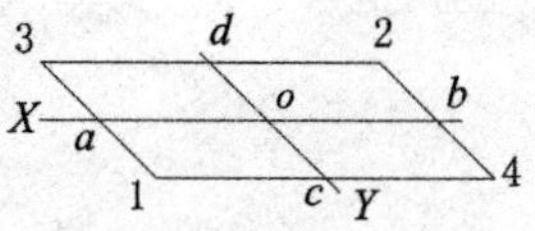	在 X 轴上截取 oa、ob 等于已知圆的半径，在 Y 轴上截取 oc、od 等于 1/2 半径。再过 a、b 两点作 Y 轴平行线，过 c、d 两点作 X 轴平行线，得平行四边形 1324	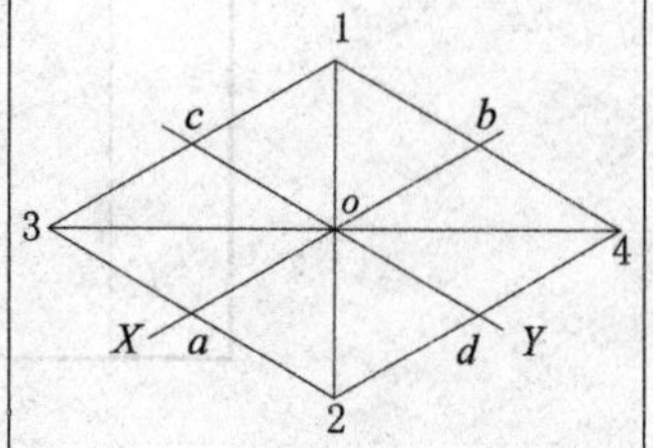	在 X、Y 轴上分别截 oa、ob、oc、od 等于已知圆的半径，再过 a、b 两点作 Y 轴平行线，过 c、d 两点作 X 轴平行线，得菱形 1324
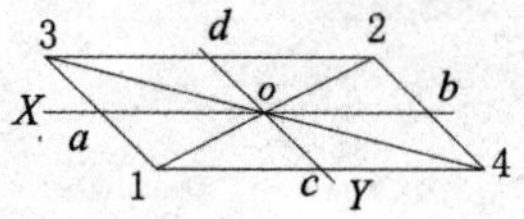	连对角线 12 和 34	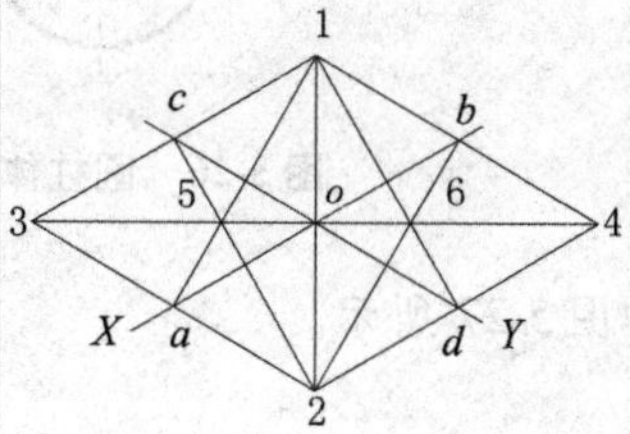	连 1a 和 1d（或 2b 和 2c）与对角线 34 相交于 5、6 两点
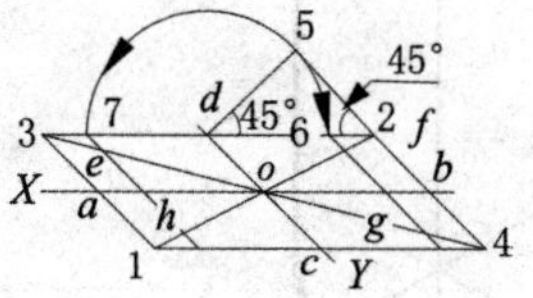	以 2d 为斜边作一个等腰直角三角形 2d5，并在 23 线上截取 d6、d7 等于 d5，过 6、7 两点作 Y 轴的平行线，并与对角线 12、34 相交于 e、f、g、h 四个点	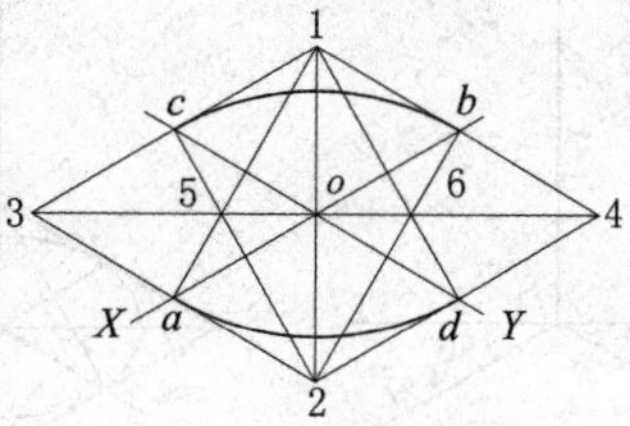	以 1 点为圆心，1a（或 1d）为半径作圆弧 $\overset{\frown}{ad}$，以 2 点圆心，2b（或 2c）为半径作圆弧 $\overset{\frown}{bc}$
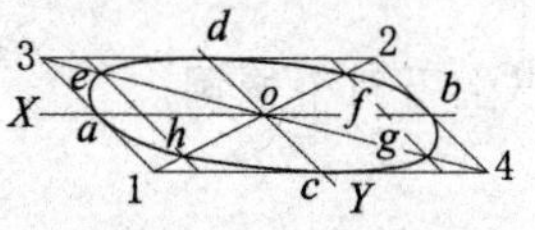	用曲线光滑连接 a、h、c、g、b、f、d、e 八个点	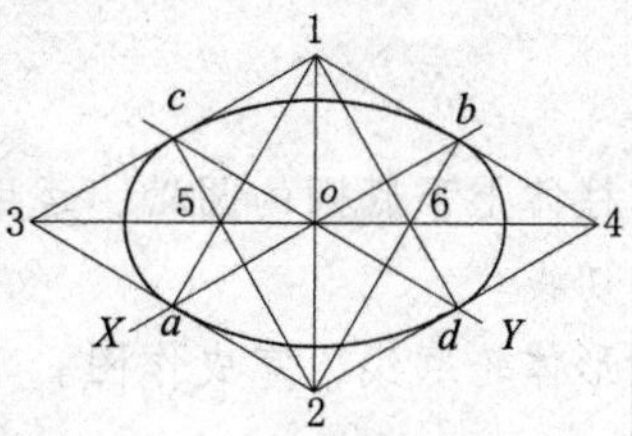	以 5 点为圆心，5a（或 5c）为半径作圆弧 $\overset{\frown}{ac}$，以 6 点为圆心，6b（或 6d）为半径作圆弧 $\overset{\frown}{bd}$

【例5-8】作出图5-26所示圆柱体的正等测图。

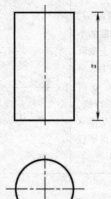

图5-26　圆柱体正投影图

【作图】作图步骤如图5-27所示。

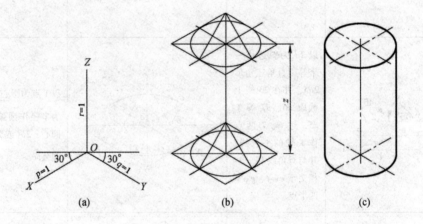

(a)　　　　　　　(b)　　　　　　　(c)

图5-27　作圆柱体的正等测图

①画出轴测轴。

②根据柱高定出圆柱体上下底圆的圆心，运用"四心扁圆法"作出上下两个椭圆。

③画出两椭圆的公切线。

④整理图面，加粗形体轮廓线，完成作图。

【例 5-9】作出图 5-28 所示带圆角形体的正等测图。

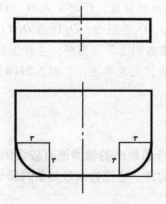

图 5-28　带圆角形体的两面投影

【作图】作图步骤如图 5-29 所示。

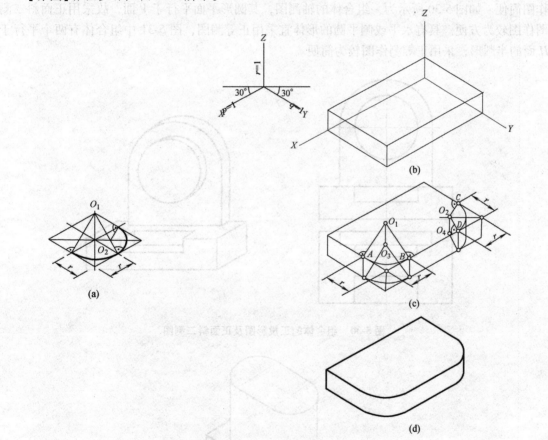

图 5-29　作带圆角形体的正等测图

【分析】形体的圆角，实际上是四分之一圆弧，它的轴测图即是四分之一圆弧的轴测，如图 5-29(a) 所示。带圆角形体正等测图作图步骤如下：

①画出轴测轴，作出矩形底板的轴测图，如图 5-29(b) 所示。

②根据正投影图，在轴测图中沿边线截取图中 r 的长度，分别得到 A、B、C、D 四点，

如图 5-29(c)所示。

③过 A、B 和 C、D 分别作边线的垂线，得到交点 O_1、O_2，根据底板的高度将 O_1、O_2 分别降到 O_3、O_4 的位置。分别以 O_1、O_3 为圆心，O_1A(或 O_1B)为半径作上下两圆弧；再以 O_2、O_4 为圆心，O_2C(或 O_2D)为半径作右侧上下两圆弧，并作出公切线，如图 5-29(c)所示。

④整理图面，加粗形体轮廓线，完成作图，如图 5-29(d)所示。

5.4　轴测投影的选择

绘制轴测图，在选择时应该考虑画出的轴测图有较强的立体感，符合日常的视觉现象；同时还要考虑从哪个方向去观察物体，应把物体最复杂的部分表达出来。

5.4.1　选择轴测类型

①依据正投影图，有平行于 V 面的圆或曲线，常用正面斜二测图。其轴测投影反映实形，作图简便。如图 5-30 所示为一组合体的轴测图，其圆形平面平行于 V 面，故采用正面斜二测图作图较为方便。具有水平或侧平圆的形体宜采用正等测图，图 5-31 中组合体有两个平行于 H 面的半圆形，采用正等测作图较为简便。

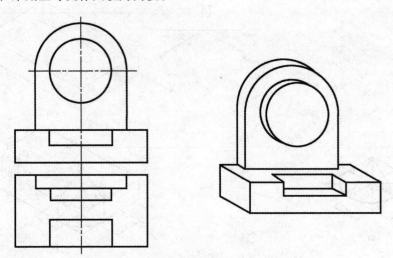

图 5-30　组合体的正投影图及正面斜二测图

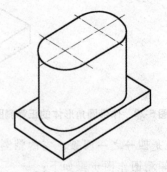

图 5-31　组合体的正等测图

②在正投影图中如果形体表面有和水平方向呈 45°角的直线，不宜采用正等测图。如图 5-32（b）$A_1B_1C_1D_1$ 在正等测图中投影成一直线，直观性不佳，故宜采用斜二测图[图 5-32（c）]。

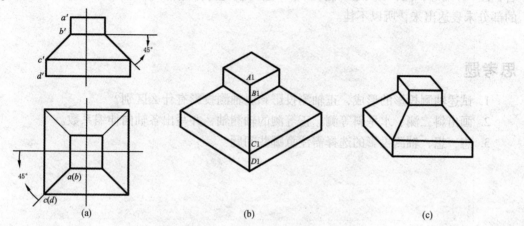

图 5-32　比较形体的正等测图和斜二测图
（a）正投影图　（b）正等测图　（c）正面斜二测图

③在轴测图中，应尽可能将复杂及隐蔽的地方表达清楚，如孔、洞、槽等要看通或看透到底部。图 5-33 中，正等测图[图 5-33（b）]的形体中间的孔洞被遮挡看不到底，而斜二测图[图 5-33（c）]则能看穿，直观性更好。

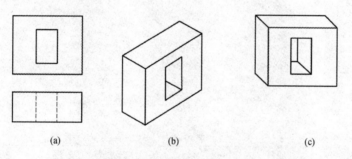

图 5-33　比较带孔洞形体的正等测图和斜二测图
（a）正投影图　（b）正等测图　（c）正面斜二测图

5.4.2　确定轴测方向

选定了轴测图的类型以后，还须根据形体的形状选择适当的投影方向，使需要表达的部分最为清晰。投影方向的选择，相当于观察者选择从哪个方向观察物体。图 5-34 给出了四种不同观察方向的正等测图。

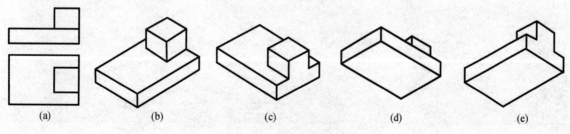

图 5-34　正等轴测图的四种投影方向
（a）正投影图　（b）左俯视　（c）右俯视　（d）左仰视　（e）右仰视

图 5-34 中，图(b)主要显示物体的上、前、左部分；图(c)显示物体的上、前、右部分；图(d)显示物体的底、前、左部分；图(e)显示物体的底、前、右部分。从图形的明显性来看，图(b)最好，图(c)次之。图(d)(e)主要表现物体底部的形状，底部为一平板，而复杂的部分未表达出来，所以不佳。

思考题

1. 试述轴测投影的形成，正轴测投影和斜轴测投影有什么区别？
2. 画出斜二测、水平斜等测、正等测的轴测轴，并写出各轴向伸缩系数。
3. 想一想，轴测投影的选择需注意哪些问题？

第6章 正投影图中的阴影

6.1 阴影的基本知识

6.1.1 阴影的概念

光线照射物体，在物体表面形成的不直接受光的阴暗部分称为阴，直接受光的明亮部分称为阳；由于物体遮挡部分光线，而在自身或其他物体表面所形成的阴暗部分称为影。阴与影合称为**阴影**。如图 6-1 所示，一立方体置于 H 面上，由于受到光线照射，其表面形成受光的明亮部分(阳)和背光的阴暗部分(阴)，此明暗两部分的分界线称为**阴线**。由于立方体不透光，而遮挡了部分光线，故在 H 面上形成了阴暗部分，称为**落影**，简称为影。此落影的外轮廓线称为影线，影子所在的面如 H 面，称为**承影面**。

求作物体的阴影，主要是确定阴线和影线。由光线所组成的面称为**光平面**，物体表面的阴线实际为光平面与物体表面的切线，其影线为通过阴线的光平面与承影面的交线。

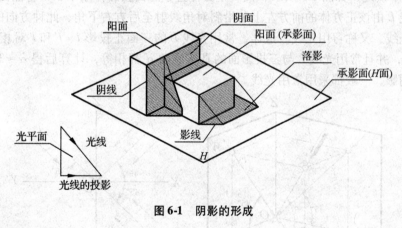

图 6-1 阴影的形成

6.1.2 阴影的作用

在设计图上加画阴影，是为了更形象、更生动地表达所设计的对象，增加真实感。建筑物的正立面图(立面正投影)只表达了建筑物高度和长度两向度的尺寸，缺乏立体感。如果画出建筑物在一定光线照射下产生的阴影，那么建筑设计图便同时表达了建筑物前后方向的深度，即明确了各部分间的前后关系，使建筑物具有三维立体感，从而使建筑物显得形象、生动、逼真，增强了艺术表现力。

阴影主要用在建筑立面或透视渲染等建筑表现图中，增加其表现力，图 6-2 为建筑阴影实例。图中加绘阴影，使画面显得更为生动，立体感更强。

图 6-2　阴影在建筑表现图中的效果

6.1.3　常用光线(又称习用光线)

产生阴影的光线，主要为阳光，而太阳距地球非常遥远，其光线可视为平行光线。因此，在形体的投影图上作阴影，光源设定在无限远处，光线是相互平行的。为便于作图，对光线 L 的方向作如下规定：如图 6-3 所示，设一正方体置于三面投影体系中，其各侧面平行于相应投影面，光线 L 由该正方体的前方左上角沿斜对角线射至后方右下角，此种方向的平行光线，被称为常用光线，又称习用光线。这样，常用光线 L 的三面正投影 l、l' 和 l'' 对相应投影轴的夹角都为 45°，并且常用光线 L 与三投影面的真实倾角 α 都相等，计算后得 $\alpha \approx 35°$。建筑物正投影中作阴影，一般都采用常用光线。

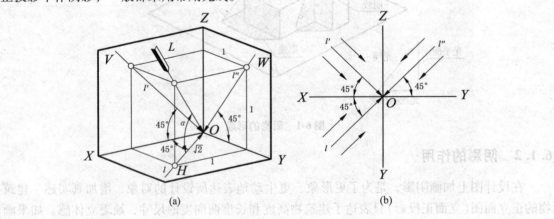

图 6-3　常用光线

6.2　点、直线、平面的落影

阴影作图，实质上是求形体的阴线和影线。其中，阴线是光平面和形体表面的切线；影线是光平面和承影面的交线；又由于阴线和影线属于同一光平面，所以阴线的落影就是影线。因此，阴线的作图，实质上是引光线和形体表面相切，求出切点和切线；影线的作图，实质上是把这些光线继续延长，求出它们与承影面的交点和交线。所以，阴影作图问题实质上是求作直线（光线）与形体表面相切的切点以及直线（光线）与承影面相交的交点的问题。

6.2.1　点的落影

6.2.1.1　点在投影面上的落影

求作空间一点在承影面上的落影，实质上就是求取过该点的光线与承影面的交点：

①如图 6-4 所示，空间一点 A 在光线的照射下，落在承影面 P 上的影为 a_p。换句话说，过点 A 的光线 L 与承影面 P 的交点为 a_p，a_p 即为空间一点 A 的影。显然，求点的落影，在作图上就是求作光线和承影面的交点。

倘若点 B 在 P 面上，可以认为，点 B 的影 b_p 与点 B 本身重合。

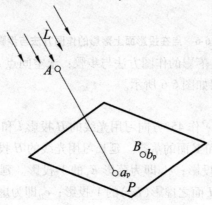

图 6-4　点的落影

②空间点 E 在投影面上的落影：如图 6-5 所示，过空间点 E 的光线 L 与投影面 V 的交点 $E_V(e_v,\ e'_v)$，即为点 E 落在投影面 V 上的影。实际上 E_V 是光线 L 的 V 面迹点。倘若光线 L 透过 V 面，再与投影面 H 相交，则光线 L 与 H 面的交点 $E_H(e_H,\ e'_H)$，即为点 E 在投影面 H 上的落影。实际上 E_H 是光线 L 的 H 面迹点。所以，作点的落影也就是作过该点光线的迹点，这一方法简称为**光线迹点法**。

若有两个或两个以上承影面时，则与过该点的光线先交出的点，是真正的落影（简称真影），用该点的字母加承影面的名称来标识，如 $E_V(e_v,\ e'_v)$；交于其余承影面上的都是虚影，加括弧表示，如影点 $E_H(e_H,\ e'_H)$ 称为点 E 的虚影。

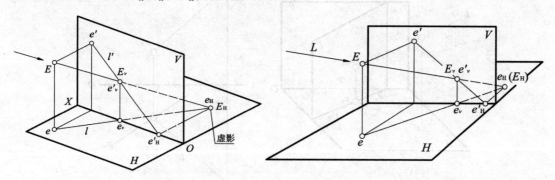

图 6-5　点在投影面上的落影

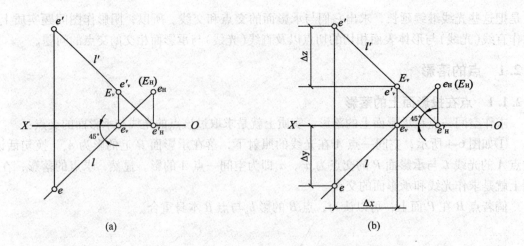

图6-6 点在投影面上落影的作图方法与步骤

求作空间一点在承影面上落影的作图方法与步骤：求空间点 E 落于投影面 V 面和 H 面上的影，其具体作图方法及步骤如图6-6所示。

（1）方法一

①如图6-6(a)分别过 e、e' 作45°方向习用光线的 H 投影 l 和 V 投影 l'。

②求点 E 于投影面 H 面和 V 面的落影。延长习用光线的 H 投影 l，交 OX 于 e_V，e_V 即为点 E 于投影面 V 之落影 E_V 的 H 投影；e'_V 即为落影 E_V 的 V 投影。延长习用光线的 V 投影 l'，交 OX 于 e'_H，为点 E 于投影面 H 面之虚影 (E_H) 的 V 投影；e_H 即为虚影 (E_H) 的 H 投影。

（2）方法二

如图6-6(b)，由于习用光线 L 的 H 面和 V 面投影 l 和 l' 与 OX 的夹角均为45°，因此，对于点 E 与其在 V 面上的落影 E_V 的相对坐标，有 $\Delta z = \Delta y = \Delta x$。由此，求作空间点 E 在投影面上落影的另一种方法如图6-6(b)所示，求点 E 在 V 面上的落影时，可根据点 E 到 V 面的距离 Δy，在 V 面上直接作出。即在 e' 右侧作相距为 $\Delta x = \Delta y$ 的铅垂直线与在 e' 下方所作相距为 $\Delta z = \Delta y$ 的水平直线相交，交点即为所求影点 E_V 的 V 投影 e'_V，E_V 与 e'_V 重合。

6.2.1.2 点在投影面垂直面上的落影

点在投影面垂直面上的落影如图6-7所示，承影面 P 为铅垂面。过 a' 作 l'，过 a 作 l，l

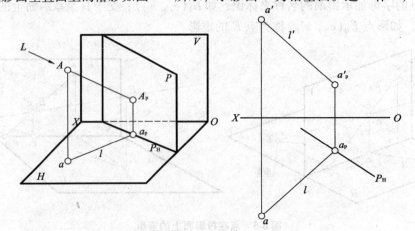

图6-7 点在铅垂面上的落影

与承影面于 H 面的迹线 P_H 的交点 a_p，即为点 A 在 P 面落影的 H 面投影，a'_p 即为点 A 在 P 面落影的 V 面投影。$A_P(a_p，a'_p)$ 即为点 A 在 P 面的落影。

6.2.2 直线的落影

6.2.2.1 直线在投影面上的落影

直线的落影是通过直线上各点的光线所组成的光平面与承影面的交线。一般情况下，直线的落影仍然是直线，但直线与习用光线平行时，直线的落影积聚为一个点(图6-8)。

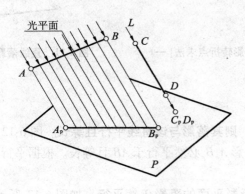

图 6-8　直线的落影

（1）一般位置线在投影面上的落影

求作直线在一个承影面上的落影，只需作出直线上两点在该承影面上的落影，然后连接所求两点的落影即可，如图6-9所示。

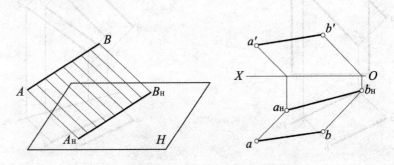

图 6-9　直线的落影(直观图 AB 直线倾斜)

特殊情况下，如果直线上两点的落影不在同一个承影面上，则不能直接连接两点的落影，而是要首先求出转折点，再相连，做法如下：

方法(一)：求出一点在某一投影面上的虚影，把同一投影面上的真影和虚影相连，与 OX 轴的交点即为转折点 k 点，如图6-10所示。

方法(二)：在直线上任选一点，求出该点在投影面上的真影，与位于同一投影面上的一端点的真影相连，延长后与 OX 轴的交点即为转折点，如图6-11所示。

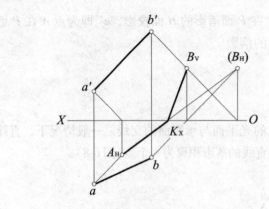 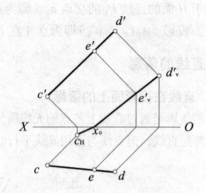

图 6-10　直线落影转折点求法(一)　　　图 6-11　直线落影转折点求法(二)

(2)直线落影规律

第一，平行规律。

①直线平行于承影面，则其落影与该直线平行且等长。图 6-12 中，因直线 AB 平行于平面 P，故 AB 在 P 面上的落影 A_pB_p 必然平行于 AB 且等长。根据平行两直线的投影规律，同面投影也一定平行且等长。

②平行两直线在同一承影平面的落影仍然平行。如图 6-13 所示，AB 与 CD 是两平行直线，它们在 P 面的落影 A_pB_p 与 C_pD_p 必然相互平行，它们的同面投影也一定互相平行。

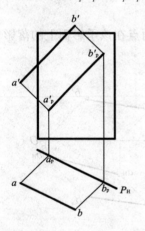 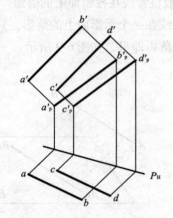

图 6-12　直线平行于承影面，则其落影　　　图 6-13　平行两直线在同一承影平面的
　　　　　与该直线平行且等长　　　　　　　　　　　落影仍然平行

③一条直线在诸平行承影面上的落影仍互相平行。如图 6-14 所示，图中首先作出端点 A、B 的落影 a'_p 和 b'_q，它们分别落于 P 面和 Q 面。因此，a'_p 和 b'_q 两个影点是不能连线的。也就是说，AB 线分为两段，它们分别落影于 P 面和 Q 面。为此，可求出 B 点落在 P 面的虚影 b'_p，再过 b'_q 点作 $b'_qc'_q // a'_pb'_p$，并与 Q 面的左棱边交于 c'_q，过 c'_q 作 45°线与 $a'_pb'_p$ 交于 c'_p，$a'_pc'_p$ 和 $c'_qb'_q$ 即为所求。也可用返回光线法求出直线落影于 Q 面棱边上的 C 点。C 点有两个落影点，即 c'_p、c'_q。它是首先落于棱边然后滑落到 P 面，我们称它为影的过渡点。最后，连 a'_p、c'_p 和 c'_q、b'_q 即可。

第二，相交规律。

①直线与承影面相交，则直线的落影必通过交点。如图 6-15 所示，直线 AB 与承影面 P 相交于 B 点，要求其落影，只需求出 A 点的落影 A_p，则 A_pB 即为 AB 在 P 面的落影。

②相交两直线在同一承影面的落影必相交，且落影的交点就是两直线交点的落影。如图 6-16 所示，直线 AB 和 BC 相交于 B 点，可求出交点 B 的落影 B_V，然后各求出两直线的一个端点 A、C 的落影 A_V、C_V，分别与 B_V 相连，即得两相交直线的落影。

③一直线在两个相交的承影面上的两段落影必然相交，落影的交点（称为折影点）必然位于两个承影面的交线上。如图 6-17 所示，在求出 A、B 两端点的落影 A_p、B_q 之后，求折影点 k 的落影 $k_{p'}$，可用下面两种方法来求得：返回光线法和扩大 P 平面。

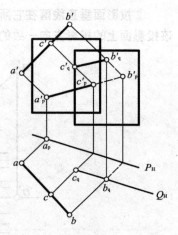

图 6-14　一条直线在诸平行承影面上的落影仍互相平行

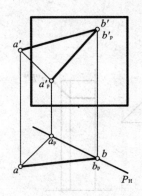

图 6-15　与承影面相交直线落影的交点

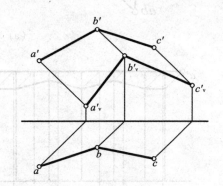

图 6-16　相交两直线占同一承影面上落影的交点

返回光线法：由 k_p 作返回光线与 ab 相交于 k，再找出 k'，进而求出 $k_{p'}$。

扩大 P 平面：即求出 B 点在平面 P 的虚影 b'_p 后，连接 b'_p 与 a'_p 的直线与 P、Q 两平面的交线的交点 k'_0 即为所求。

第三，投影面垂直线落影规律。

①投影面垂直线垂直于第一个投影面，承影面垂直于第二个投影面，则在第三个投影面上的落影与第二个投影面上承影面的积聚投影成对称形状。如图 6-18（a）所示，铅垂线 AB 在侧垂承影面上的落影，其 V 面投影与承影面在 W 面上的积聚投影成对称形状。直线 AB 垂直于 H 面，而承影面是由一组垂直于 W 面的平面和柱面组合而成。通过 AB 所作的光平面，与 V、W 面的夹角都为 45°，光平面与承影面的交线即为铅垂线的落影，落影的 V、W 面投影形状相同，而落影的 W 面投影是积聚在承影面的 W 面投影上的。因此，落影的 V 面投影必与承影面的 W 面投影成对称形状。

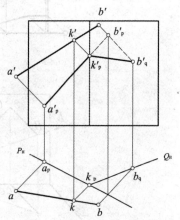

图 6-17　直线在两个相交的承影面上落影的交点

侧垂线在铅垂面上的落影如图 6-18（b）所示。

②投影面垂直线落在它所垂直的投影面上的影，是通过该直线积聚投影的与习用光线在该投影面上的投影方向一致的45°线。如正垂线*BC*落影于*V*（正平面）面，如图6-18（c）。

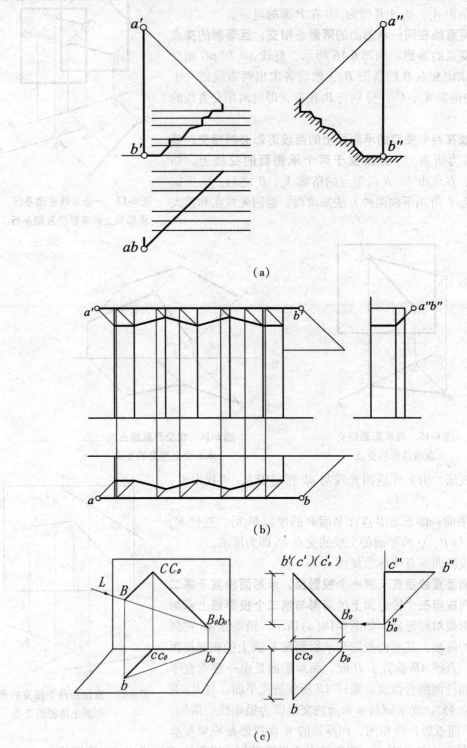

（a）

（b）

（c）

图6-18　垂直线的落影规律

6.2.2.2　直线在立体表面上的落影

直线有时也会落影于一些立体的表面。在分析这类情况时，需重点考虑两方面的因素，一是直线的类型，二是可能的承影面的情况，包括直线可能落影于几个承影面，这些承影面各是什么类型的平面。只要分析清楚这两个问题，直线在立体表面上的落影，将有可能归类为直线在其他承影面上的落影中的某一种或几种情况，然后可以根据直线的落影规律求出其落影。

如图 6-19 所示铅垂线 AB 位于棱柱前方，其落影一部分落于 H 面，另一部分落于棱柱表面，而且棱柱前方两个侧面（侧垂面和正平面）和上表面（水平面）都是可能的承影面；根据投影面垂直线落影规律，铅垂线 AB 在 H 面和棱柱表面上落影的 H 面投影为过积聚投影的 45°线，然后从 A 点开始，依据相应的落影规律，逐点逐线作出其落影。

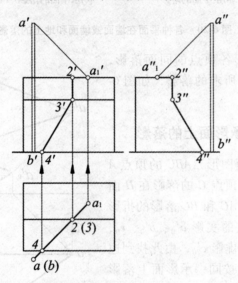

图 6-19　铅垂线在地面和柱面上的落影

具体作图过程为：

①V 面投影中，过 a′作 45°斜线与柱面上的水平面交于 a_1' 点。过 a_1' 向下连线与过 a(b) 点的 45°斜线交于 a_1 点，则直线 aa_1 即为 AB 在 H 面的落影。

②H 面投影中，由 2 向上连线，得 AB 在柱面上的另一段落影 2′3′，依据平行规律，2′3′ 与 a′b′平行。再由 4 向上连线得 4′。连 3′、4′，得 AB 在斜面上的落影，则 AB 落影的 V 面投影为 a_1'2′3′4′b′。

③W 面投影中，过 a″作 45°斜线与柱顶面交于 a_1'' 点，则 AB 落影的 W 面投影重合于柱面积聚性投影，为折线 a_1''2″3″4″b″。从中可发现一个规律：a_1'2′3′4′b′与 a_1''2″3″4″b″对称，与前面论述的直线落影规律相吻合。

6.3　平面的落影

6.3.1　平面在同一承影面上的落影

平面图形在承影面上的落影是由组成该平面图形的各边线的影围合而成。平面图形为多

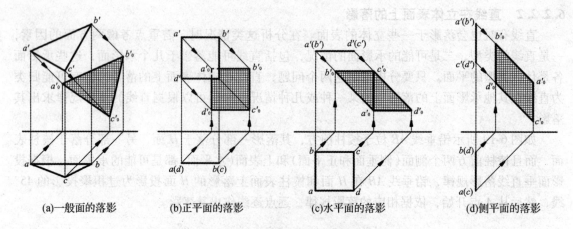

| (a)一般面的落影 | (b)正平面的落影 | (c)水平面的落影 | (d)侧平面的落影 |

图6-20 各种平面在墙面或墙面和地上的落影

边形时，只要求出多边形各顶点的同面落影，并依次以直线连接，即为所求的落影，如图6-20(a)(b)(c)(d)所示。

6.3.2 平面不在同一承影面上的落影

如图6-21所示，平面图形△ABC的顶点A和B的落影在V面上，而顶点C的落影在H面上，这时，必须求出边线AC和BC落影的折影点。首先分别求出各顶点的实影a'_0、b'_0、c_0，再求出顶点C在V面上的虚影c'_0，由此找到边AC和BC的折影点；然后按同一承影面上落影的点才能相连的原则，依次连接各点，即得平面的落影。也可按前述其他求直线落影折影点的方法求作其折影点。

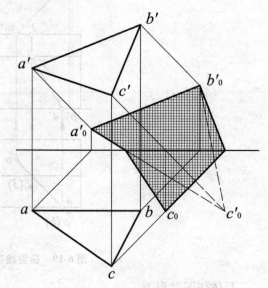

图6-21 平面落影于两个承影面

6.4 基本形体的阴影

求作平面立体阴影的步骤是：

①阅读平面立体的正投影图，分析平面立体的组成以及各组成部分的形状、大小和相对位置。

②确定立体的阴线，分析可能的承影面。

③根据直线落影规律，依次求出各阴线的落影，然后按顺序将同一承影面上的落影连接，得到立体的落影。

其中阴线的确定至关重要。

6.4.1 立体阴线的确定

要确定立体的阴线，必须首先判定立体的阴面和阳面。

若平面立体的棱面为投影面平行面时，其中向上、向左或向前的棱面为阳面。反之，向

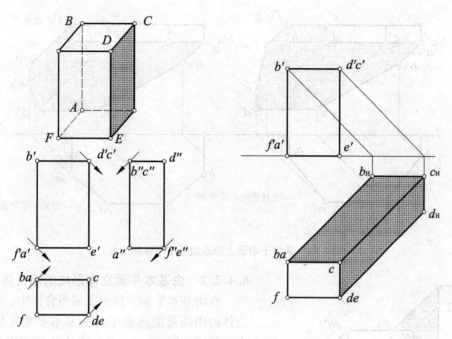

图6-22 平面立体阴线的判断

下、向右、向后的棱面为阴面。如图6-22所示，在光线照射下，长方体的左、前、上三面为阳面，右、后、下三面为阴面，阴线是由阴面和阳面交成的凸角棱线。所以，折线 *ABCDEFA* 是阴线。

6.4.2 平面立体的阴影

6.4.2.1 棱柱体的阴影

如图6-23所示，图(a)是四棱柱体全部落影在 *H* 面上；图(b)是棱柱体全部落影在 *V* 面上；图(c)是棱柱体同时落影在 *V*、*H* 面上。由此可以看出，随着棱柱体与投影面相对位置的变化，其在投影面上的阴影是不相同的。

图6-24(a)所示的是一紧靠于墙面上的五边形水平板。从 *V* 面投影可看出，板的上、下两水平表面中，上为阳面，下为阴面。板的左、前、右五个侧面中，左面和前面的三个侧面为阳面，右侧两个侧面为阴面，阴线为 *ABCDEFG*。而图6-24(b)所示的紧靠于墙面上的五边形水平板，右前方的那个侧面为受光面，是阳面，只有右侧和下表面是阴面，阴线为 *ABCDHFG*。

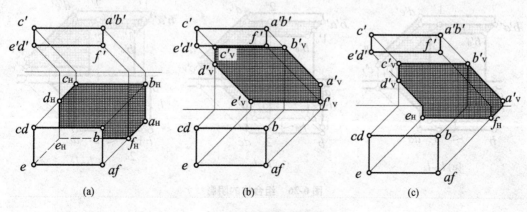

(a)　　　　　　　　　　(b)　　　　　　　　　　(c)

图6-23 棱柱体的落影

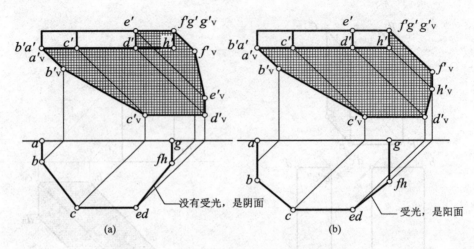

图6-24 紧靠于墙面上的五边形水平板的阴影

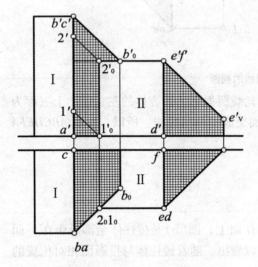

图6-25 组合体的阴影

6.4.2.2 由基本平面立体形成的组合体的阴影

在由基本平面立体形成的组合体中,某一基本立体的阴线可能落影于另一基本平面立体的阳面上,如图6-25所示,组合体的各侧面均为投影面的平行面。该组合体由两个长方体组合形成,长方体 I 位于长方体 II 的左侧,从 V、H 投影图可知,长方体 I 的宽度与高度尺寸都要比长方体 II 大,因此,长方体 I 分别落影在 H 面、长方体 II 的前墙面、顶面和 V 面上。长方体 I 的阴线是 ABC(与 H、V 面重合的阴线不需考虑,其落影即为阴线本身),可利用直线的落影规律求出 ABC 的落影。在求作过程中,应注意阴线 AB 上的两个转折点。长方体 II 落影在 H 面和 V 面上。

图6-26是上、下组合的立体的落影,上部长方体的阴线为 $ABCDE$,其落影分别在 V 面、下部长方体的左侧面和前侧面上。根据直线的落影规律,可分别确定阴线线段的落影。由于上部长方体在左侧和前侧伸出下部长方体的长度的不同,此种组合又分为以下三种情况:$l_1 = l_2$,$l_1 < l_2$,$l_1 > l_2$。

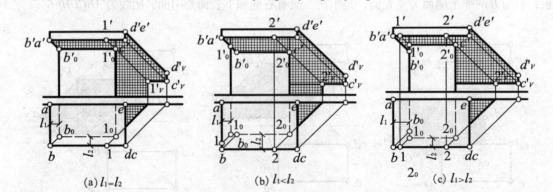

(a) $l_1 = l_2$ (b) $l_1 < l_2$ (c) $l_1 > l_2$

图6-26 组合体的阴影

①当 $l_1 = l_2$ 时，阴线上点 B 的落影 $B_0(b_0$、$b'_0)$ 正好位于下部长方体的左前棱线上，如图 6-26(a)所示。

②当 $l_1 < l_2$ 时，阴线上点 B 的落影 $B_0(b_0$、$b'_0)$ 位于下部长方体的前侧面上，正垂线 AB 的落影，在 V 投影面上与光线的投影方向一致，如图 6-26(b)所示。

③当 $l_1 > l_2$ 时，点 B 的落影 $B_0(b_0$、$b'_0)$ 位于下部长方体的左侧面上，侧垂线 BC 上必然有一点落影在下部长方体的左前棱线上，可以利用 H 投影中该棱线的积聚投影作返回光线，交 bc 于点 1，由 1 在 $b'c'$ 上求出 $1'$，过 $1'$ 作 45°直线，交棱线的 V 面投影于 $1'_0$，即求得 1 点的落影。过 $1'_0$ 作水平线与下部长方体右前棱线相交于 $2'_0$。由作图可知，侧垂线 BC 的落影分为三段，$B1$ 段落影在下部长方体的左侧面，1、2 段落影在下部长方体的前侧面，$2C$ 段落影在 V 面上，如图 6-26(c)所示。

6.5　建筑细部的阴影

在实际工作中经常会遇到为建筑立面加绘阴影的问题，下面选择具有代表性的几种类型的建筑细部，介绍建筑立面阴影的绘制方法。

6.5.1　窗洞和窗台的阴影

门洞、窗洞属于同一类型，通常门洞上还有雨篷，窗洞下还有窗台。

【例 6-1】如图 6-27 所示，已知窗洞及窗台的两面投影，绘制其阴影。

【作图】

①绘制窗台的影：窗台的阴线 $ABCDEFA$ 中，AF、CD 是正垂线，AB 是侧垂线，BC 是铅垂线；窗台的承影面只有墙体。根据直线落影规律求作各段阴线的落影即可。

②绘制窗洞的影。需要绘制出窗洞左侧棱线 GH 和顶部棱线 GI 在窗户上的影，棱线 GH 和 GI 分别是铅垂线和侧垂线，它们在 V 面中的影与其同面投影平行，所以只要求出交点点 G 的影的 V 面投影 g'_0，即可得到两条棱线的影，具体方法如图 6-27(b)。

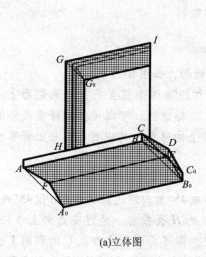

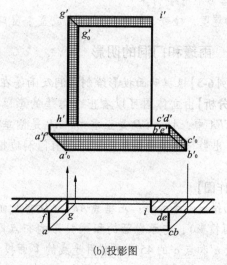

(a)立体图　　　　　　　　　　(b)投影图

图 6-27　窗洞及窗台的影

③整理、检查，填充颜色，加深图线完成窗洞及窗台的影的绘制。

同样的窗洞的影也可以采用度量法绘制。

【例6-2】根据六边形景窗的两面投影绘制其阴影，如图6-28所示。

【分析】通过投影图的分析，可以看出窗框的左上侧面、左下侧面和顶面是阴面，阴线是窗框内框线 $BCDE$，承影面是窗扇及窗框其他内侧面；此外，窗框右侧外表面将在墙面上产生落影。由于窗框的轮廓线与主要承影面——窗扇和墙面相互平行，所以在 V 面中，落影与直线的同面投影平行，因此只要确定出主要点，如点 A 和点 C 的影，作窗框轮廓线的平行线就可以得到落影。需要注意的是窗框的顶面和左下侧面不仅在窗扇上产生落影，同时分别在右上侧面和底面上也会产生影，这一部分落影是本题求解的关键。

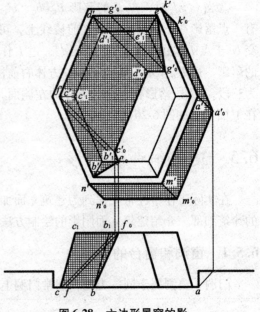

图6-28 六边形景窗的影

【作图】

①作出主要影线。求出点 A、点 C 在墙面、窗扇面上的落影的 V 面投影 a'_0 和 c'_0，然后分别过这两点作窗框外侧面阴线 $k'a'm'n'$ 和窗框内侧面阴线 $b'c'd'e'$ 的平行线，即可求得主要的影线的 V 面投影。

②作出窗框左下侧面在底面上的影。过点 c'_0 作 $b'c'$ 的平行线，与窗框内侧面和窗扇的交线相交，交点为 f'_0。从点 f'_0 回推出点 f，可以看出 FC 只是 BC 的一部分，所以 BC 的落影还有一段落在窗框内侧底面上。点 B 位于窗框内侧底面(承影面)上，所以影与本身重合，连接 $b'f'_0$，即得落影的 V 面投影。

③同理作出 DE 在窗框内侧右上侧面的落影 $e'g'_0$，由于 H 面投影是窗口的剖面图，所以 EG 的落影不用绘制。

④整理、检查、填充阴影，完成整个窗口落影的绘制。

6.5.2 雨篷和门洞的阴影

【例6-3】根据两面投影绘制门洞及雨篷在墙面上的影，如图6-29所示。

【分析】由立体图可以看出，雨篷的影落在墙体和门扇两个相互平行的承影面上，阴线 $ABCDEFA$ 中，AF、CD 是正垂线，AB 是侧垂线，BC 是铅垂线，可以根据特殊直线影的求作方法作出影。除了雨篷的落影，还有门洞边框在门扇上的落影，其中有一部分正好落在雨篷的影内。

【作图】

①作出雨篷的影：正垂线 AF、CD 在 V 面中的影成45°角，经过点 a 和点 c 作45°线(光线的 H 面投影)，与承影面的积聚投影的交点即为影点的 H 面投影，经过交点向上作铅垂线，与过点 a' 和点 c' 的45°线(常用光线的 V 面投影)相交，即可得到点 A 和点 C 的影的 V 面投影 a'_0 和 c'_0，可以看出点 A 的影落在门扇上，点 C 的影落在墙体上；侧垂线 AB 在 V 面及其平行

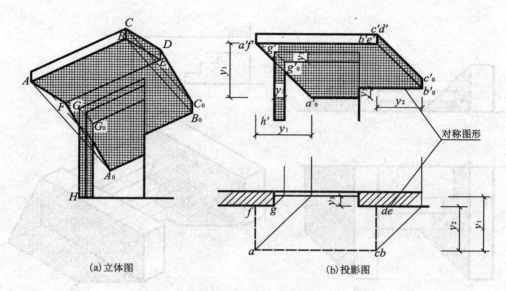

(a) 立体图　　　　　　　　　　　　　　　(b) 投影图

图6-29　门洞及雨篷的影

面上的影平行于直线的同面投影，由于直线端点 A、B 的影落在不同的承影面上，所以直线的影应该分为两段，确定端点 A、B 的影的 V 面投影之后，经过两个影点作水平线，即可确定出两段影线。

②作出门洞的影：因为顶部侧垂线的影正好落在雨篷阴影的范围内，无须绘制，只要作出门洞左侧阴线——铅垂线 GH 的影即可，如图6-29(b)所示。

③整理、检查，填充颜色，加深图线，完成作图。

本题还可以利用度量法进行单面作图，在图6-29(b)中标注出对应的尺寸关系，具体方法略。

6.5.3　台阶的落影

台阶是建筑设计常见的构件，一级级台阶构成一个错落有致的表面，其他构件在其上会形成一系列有规律的落影。

【例6-4】如图6-30所示，根据台阶的两面投影绘制挡板的阴影。

【分析】通过立体图的分析，可以看出台阶左侧挡板的阴面在墙面上、地面上、台阶踏面和踢面上形成落影，右侧挡板在墙面上、地面上产生落影。阴线 AB 和 DE 是正垂线，BC 和 EF 是铅垂线。

【作图】

①左侧挡板的影：左侧挡板的阴线 AB 是正垂线，从 W 面投影可以看出点 B 的影落在地面上，所以在 V 面中经过直线的积聚投影作45°直线，与地面的积聚投影相交于点 b'_0，这条45°斜线即为阴线 AB 的影的 V 面投影。H 面中阴线 AB 的影的投影与直线的同面投影平行，根据影的 V 面投影与台阶踏面积聚投影的交点确定各段影线的 H 面投影，其形状与 W 面投影旋转90°后的形状对称。根据 W 面投影，铅垂线 BC 的影全部落在 H 面（即地面）上，根据铅垂线影求取方法得到 BC 的影的投影，如图6-30(a)所示。

②右侧挡板的影：右侧挡板在地面和墙面上产生落影，绘制方法如图6-30(a)所示。

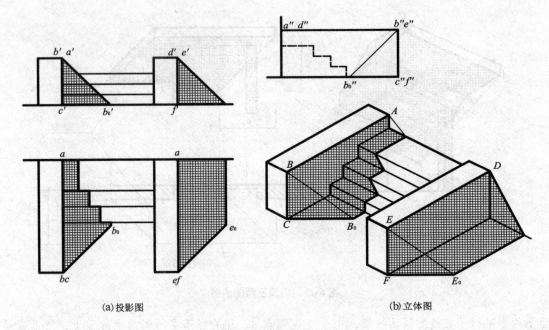

| (a)投影图 | (b)立体图 |

图6-30 台阶的影(一)

③整理，填充阴影，完成台阶阴影的绘制。

图6-31与图6-30所绘制的台阶相似，只是左侧挡板上的点 B 的影落在第二级台阶的踢面上，所以落影的形式略有不同，但是求作的方法相同，在此不再论述。

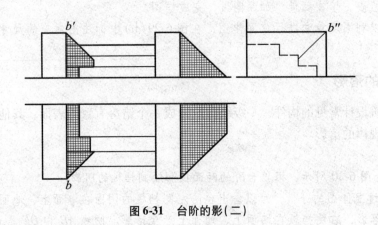

图6-31 台阶的影(二)

6.6 曲面体的阴影

6.6.1 圆的阴影

①正平圆面的影：如图 6-32 所示，圆面平行于承影面时，它的影反映圆面实形，只要求出圆心 O 的影的 V 面落影 O'_0，然后以 $D/2$ 为半径作圆，即为所求。

②水平圆面的影：如图 6-33 所示，水平圆面落在 V 面上的影是一个椭圆。首先，在 H 面上作圆的外切正方形，然后求出正方形在 V 面上的投影。连接对角线，交点是椭圆的中心。

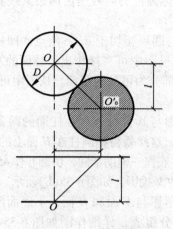

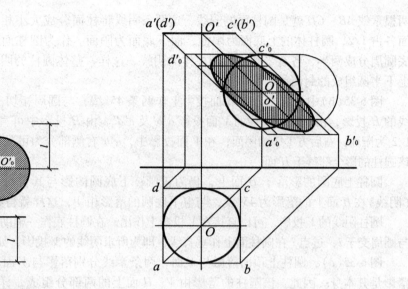

图 6-32　正平圆面的影　　　　图 6-33　水平圆面的影

最后用八点法作椭圆，即为所求。

6.6.2　圆窗洞的影

如图 6-34 所示，圆窗洞边框落在窗扇上的影是圆的一部分，只要给出窗洞的深度 m，即可求出影的圆心位置 O'_0；然后以圆窗洞的半径为半径作圆弧，与窗洞的 V 面投影围成新月形的影。

6.6.3　圆柱体的阴影

圆柱面上阴线的确定，如图 6-35（a）所示。与光线平面相切的

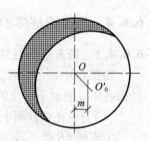

图 6-34　圆窗洞的影

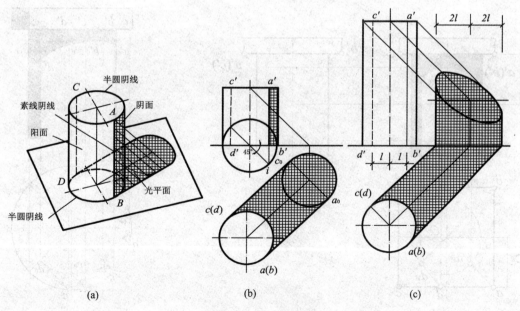

(a)　　　　　　　(b)　　　　　　　(c)

图 6-35　圆柱的阴影

两根素线 AB、CD 就是圆柱面的阴线，这两条阴线将柱面分成大小相等的两部分，阳面与阴面各占 1/2，圆柱体的上底面为阳面，而下底面为阴面。作为圆柱面阴线的两条素线将上下底圆周分成两半，各有半圆成为圆柱体的阴线。这样，整体圆柱的阴线是由两条素线和两个上下半圆组成的封闭线。

图 6-35(b)中，首先，在 H 面投影上作两条 45°线，与圆周相切于 a、c 两点，即柱面阴线的 H 投影，由此求得阴线的 V 面投影 a'b' 及 c'd'。由 H 投影中可直接作出，柱面的左前方 1/2 为阳面，右后方 1/2 为阴面；在 V 面投影中，a'b' 右侧部分为可见的阴面。从图中可看出，该圆柱的影全部落于 H 面。

圆柱上底圆的影落于 H 面上，仍为正圆；下底圆的影与其自身重合；柱面的两条素线（阴线）在 H 面上的落影为 45°线，与上下底圆的落影相切，这样就得到圆柱在 H 面上的落影。

圆柱阴线的 V 投影，可以直接在 V 投影上作出。在圆柱底作一辅助半圆，由圆心作 45°斜线与圆周交于 i，过点 i 在圆柱面上作垂直线，即为所求阴线的 V 投影，如图 6-35(b)所示。

图 6-35(c)，圆柱上顶面落影与 V 面，两条素线分别落影与 V 面和 H 面，下底面阴线的落影是其本身。因此，该圆柱的落影由 V、H 面上的两部分组成，详细作图如图 6-35(c)所示。需要注意的是，在 V 面投影中，两素线落影之间的距离是两素线间距离的 2 倍，具体的过程可自行分析。

6.6.4 带盖圆柱体的阴影

6.6.4.1 带方盖圆柱体的阴影

如图 6-36 所示，带方盖圆柱的阴影由两部分组成，一是方盖落在圆柱面上的影；二是圆柱面在阳光照射下本身的阴影。作图方法如下：

（1）方盖在圆柱面上的影

①阴线 AB 是正垂线，它在圆柱面上的影的 V 投影为 45°斜线。②阴线 AC 是侧垂线，它的影的 V 面投影与圆柱的 H 投影相对称。③在 V 投影上，过 a' 作 45°斜线，与轴线相交于 O' 点；以 O' 为圆心，以柱身的半径作圆弧，即得阴线 AC 落在圆柱面上影的 V 投影。

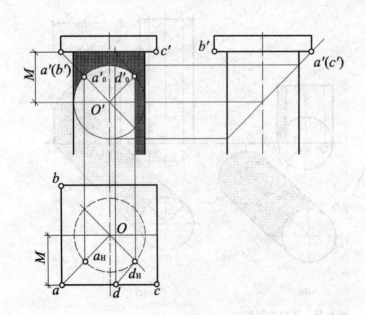

图 6-36　方盖圆柱的阴影

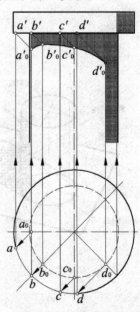

图 6-37　圆盖圆柱的阴影

（2）圆柱面本身的影

过 O' 向右上作 45°斜线，得过渡点 d'_0；再过 d'_0 向下做铅垂线，即得柱身的阴线。

6.6.4.2　带圆盖圆柱体的阴影

如图 6-37 所示为带圆盖的圆柱，其阴影除了它们本身阴面以外，还有圆盖落在圆柱面上的影。作图时先作出圆盖圆柱本身的阴线，再应用反射光线法求圆盖落在圆柱上的影，作图方法如下。

①按照圆柱作阴线的方法，作出圆盖圆柱本身的阴线。

②在圆柱的 H 投影上选择 a_0、b_0、c_0、d_0 四点，然后引 45°反射光线，与圆盖边缘交于点 a、b、c、d。

③求出它们的 V 投影 a'、b'、c'、d' 后，分别过该点作 45°斜线，便能准确地作出圆盖的落影点 a'_0、b'_0、c'_0、d'_0 的位置。作图过程，图中已用箭头指明。

思考题

1. 什么是阴影，如何确定形体的阴线？
2. 如何用光线迹点法求直线在各个落影面上的落影？
3. 直线的落影规律有哪些？请举例说明。

第 7 章 透视图画法

7.1 透视图基本知识

7.1.1 透视图的形成

在日常生活中，当人们站在远处观察建筑物时，就会发现原本等宽的建筑，越向远处去变得越来越窄，建筑物近大远小，如图 7-1 所示。这是由于它们在人眼视网膜上的成像方式所决定的。将这种现象如实地反映在画面上，就使人一看到画面就如同身临其境。**透视投影就是以人眼为投影中心的中心投影**，相当于人们透过一个透明的画面来观看物体，观察者的视线与画面的交点就是透视投影，如图 7-2 所示，通过人眼与树连线与画面的交线即为树的透视。透视投影也称为**透视图**，简称**透视**。

图 7-1 透视图的特点

透视具有消失感、距离感，相同大小的物体呈现出有规律的变化，空间中同样体积、面积、高度和间距的物体，随着距画面近远的变化，在透视图中呈现出近大远小、近高远低、近宽远窄、近疏远密的特点。透视图和轴测图一样，都是单面投影图，但轴测图是用平行投影法绘制的，而透视图则是用中心投影法绘制的，因此透视图的立体感更强。

7.1.2 透视图中常用术语

为掌握透视作图方法，首先要明确有关基本术语的确切含义，这有助于理解透视的形成过程，掌握作图方法(图 7-3)。

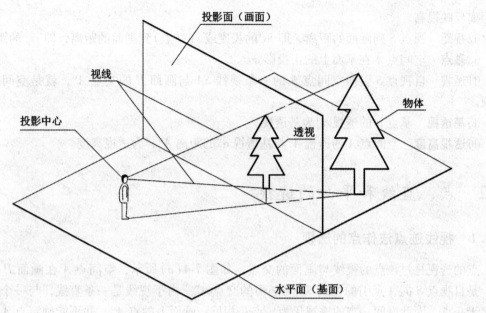

图 7-2　透视图的形成

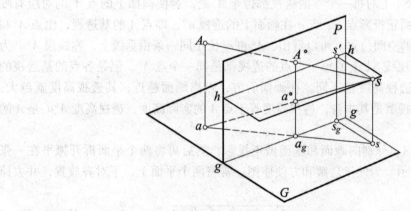

图 7-3　透视图的形成和基本术语

①**基面**　放置物体的水平面，用 G 表示，相当于正投影的 H 面。

②**画面**　透视图所在的平面，用 P 表示，一般垂直于基面。

③**基线**　画面与基面的交线，在画面上用 $g—g$ 表示（G 面在 P 面上的投影），在基面上用 $p—p$ 表示（P 面在 G 面上的投影）。

④**视点**　人眼所在的位置，即投影中心，用 S 表示。

⑤**站点**　视点在基面 G 上的正投影。用 s 表示，相当于人的站立点。

⑥**视线**　过视点 S 的所有直线（可理解为由投影中心发出的所有光线）。

⑦**心点**　视点 S 在画面 P 上的正投影，用 s' 表示，又称主视点。

⑧**中心视线**　视点 S 与心点 s' 的连线，又称主视线。

⑨**视平面**　过视点 S 所作的水平面。

⑩**视平线**　视平面与画面的交线，用 $h—h$ 表示，当 $P⊥G$ 垂直时，心点 s' 在视平线 $h—h$ 上。

⑪**视高**　视点 S 到基面 G 的距离，即人眼的高度，当 $P⊥G$ 时，视平线 $h—h$ 与基线 $g—g$

的距离反映视高。

⑫**视距** 视点 S 到画面的距离，即 Ss' 的长度或 s(站点)到画面的距离，即 ss_g 的距离。

⑬**基点** 空间点 A 在基面上的正投影 a。

⑭**透视** 自视点 S 引向空间点 A 的一条视线 SA 与画面 P 的交点 $A°$，就是空间点 A 的透视。

⑮**基透视** 基点 a 的透视 $a°$ 为基透视。

⑯**透视高度** 空间点 A 的透视 $A°$ 与基透视 $a°$ 的距离 $A°a°$ 为透视高度。

7.2 点、直线和平面的透视

7.2.1 视线迹点法作点的透视

点的透视是过该点的视线与画面的交点。如图 7-4(a)所示，空间点 A 在画面 P 上的透视，是自视点 S 向 A 点引的视线 SA 与画面的交点 $A°$。由于视线是一条直线，与一个平面只能交于一点，因此空间一点的透视仍为一点；相反，画面上的点 $A°$，并不能确定点 A 的空间的位置，这是因为视线 SA 上的每一个点的透视都位于 $A°$ 处。为使画面上的点 $A°$ 的对应有唯一性，将空间点 A 向基面正投影点 a，点 a 在画面上的透视 $a°$，即点 A 的基透视，由点 $A°$ 和 $a°$ 就能唯一地确定点 A 的空间位置。可以看出，$A°$ 和 $a°$ 位于同一条铅垂线上，称线段 $A°a°$ 为点 A 的**透视高度**。尽管视线 SA 上的每一个点的透视都是同一个点 $A°$，但是各点的基透视的位置不同，因而各点的透视高度也不同。在画面后方，点离画面越近，其透视高度就越大；**当点 A 在画面上时，透视就是其本身**，透视高度等于点 A 的实际高度，透视高度 $A°a_g$ 是 A 的实际高度。

将视点 S 和空间点 A，分别向画面和基面做正投影，然后再将两个平面拆开摊平在一张图纸上，如图 7-4(b)所示。为便于理解和方便作图，常将两个平面上、下对齐放置，并去掉

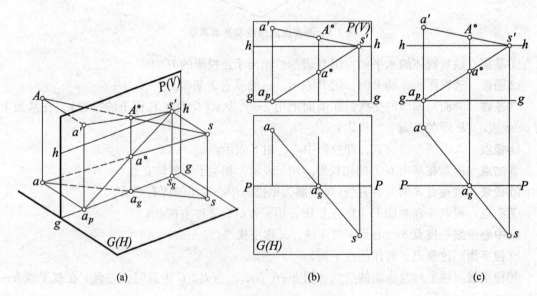

(a)   (b)   (c)

图 7-4 视线迹点法做点的透视

边框。此时，画面 P 用视平线 h—h 和基线 g—g 表示，h—h 和 g—g 互相平行。基面 G 用基线 p—p 和站点 s 表示，如图 7-4(c) 所示。

设点 A 在画面 P 上的正投影为 a'，在基面 G 上的正投影为 a，即点 A 的基点，点 a 在画面上的正投影以 a_p 表示。视点 S 在画面 P 上的正投影是 s'，在基面 G 上的正投影是 s。

点 A 的透视作图步骤如下：

①在基面上连线 sa，sa 即视线 SA 的水平投影。

②在画面上分别连线 $s'a'$ 和 $s'a_p$，它们分别是视线 SA 和 Sa 的画面投影。

③由 sa 与基线 p—p 的交点 a_g 向上引垂线，交 $s'a_p$ 于点 $a°$，得点 A 的基透视 $a°$；交 $s'a'$ 于点 $A°$，得点 A 的透视。这里，**利用视线的两面正投影求作视线与画面交点（透视）的方法，称为视线迹点法。**

7.2.2 直线的透视

7.2.2.1 直线的迹点、灭点及全透视

直线的透视，一般情况下仍然是直线。其透视位置可由直线上的两个点的透视确定。如图 7-5 所示，自视点 S 分别向直线 AB 上的点 A、B 引视线 SA 和 SB，SA 与画面交于点 $A°$，SB 与画面交于点 $B°$。$A°$ 与 $B°$ 的连线就是直线 AB 在画面上的透视。在这里，$A°B°$ 也可以看做是通过直线 AB 的视平面 SAB 与画面的交线。AB 上每一个点的透视都在 $A°B°$ 之上，如图 C 点的透视 $C°$ 在 $A°B°$ 上。直线的透视在一般情况下仍是直线。当直线通过视点时，其透视积聚为一点；当直线位于画面上时，其透视与本身重合。这是各种直线共同的透视投影特性。但是，根据直线在空间位置的不同，又可有各自的透视投影特性。

直线在空间的位置可分为两大类：**画面相交线；画面平行线。**

画面相交线有三种典型形式：

①与画面相交的一般位置直线；

②平行于基面的画面相交线；

③垂直于画面的直线。

由于前者在透视作图时一般不对它直接度量定位，所以这里只阐述后两种与画面相交直线的透视特性和画法。

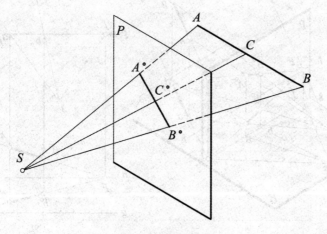

图 7-5 直线的透视

与画面相交的直线的透视可用直线上两个特殊点的透视(即迹点和灭点)来确定。

迹点：直线与画面的交点称为直线的画面迹点，如图7-6所示，AB 直线的迹点为 N。AB 直线的水平投影 ab 的迹点为 n，也是 N 的水平投影。

灭点：直线上距画面无限远的点的透视称为直线的灭点，如图7-6(a)的 F 点。

全透视：直线的迹点和灭点的连线是直线的全透视，如图7-6(a)的 NF 线。

7.2.2.2 平行于基面的画面相交线

平行于基面的画面相交线 即与画面相交的水平线，空间分析如图7-6(a)所示。将直线 AB 延长与画面 P 相交于点 N，则点 N 的透视是它的本身，而且点 N 到基线的距离等于直线 AB 到基面的距离。将水平投影 ab 延长与基线相交于 n，则点 n 的透视是它本身，同时也是点 N 的基透视。

再将直线 AB 向相反方向延长至无穷远处得点 F_∞，过视点 S 作视线 $SF_\infty /\!/ NF_\infty$。而与画面相交于点 F。于是得直线 AB 上无穷远点的透视 F。根据灭点的定义，把点 F 称为该直线 AB 的灭点。从图中可见，由于 $SF /\!/ AB /\!/ G$ 面，故该灭点 F 必在画面 P 的视平线 $h—h$ 上。

从图中还可看出，空间直线 NF_∞ 是无限长的直线，但其透视 NF 却是有限长的线段。把这条有限长的线段称为该直线 AB 的**全透视**。

过视点 S 分别作视线 SA、SB 与画面(即与全透视 NF)相交于 $A°$ 和 $B°$，则 $A°B°$ 为直线 AB 的透视。同理，分别作视线 Sa、Sb 与画面相交于 $a°$、$b°$，则 $a°b°$ 为直线 AB 的基透视。

平行于基面的画面相交的透视画法，如图7-6(a)(b)所示。

根据正投影图画透视图时，通常把基面 G 连同其上的投影放在图纸的上方，而把透视图所在的画面 P 放在基面 G 的正下方，如图7-6(b)所示。在基面过站点 s 作视线的投影 $sf /\!/ ab$ 而与基线 $p—p$ 相交得点 f，f 称为基质点；再过 f 向下引垂直线便可在画面 P 的视平线 $h—h$ 上得出灭点 F。

将水平投影 ab 延长与基线 $p—p$ 相交得点 n，过 n 向下引垂直线在基线 $g—g$ 上定出点 n，再根据已知直线 AB 到基面的距离在该垂直线上定出点 N。于是，将点 N、F 相连得直线 AB

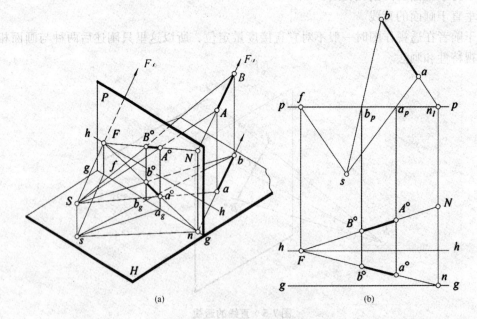

(a)　　　　　　　(b)

图7-6　与画面相交的水平线的透视

的全透视 NF。nF 是 ab 直线的全透视，即 AB 直线基透视的全透视。

最后，过站点 s 分别作视线的投影 sa、sb 与 $p—p$ 相交得点 a_p、b_p（点 a_p、b_p 也可理解为相应视线迹点在基面上的投影），再分别过点 a_p、b_p 向下引直线，便可求得直线 AB 的透视 $A°B°$ 和基透视 $a°b°$。

结论：**平行与基面的画面相交线的透视及基透视，其灭点必在视平线上并且为同一个点 F 上。**

7.2.2.3 垂直于画面的直线

垂直于画面的直线。空间分析，如图 7-7(a) 所示。

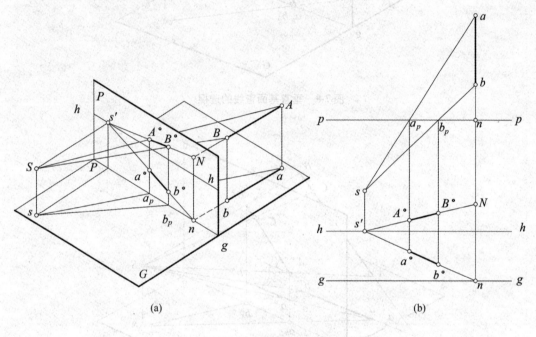

(a)   (b)

图 7-7 画面垂直线的透视

垂直于画面的直线是与平行于基面的画面相交线的特例。当过视点 S 作视线平行于画面垂直线 AB 时，该视线与画面的交点即灭点必与主视点 s' 相重合。如图 7-7(a) 所示，其余空间分析与上述基本相同。

垂直于画面的直线的透视画法。

按前述作图方法求出全透视 $s'N$ 和基透视 $s'n$，然后过站点 s 分别作视线的投影 sa、sb 与基线 $p—p$ 相交，再过交点 ap、bp 分别向下引直线与 $s'N$ 和 $s'n$ 相交，于是得直线的透视 $A°B°$ 和基透视 $a° b°$。

结论：**画面垂直线的透视及其基透视的灭点为主视点。**

7.2.2.4 画面平行线的透视

画面平行线分为三种类型：①垂直于基面的直线（即铅垂线）；②平行于基线的直线；③倾斜于基面的画面平行线。此三种直线，在透视图中均没有灭点，这是它们共同的透视特性。

（1）垂直于基面的线

如图 7-8 由于它在基面上的正投影 ab 积聚成为一个点，故该直线的基透视 $a°b°$ 也是一个点，而直线本身的透视仍是一条铅垂线 $A°B°$。求法可用视线迹点法完成（略）。

结论：**垂直于基面的直线（即铅垂线）的透视仍为铅垂线。**

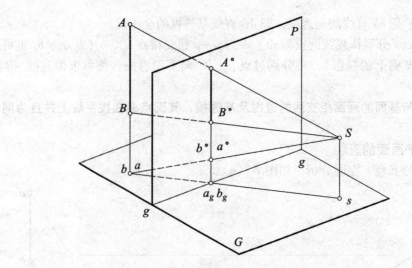

图 7-8　垂直基面直线的透视

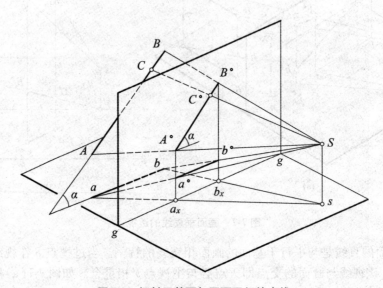

图 7-9　倾斜于基面与画面平行的直线

（2）倾斜于基面与画面平行的直线

如图 7-9 所示，这种直线的透视与该直线本身平行，它与视平线之间的夹角反映该直线对基面的倾角 α。它的基透视则与基线平行。

（3）平行于基线的直线

其透视与基透视均为水平线，如图 7-15 中的 AB 线。

综上所述，直线的灭点有如下规律：

①相互平行的直线只有一个共同的灭点；

②垂直于画面的直线其灭点即主视点（心点）；

③与画面平行的直线没有灭点；

④基面上或平行于基面的画面相交线的灭点必定落在视平线上。

7.2.3 透视高度的量取

7.2.3.1 真高线的基本原理

铅垂线是表明建筑物高度方向的直线，用途广泛。如果铅垂线就在画面上，其透视为直线本身，即透视反映该直线的实长。我们就是利用铅垂线的这种透视特征来确定直线的透视高度。

如图 7-10 所示透视图中，有一铅垂的四边形 $ABCD$。空间直线 AD 和 BC 是互相平行的两条水平线。$A°B°$ 和 $C°D°$ 则是两条铅垂线 AB 和 DC 的透视。因而 $A°B°C°D°$ 是一矩形的透视。矩形的两条铅垂线 AB 和 DC 是等高的，但 AB 是画面上的铅垂线，故其透视 $A°B°$ 直接反映了 AB 的真实高度而 CD 是画面后的直线，其透视 $C°D°$ 不能直接反映真高，但可以通过画面上的 AB 线确定它的真高，因此，将画面上的铅垂线，称为透视图中的**真高线**。

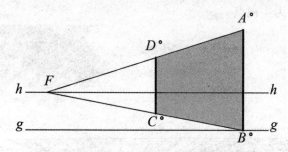

图 7-10 真高线基本原理

7.2.3.2 集中真高线

在图 7-11(a) 中 $a°A°$ 和 $b°B°$ 是两条铅垂线的透视，其基透视 $a°$ 和 $b°$ 在一条侧垂线上，说明两条铅垂线与画面有相等的距离。$A°$ 和 $B°$ 也在一条侧垂线上，其真实高度等于 Tt。因此，与画面距离相等的等高的铅垂线其透视高度一致，可通过一条真高线求其透视高度。换言之，求 B 点的透视高度可通过求 A 点的透视高度来完成，作图步骤可按图中箭头所示。

求建筑透视的作图过程往往有若干个透视高度需要确定。为避免每确定一个透视高度画一条真高线，可集中利用一条真高线确定图中所有透视高度，这样的真高线称为**集中真高线**。图 7-11(b) 中给出了空间点 A、B、C 三点的基透视 $a°$、$b°$、$c°$，并给出空间点 A、B、C 的实际高度 L_a、L_b、L_c，利用集中真高线 Tt 求作空间点的透视 $A°$、$B°$、$C°$。其作图过程可按箭头所示步骤进行，辅助灭点 F 和集中真高线均可根据透视图的图面情况布置在适当处，可自己确定其位置。

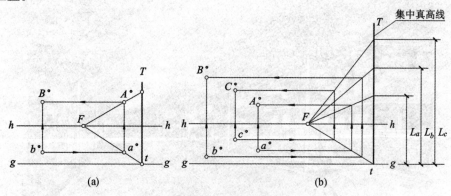

图 7-11 集中真高线

7.3 立体透视图画法

透视图包括：一点透视、两点透视和三点透视三类，在风景园林规划设计中经常用到的是一点透视和两点透视。

7.3.1 视线迹点法求一点透视

当画面垂直于基面，视点位于前方，建筑物有一个主立面平行画面，即有两组主向轮廓线平行于画面时，这两组主向轮廓线在透视图中没有灭点，而只有垂直于画面的第三组主向轮廓线有一个灭点。这样的透视称之为一点透视(或平行透视)，如图7-12至图7-14所示。在此情况下，垂直于画面的轮廓线的灭点与主点 s' 重合。上一节中图7-7阐述了垂直于画面直线的透视方法，其灭点为主视点 s'。

图 7-12　建筑一点透视实例

图 7-13　街景一点透视实例

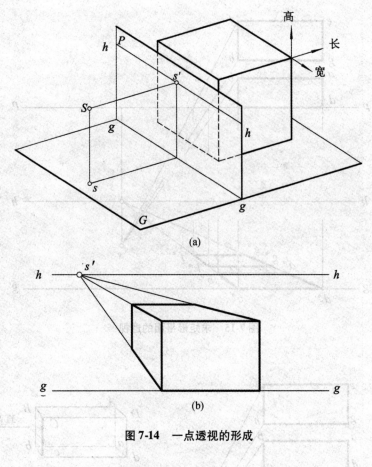

图 7-14 一点透视的形成

【例 7-1】已知地面上放置两个矩形，求其透视，如图 7-15 所示。

【分析】两矩形为水平面，bc 边在画面上，透视即为本身，垂直于画面的直线 cd、fh 灭点为 s'，只要求出点 f、h、d 的透视即可求出其透视，如图 7-15(a) 所示。

【作图】

①由点 b、c 向下做垂线在画面上求得 $b°$ 和 $c°$。

②过 $b°$、$c°$ 与 s' 连线，求出垂直于画面的全透视 $s'c°$ 和 $s'b°$。

③在基面上过视点 s 分别与 f、h、d 连线，与 p—p 相交。

④过交点向下做垂线求得 $d°$、$h°$、$f°$。

⑤过 $d°$、$h°$、$f°$ 分别作水平线求得 $a°$ $g°$ $e°$。

【例 7-2】已知图 7-15 中两矩形平面的透视，以其为基面，画出两立方体的透视，其高度为 L。

【分析】由图 7-16 可知，长方体底面放在基面上。前立面靠在画面上，故前立面的透视反映实形，长方体的正面投影即为其前立面的透视，长方体的后立面平行于画面 P，故后立面的透视仍为矩形。由此可知平行于画面的平面其透视与原形相似。因此，求靠在画面上长方体的透视只要在画面上立真高 L，即可迅速求得。

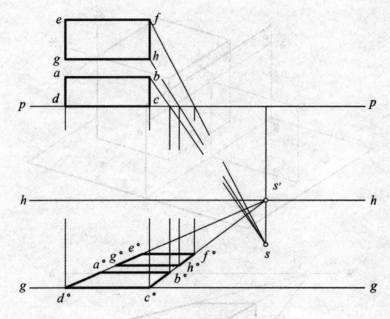

图 7-15　求矩形平面的透视

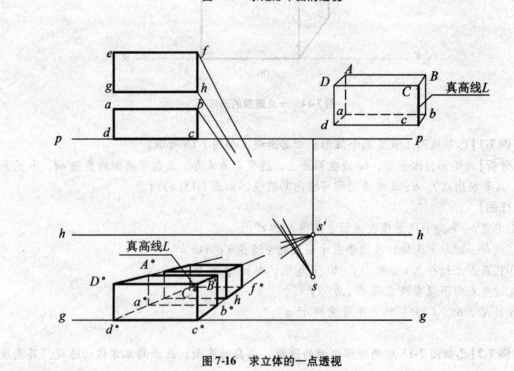

图 7-16　求立体的一点透视

【作图】

①过 $c°$ 向上作铅垂线量取真高线 $L = C° c°$。

②过 $C°$ 作水平线，过 $d°$ 向上作铅垂线求得 $D°$。

③过 $C° D°$ 与 s' 连线，用上述同样方法可求得两立方体的透视。

【例7-3】求形体的一点透视,如图7-17所示。

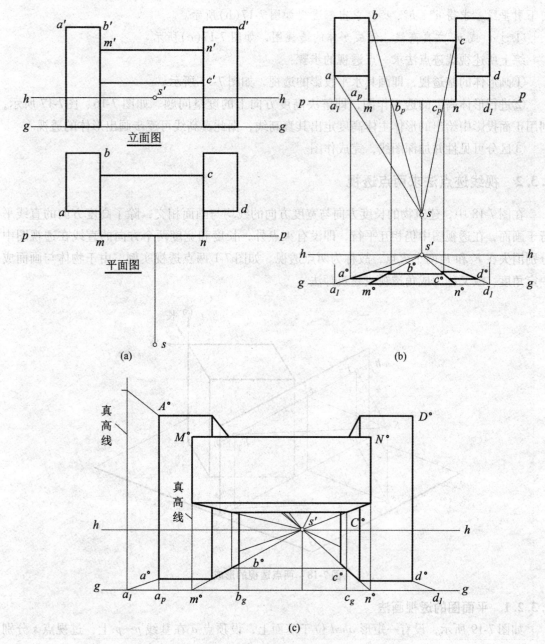

图7-17 求形体的一点透视

【分析】该形体左右对称,中部的前表面与画面重合,故该表面的透视反映实形和真高。

【作图】

①求垂直于画面直线的迹点 a_1、m、n、d_1 向下引垂线在基线 g—g 上求得 a_1、$m°$、$n°$、d_1。

②过 a_1、$m°$、$n°$、d_1 分别与 s' 连线,求出垂直于画面直线的全透视 $s'a_1$、$s'm°$、$s'n°$、$s'd_1$。

③过站点 s 作视线的水平投影 sa、sb、sc 分别与 p—p 相交于 a_p、b_p、c_p；再过 a_p、b_p、c_p 向下引垂线，求得 $a°$、$b°$、$c°$。求出基透视如图 7-17(b) 所示。

④过 a_1 或 $m°$ 立真高线，完成形体的透视图，如图 7-17(c) 所示。

综上所述视线迹点法求一点透视的步骤：

①画形体的基透视，即画其水平投影的透视，如图 7-15 所示。

②进行形体高度的透视作图，即解决高度方向上的度量问题。如图 7-16、图7-17 所示，利用正面投影中给出的形体主体高度定出其真高线，据此真高线可逐步画出形体的透视。

③区分可见性并加深图线，完成作图。

7.3.2　视线迹点法求两点透视

在图 7-18 中，建筑物的长度方向与宽度方向的线均与画面相交，除了高度方向的直线平行于画面，在透视图中仍相互平行，即没有灭点外，长度和宽度两个方向的直线在透视图中分别消失在 F_x 和 F_y 两个灭点，故称为两点透视。如图 7-1 两点透视实例，由于物体与画面成一定角度，故又称为成角透视或建筑师法。

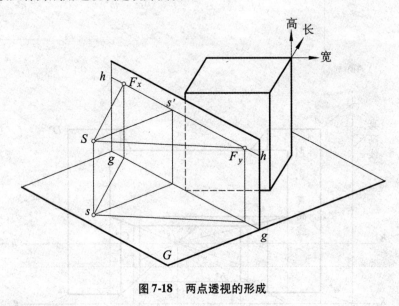

图 7-18　两点透视的形成

7.3.2.1　平面图的透视画法

如图 7-19 所示，设有一矩形 $abcd$ 位于基面上，设顶点 a 在基线 p—p 上，过视点 s 分别作视线平行于矩形的两组平行边，于是求得两个灭点在基面上的投影 f_x、f_y，向下做垂线而与视平线 h—h 相交，求得在画面上的灭点 F_x、F_y，如图 7-20 所示。利用这两个灭点即可分别作出矩形两条边 ab、ad 的全透视 $a°F_x$、$a°F_y$。然后过站点 s 分别与 b、d 连线，再过交点 b_p、d_p 分别向下引垂线，求得 $b°$、$d°$，因 bc 平行 ad；dc 平行 ab，一组平行线有共同的灭点，所以再分别过 $b°$、$d°$ 与 F_y、F_x 连线，求得 $c°$（两直线相交交点的透视也是二直线透视的交点），这样就可完成矩形透视。

7.3.2.2　平面立体两点透视画法

平面立体表面的形状、大小和位置，由它的棱线所决定的。因此，平面立体的透视是由各种不同方向、长度和位置的直线透视所决定。

【例7-4】已知图7-20矩形平面的透视，以其为基面，画出立方体的透视。

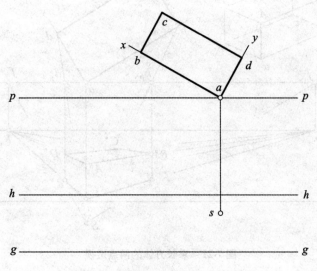

图7-19　求基面上矩形的两点透视

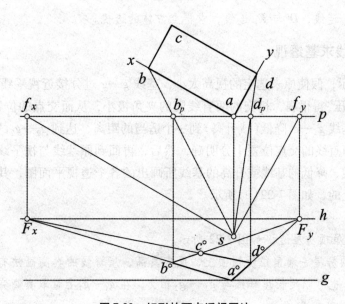

图7-20　矩形的两点透视画法

【分析】由图7-21轴测图可知，长方体底面放在基面上，共有3个方向的直线。所有垂直于基面的棱线如 Aa、Bb、Cc、Dd 平行画面，它们的透视仍为铅垂线；其余两组为水平线，它们的灭点为 F_x、F_y，做法如图所示。铅垂棱 $A° a°$ 在画面上，故其反应真高 Aa，其透视即为本身。

【作图】

①过 $a°$ 向上作铅垂线，量取真高线 $Aa = A° a°$。

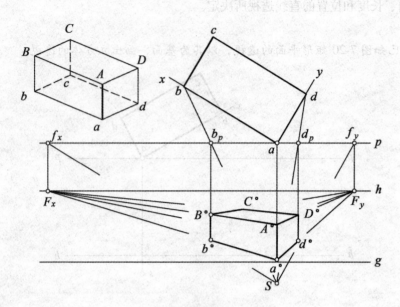

图7-21 求长方体的两点透视

②过 $A°$ 分别与灭点 F_x、F_y 连线(一组平行线有共同的面点),过 $b°$、$d°$ 向上作铅垂线求得 $B°$、$D°$。

③过 $B°$ 与 F_y 连线,$D°$ 与 F_x 连线,求得立方体的透视。

7.3.3 降低基线求基透视

如图7-22所示,假使原来选定的视高太小,基线 $g—g$ 过分接近视平线 $h—h$,这就使得画出透视网格被"压"得很扁,相交的两直线间的夹角极小,从而交点的位置很难准确确定。此时,就可以将基线 $g_1—g_1$ 降低(或升高)到一个适当的距离,达到 $g_2—g_2$ 的位置。据此画出的透视网格中两组直线的交点位置十分明确,然后,再回到原基线与视平线间求得透视。因为,不论按原基线、降低的基线或升高的基线所画出的各个透视平面图,其上相应顶点总是位于同一垂直线上的,如图7-22(c)所示。

【例7-5】求坡屋顶房屋透视如图7-22所示。

【分析】坡屋顶房屋一墙角位于画面上,反应真高,屋脊线的真高画法有两种,可以在墙角线上直接量取,也可以延长屋脊线与 $g_2—g_2$ 相交,在 $g_1—g_1$ 上量取真高完成作图。

【作图】

①利用视线迹点法并降低基线完成基透视,如图7-22(c)所示。

②在 $g_1—g_1$ 立高,量取墙角线真高,分别和灭点连线。

③立屋脊线真高,完成透视。

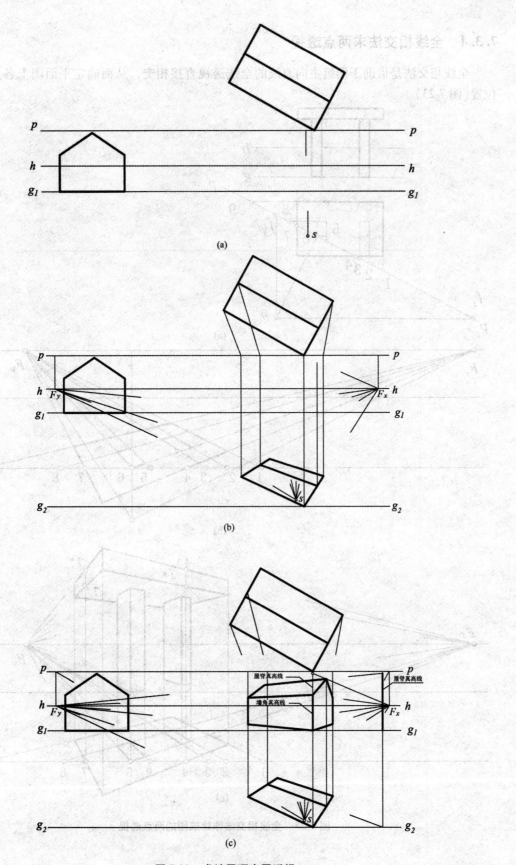

图 7-22 求坡屋顶房屋透视

7.3.4　全线相交法求两点透视

　　全线相交法是借助于两组主向直线的全线透视直接相交，从而确定平面图上各点的透视位置（图7-23）。

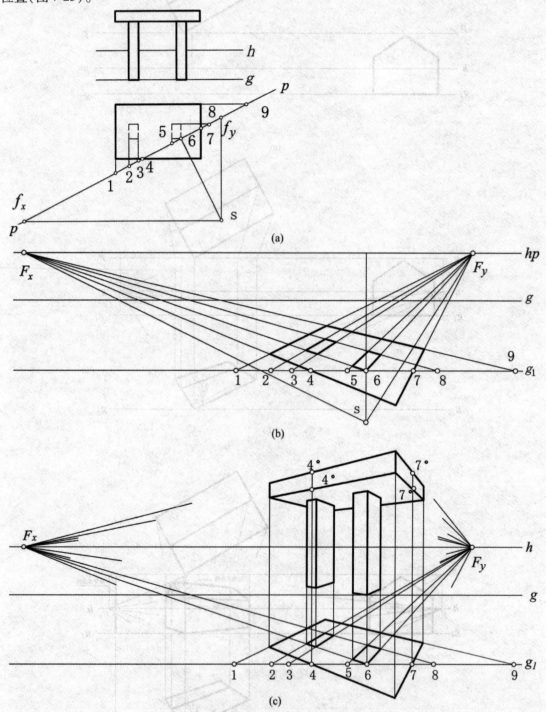

图 7-23　全线相交法作建筑图的两点透视

【例7-6】用全线相交法放大一倍作建筑图的两点透视(图7-23)。

【分析】应将视高视距放大1倍，p—p线上所有点的间距在g_1—g_1上放大一倍，降低基线求基透视。

【作图】

①求出平面图中两主向直线的灭点F_x和F_y。

②将平面图上两组主要方向的所有直线都延长到与画面p相交。求得全部迹点。1、2、3、5、6、7是F_y方向直线的迹点，4、6、8、9是F_x方向直线的迹点，如图7-23(a)所示。

③放大1倍求透视图应将视高和视距均放大1倍，作图时h—h和p—p重叠，直接求得F_x和F_y。

④降低基线在g_1—g_1上的所有迹点1至9点间距放大1倍，与相应的灭点连线，就得到两组主向直线的全线透视，这两组全线透视是彼此相交的，形成一个比原图放大一倍透视网格，如图7-23(b)图，求得基透视。

⑤在g—g上立高，在6点上放大1倍量取柱子的高度，求出两柱子透视，在4或7点上量取屋檐高度，画出其透视，如图7-23(c)所示。

平面图上各顶点的透视，就是由这个透视网格中相应的两直线的全线透视相交而确定，从而画出整个平面图的透视。**这种利用两组主向直线的全线透视直接相交而得到透视平面图的画法，称为全线相交法。**此法不同于视线迹点法之处在于无需自视点向平面图各顶点引视线，作图步骤明确，道理简单。

7.3.5 量点法作一点透视

量点法是利用辅助直线的灭点，求已知线段透视的方法。

在求作一点透视时，画面垂直线的量点称为距点，用D表示。

如图7-24(a)所示，画面垂直线AB，其灭点为心点S'，Ns'为AB直线的全长透视，现作辅助线AA_1、BB_1，并使$NA_1 = NA$，$NB_1 = NB$，这样$\triangle BNB_1$为等腰直角三角形。过视点S作AA_1的

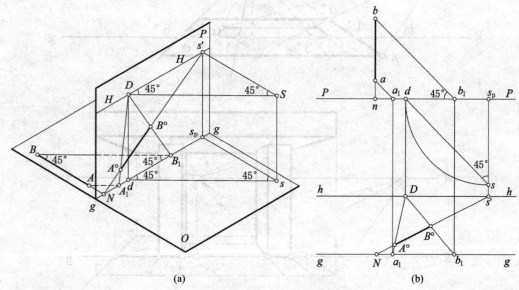

(a)   (b)

图7-24 距点D的作法

平行线,与视平线 h—h 交于点 D,点 D 即为 AA_1、BB_1 的灭点,也就是画面垂直线 AB 的量点,连线 A_1D 和 B_1D,与 $S'N$ 相交的点 $A°$、$B°$ 即为直线 AB 的透视,因为 D 点是用来量取 NS' 方向的线段透视长度的,所以称辅助线的灭点 D 为量点。**画面垂直线的量点也称为距点。**不难看出,**利用量点直接根据平面图中的已给尺寸来求作透视图的方法,称为量点法。**D 点到主视点 s' 的距离等于视距 Ss'。利用这一几何关系可求得距点 D。如图 7-24(b) 所示,过站点 s 作 45° 线,与 p—p 线相交于点 d(或以 s_p 为中心,ss_p 为半径作圆弧,与 p—p 线交于点 d),过点 d 作垂线与视平线 h—h 相交得距点 D。Ns' 与 a_1D、b_1D 相交得点 $A°$、$B°$,$A°B°$ 即为画面垂直线 AB 的透视。

D 点可左可右,实际作图辅助线 aa_1、bb_1 不需要画出。

【例 7-7】用距点法放大 1 倍求建筑形体的一点透视[图 7-25(a)]。

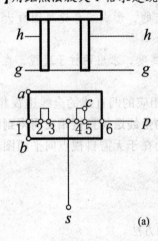

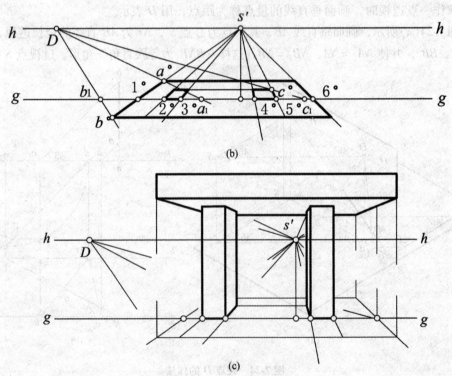

图 7-25 距点法做一点透视图

【作图】

①将视高放大 1 倍，在画面上确定距点 D，D 点可以在左边也可以在右边，$s'D =$ 视距（扩大 1 倍）。

②在基线上将 1 至 6 点间距放大 1 倍，分别于与灭点 s' 连线求出垂直于画面直的全透视线，在基线上量取 $1a_1$ 等于 2 倍 $1a$ 长度，与 D 点连线求得 a 点的透视 $a°$，过 $a°$ 作水平线；量取 $1b_1$ 等于 2 倍 $1b$ 长度，求出 b 点的透视 $b°$，透视点 $b°$ 在 $g—g$ 下方，因为点 b 是画面前方的点，过 $b°$ 作水平线；同理，求出 c 点的透视；也可以度量时，以 ab 直线为度量的基准线，分别求出 $a°$、$b°$、$c°$ 的透视，完成基透视。

③立高完成透视图，如图 7-25（c）所示。

7.3.6 量点法作两点透视

7.3.6.1 量点法作两点透视原理

图 7-26（a）中，位于基线上的点 T，是基面上直线 AB 的迹点，点 F 是其灭点，位于视平线上。直线 AB 的透视 $A°B°$ 必在 TF 线上。为了在 TF 线上，求出点 A 的透视 $A°$，可通过点 A，在基面上作辅助线 AA_1，与基线交于迹点 A_1，并使 $TA_1 = TA$。于是 $\triangle ATA_1$ 成为等腰三角形，而辅助线 AA_1 正是等腰三角形的底边。该辅助线 AA_1 的灭点为 M，连线 A_1M 就是辅助线 A_1A 的全线透视。而 TF 是 TA 的全线透视，因此，A_1M 与 TF 的交点 $A°$，就是点 A 的透视。$\triangle ATA_1$ 是等腰三角形，则 $\triangle A°TA_1$ 是等腰三角形的透视。

同理，为了求得 TF 线上另一点 B 的透视，仍作同样的辅助线 BB_1，$B_1T = TB$。由于辅助线 BB_1 和 AA_1 是互相平行的，所以 BB_1 的灭点仍是点 M。连线 B_1M 与 TF 的交点 $B°$，就是点 B 的透视。

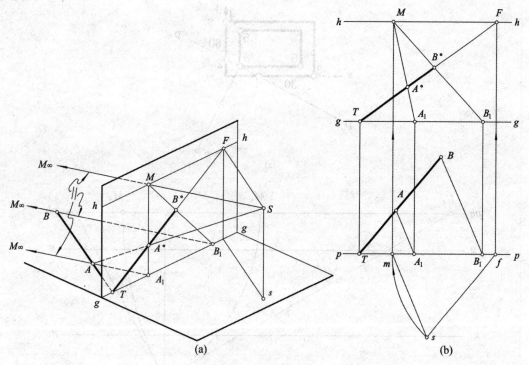

(a)   (b)

图 7-26 量点的概念

至于量点的具体求法，我们从图7-26(a)中不难看出：$\triangle SFM$ 和 $\triangle ATA_1$ 是相似的，是等腰三角形，$FM = SF$。因此，以 F 为圆心，SF 的长度为半径画圆弧，与视平线相交，即得量点 M。这是空间情况的分析，实际作图是在平面上进行的，如图7-26(b)所示，自站点 s 平行于 AB 作直线，与 $p—p$ 交于 f，以 f 为圆心，fs 为半径画圆弧，与 $p—p$ 相交于 m；由 f 作垂线与 $h—h$ 相交，即得 AB 线的灭点 F，由 m 作垂线与 $h—h$ 相交，即得到与灭点 F 相应的量点 M，或者在 $h—h$ 直接量取 $FM = sf$，也可得到 M 点。

在实际作图时，辅助线 AA_1、BB_1 等是不必在平面图上画出来的。

7.3.6.2 量点法作图举例

【例7-8】已知建筑形体的平面图和立面图，用量点法放大一倍求其透视，如图7-27(a)所示。

【分析】此例由于选定的视高过小，采取降低基线的方法，即画出了该建筑物的透视平面图，再立高，如图7-27所示。

【作图】

①确定真实视高，使视平线 $h—h$ 与 $p—p$ 重叠，在图7-27(b)中的视平线的下方画基线 $g_1—g_1$。过 s 作形体平面 x 和 y 方向的平行线，求得灭点 F_x、F_y 和度量点 M_x、M_y。

②在 $g_1—g_1$ 线上，1 点到 3 点的距离放大一倍等于 1_13_1 间距，定出 3_1 点，同理，求出 4_1、5_1、6_1 点，求出基透视，如图7-27(c)所示。

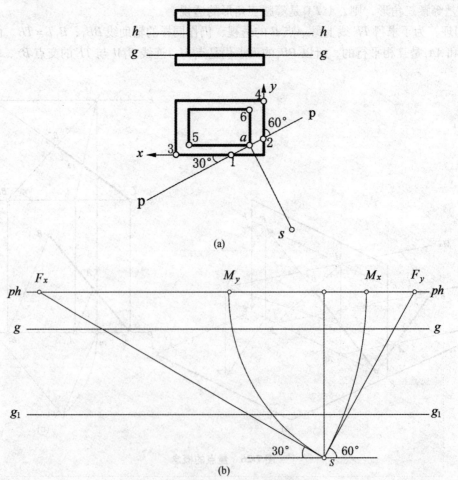

图7-27 用量点法求作建筑物的透视

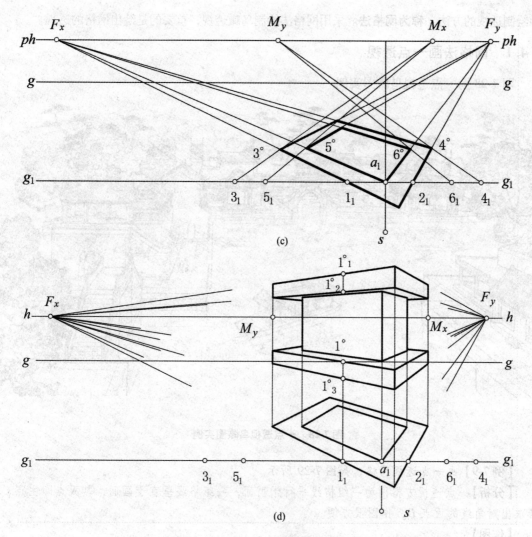

图 7-27　用量点法求作建筑物的透视（续）

③在 g—g 线上立真高，平面图中，点 a_1 在 g—g 上，表明小屋的墙角线位于画面上，其透视即该墙角线自身高，能反映其真高，完成建筑墙体的透视，由 1° 点向上作垂线量取建筑上下屋檐的真高 $1^\circ_1 1^\circ_2$，完成房顶的透视；由 1° 向下作铅垂线，量取台阶的真高 $1^\circ 1^\circ_3$，完成台阶的透视，如图 7-27（d）所示。

7.4　网格法画透视图

当建筑物或区域规划的平面形状复杂或为曲线平面形状时，采用网格法绘制透视较为方便。尤其在区域规划或风景园林设计中，包括建筑物、道路、广场、植物、水体及构筑物等，表达内容较多，透视轮廓复杂，通常采用网格法绘制鸟瞰透视图。

网格法：在建筑物或区域规划的平面图中，按一定比例画出由小方格组成的网格，网格大小视平面图的复杂程度而定，网格越密，精度越高，然后画出该网格的透视；再根据平面图的布局位置，在透视网格中画出基透视；再采用集中真高线的方法量取透视高度，完成透视。这种绘制透视的方法，**称为网格法**。采用网格法绘制鸟瞰透视，首要的是绘出网格的透视。

7.4.1 网格法画一点透视

图 7-28 为一点透视鸟瞰图实例。

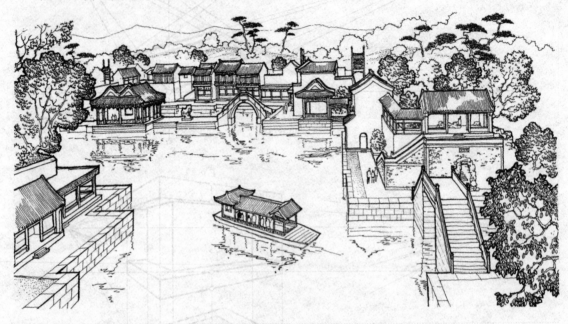

图 7-28　一点透视鸟瞰图实例

【例 7-9】画一点透视网格，如图 7-29 所示。

【分析】一点透视方格网为一组格线平行于画面，一组格线垂直于画面，其灭点即主点 s'；若求出对角线的灭点 D，作图很方便。

【作图】

①在网格上选定画面 $p—p$，如图 7-29(a)所示。

②在画面上，按选定的视高，画出基线 $g—g$、视平线 $h—h$ 和主视点 s'，在 $g—g$ 上，按已选定的方格网的宽度确定 0 至 9 点（即与画面垂直格线的迹点），图 7-29(b)所示。

③根据选定的视距，定出距点 D，D 是正方形网格的对角线的灭点，连接 $0s'$、$1s'$、$2s'$……$9s'$，连线 $0D$ 是对角线的透视，如图 7-29(b)。

④OD 与垂直于画面的直线相交，过交点分别作基线 $g—g$ 的平行线，即为另一组格线（平行画面）的透视，至此完成方格网的一点透视如图 7-29(b)。

⑤根据建筑平面图中建筑物在方格网上的位置，凭目估确定其在透视网格上的位置，即得建筑物的透视平面图，如图 7-29(b)所示。

⑥在基线上立高；或真实高度相当于一格宽度，直接立高（平行于画面的直线透视成比例）完成透视图，如图 7-29(c)所示。

实际应用举例。图 7-30 为一庭院，首先在该图上打方格网，如图 7-30(a)所示，确定画面的位置即定出 $p—p$；而后确定视高并画出基透视如图 7-30(b)所示，最后立建筑和植物的高度完成透视图，如图 7-30(c)所示。

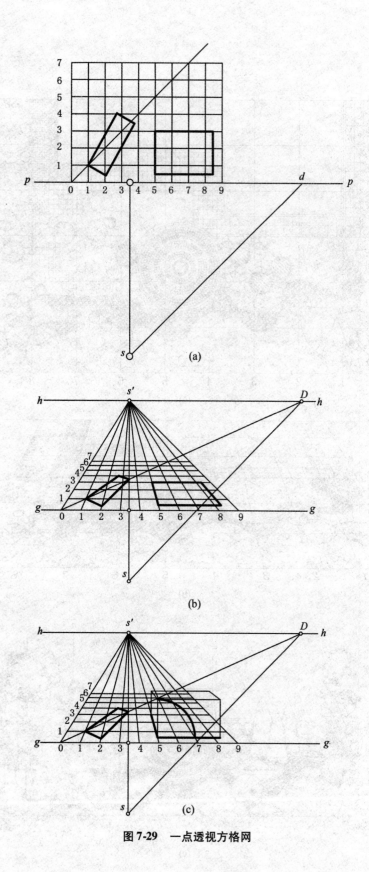

图 7-29　一点透视方格网

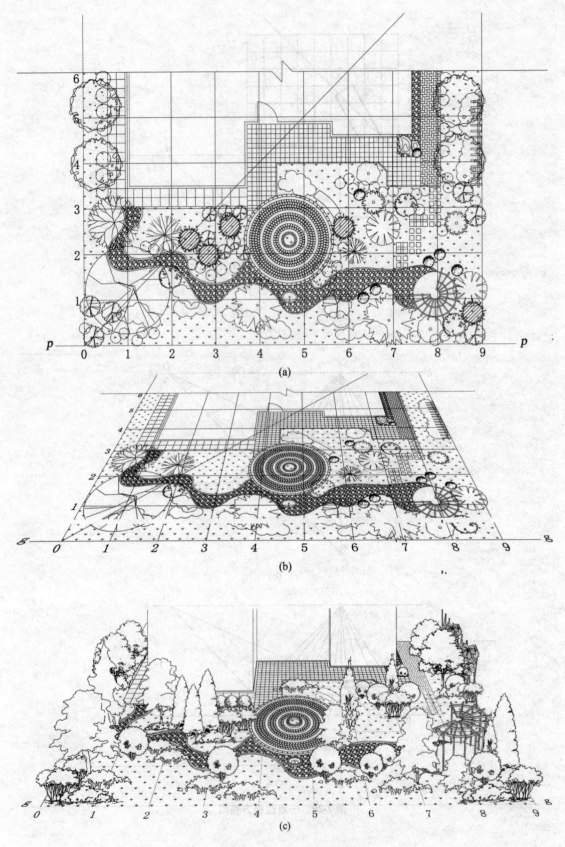

图 7-30　一点透视方格网应用实例

7.4.2　网格法画两点透视

当区域规划设计平面中建筑群较规则布局时，则正方形网格的格线应与建筑物平面的两主方向平行，这时宜采用两点透视网格。

【例7-10】求两点透视，如图7-31所示。

【作图】

①在建筑物平面图上画出方格网，并进行编号，使正方形网格的格线与建筑方向平行，如图7-31(a)所示。

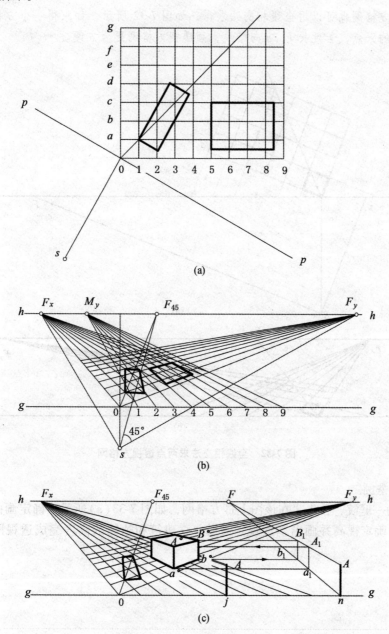

图 7-31　两点透视方格网的应用

②确定视高,用度量点法或用对角线的灭点法画出方格网的两点透视,并在透视图上定出建筑物各墙角的位置,完成建筑物平面图的透视,如图7-31(b)所示。

③立高如图7-31(c)所示,方法一,利用网格线迹点:如求 A 点的透视高度,可将过点 A 的网格线延长至与基线交于 j,使 Aj 等于点 A 的真高,即可求出形体的透视;方法二,利用集中真高线:在基线 g—g 上任取一点 n,过 n 作垂直线作为集中真高线,把各部分高度度量到真高线上,如 A 点。在视平线 h—h 上任取一点 F,作为灭点,连接 AF、nF,过 $a°$ 作水平线与 nF 交于 a_1。过 a_1 作垂线,与 nF 交于 A_1,再过 A_1 作水平线,与过 $a°$ 的垂线交于 $A°$,即为所求 A 点墙角的透视高度。同理可利用该集中真高线求得其余各墙角的透视高度。

两点透视方格网也可以用全线相交法求得,如图7-32所示,如求得一个方格的透视,即可得到对角线的灭点,若延长 F_x 方向格线,画透视方格网更为方便。

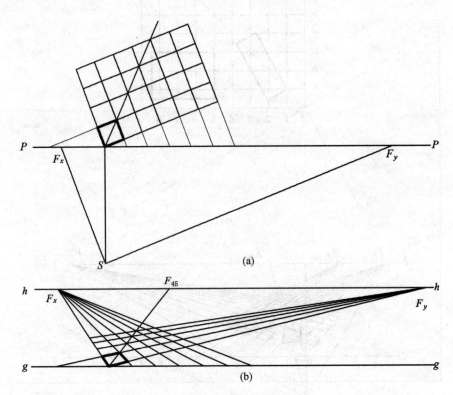

图7-32 全线相交法求两点透视方格网

实际应用举例。

图7-33为一庭院,首先,在该图上打方格网,如图7-33(a)所示,确定画面的位置即定出 p—p;而后确定视高并画出基透视;最后,立建筑和植物的高度完成透视图,如图7-33(b)所示。

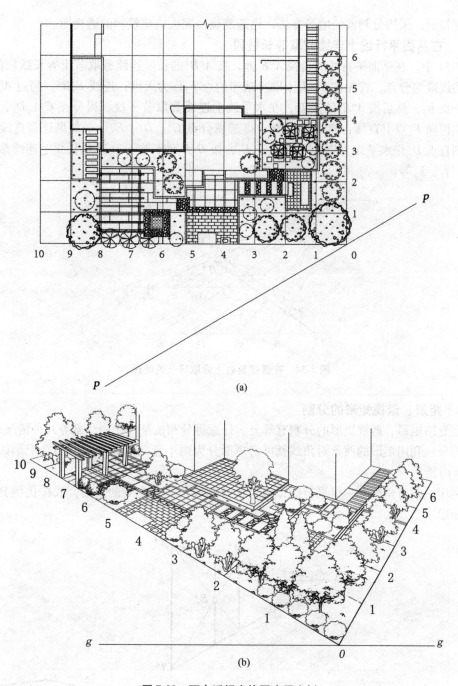

图 7-33　两点透视方格网应用实例

7.5　透视图上辅助作图法

7.5.1　建筑细部的简捷画法

　　绘画建筑物的透视图，通常是先按前述各种方法画出它的主要透视轮廓，然后再逐步画入它的细部。此时，如果该建筑物的细部具有某种有规律的重复或交替的构图，则可运用有关的几何知识，采用分割或倍增等方法，迅速准确地完成该建筑物的透视图。

7.5.1.1 在基面平行线上连续截取等长线段

图 7-34 中，在基面平行线的透视 $A°F$ 上，按 $A°B°$ 的长度连续截取若干等长线段的透视，定出这些线段的分点。首先在 $h—h$ 上取一适当的点 F_1 作为灭点，连线 $F_1B°$，与过 $A°$ 的水平线相交于点 B_1，然后按 $A°B_1$ 的长度，在水平线上连续截取若干段，得分点 C_1、D_1、E_1……由这些点再向 F_1 点引直线，与 $A°F$ 相交，得透视分点 $C°$、$D°$、$E°$……如果还需连续截取若干段，则自点 $D°$ 作水平线，与 F_1E_1 相交于 E_2，按 $D°E_2$ 的长度，在其延长线上连续截得几点 G_2、H_2、J_2、K_2 等。

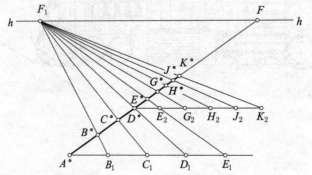

图 7-34 在透视直线上截取等长的线段

7.5.1.2 矩形、透视矩形的分割

下面介绍矩形、透视矩形的分割有等分、任意等分和按某一比例分割等几种情况。

①等分：利用矩形的两条对角线就可将矩形分为两个竖向的或横向的相等矩形如图 7-35（a）（b）（c）所示。

②利用一条对角线和一组平行线，将矩形分割成若干个全等的矩形，或按比例分割成几个小的矩形。

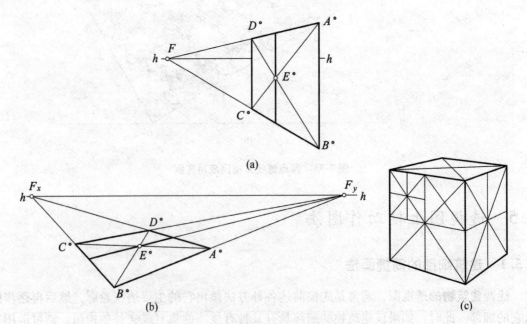

(a)

(b)   (c)

图 7-35 将透视矩形等分为二

图 7-36 所示是一矩形 $A°B°C°D°$ 铅垂面，要求将它竖向分割成 3 个全等的矩形。首先，以适当长度为单位，在铅垂边线 $A°B°$ 上，自点 $A°$ 截取 3 个等分点 1、2、3；连线 1F、2F、3F 与矩形 $A°36D°$ 的对角线 3D° 相交于点 4 和 5，过点 4 和 5 各作铅垂线，即将矩形分割成全等的 3 个矩形。

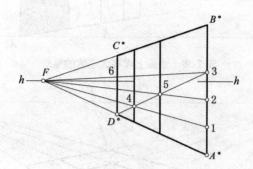

图7-36 将透视矩形等分为三部分

图 7-37 所示矩形，被竖向分割成 3 个矩形，其宽度之比为 3∶1∶2。作图方法与图 7-36 基本相同，只是在铅垂边线 $A°B°$ 上截取 3 段的长度之比为 3∶1∶2。

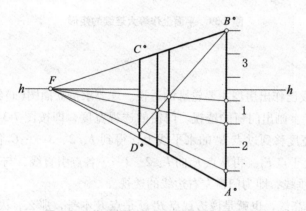

图7-37 将透视矩形分割为成比例的三部分

7.5.1.3 矩形的延续

按照一个已知矩形的透视，连续地作一系列等大的矩形的透视，是利用这些矩形的对角线相互平行的特性来解决作图问题的。

图 7-38 中给出了一个铅垂的矩形 $A°B°C°D°$，要求连续地作出几个相等的矩形。再作出两条水平线的灭点 F，可按图 7-38 所示作图，首先作出矩形 $A°B°C°D°$ 的水平中线 $G°H°$，连线 $A°G°$ 交 $B°C°$ 于点 $J°$；过 $J°$ 作第二个矩形的铅垂边线 $J°K°$。以下的矩形均按同样步骤求出。

图 7-39 中给出了两点透视的矩形 $A°B°C°D°$，要求在纵横两个方向，连续作出若干个全等的矩形。首先定出两个主向灭点 F_x 和 F_y，对角线 $A°C°$ 与 F_xF_y 相交于 F_1，F_1 即对角线的灭点，其他矩形的对角线均平行于 $A°C°$，消失于同一灭点 F_1，据此即可画出一系列连续的矩形。

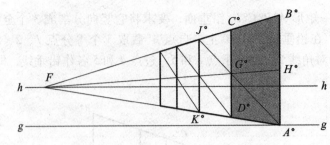

图 7-38 立面上作等大连续的矩形

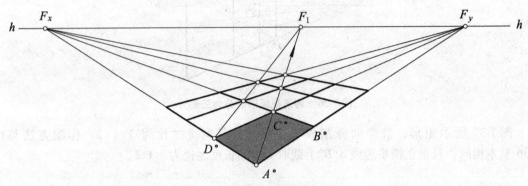

图 7-39 平面上作等大连续的矩形

7.5.2 应用实例

图 7-40(b)中，设已作出房屋主要轮廓的透视。现要求按立面图(a)给出的门窗大小和位置，在墙面 $A°B°C°D°$ 上画出门窗的透视。门窗的透视宽度，即按图 7-34 所示方法解决，将立面图(a)上各部分宽度移到过点 $B°$ 的水平线上，得到 1、2、3……C_1 各点，连接 C_1 和 $A°$，并延长，使与 hh 相交于点 F_1。再从点 F_1 向 1、2、3……各点引直线，与 $B°A_0$ 相交得 $1°$、$2°$、$3°$……点，由此作铅垂线，即为门窗左右边线的透视。

如果 $A°B°$ 就是真高线，也就是说透视点 $B°$ 就是点 B 本身，那么，灭点 F_1 就是与 F_x 灭点

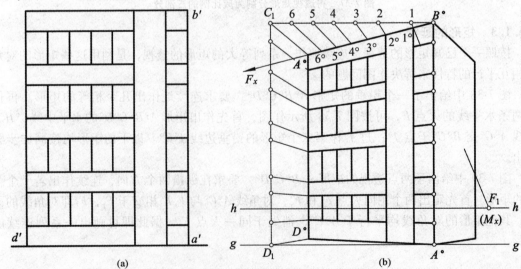

图 7-40 确定门窗的透视位置

相应的 C_1 量点 M_x。

$A°B°$ 既是真高线，那么就可把门窗的高度全部量取在 $A°B°$ 上，然后向灭点 F_x 引直线，就得到门窗上下边线的透视。如 F_x 位置较远，为方便起见，可通过点 C_1 作铅垂线 C_1D_1，在其上定出门窗的高度，然后向 F_1 引直线与 $A°D°$ 交得各点，再与 $A°B°$ 上各高度点相连，就完成了门窗透视的全部作图。

7.6　曲线和曲面体透视

7.6.1　平面曲线的透视

平面曲线所在平面与画面的位置不同，其透视各不相同。通常在画面上的平面曲线，透视为其本身。平面曲线所在平面若平行于画面，透视为该曲线的相似形。曲线所在平面若通过视点，透视为一段直线。曲线所在平面不平行于画面时，透视形状将发生变化。

平面曲线的透视可用方格网法求作，如图 7-41 用网格法作出一个墙面空花的透视图。

①首先将曲线平面绘制成方格网。方格的单位边长的大小应以能作出相对准确和肯定的曲线为准，一般图形越复杂，方格的单位边长越小。

②求作方格网的透视。

③目测各控制点在方格网上的位置，并将它们定位到透视网格相对应的位置上，然后光滑地连线完成透视。

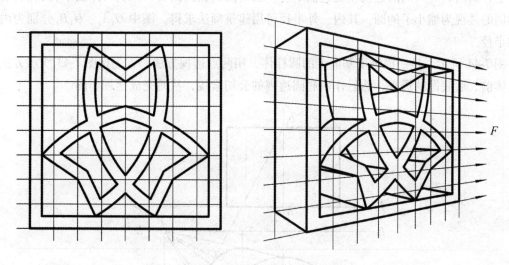

图 7-41　方格网法作曲线透视图

7.6.2　圆和圆柱体的透视

7.6.2.1　圆的透视

若平面曲线为圆周，因圆周为有规则曲线，故作图可以简化。

当圆周所在的平面不平行于画面时，一般情况下其为透视椭圆。为了准确地画出透视椭圆，通常利用圆周外切正方形先求出圆周上 8 个点的透视，然后把它们光滑地连接。图 7-42

所示分别是位于水平面上和侧平面上的圆周的透视作法。由于圆的中心和其外切正方形对角线的交点相重合，且圆周切于外切正方形各边的中点，故图 7-42 中利用半个圆及其半个外切正方形来辅助作图，便能很好地求出圆周上 8 个点的透视。

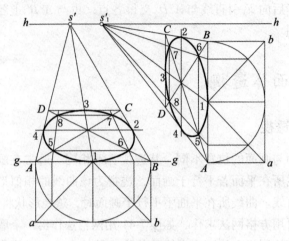

图 7-42　圆周的透视

7.6.2.2　圆柱体的透视

当圆周所在的平面平行于画面时，其透视仍然是圆周。图 7-43 所示是一圆管的一点透视。圆柱的透视可由作出其二底的透视后再作该二底圆透视的公切线得到。圆管前端面位于画面上，其内、外圆周的透视就是它们本身。后口圆周在画面后，但仍与画面平行，故其内、外圆周的透视为缩小了的圆，其内、外半径可用建筑师法求得，图中 O_1A_1、O_1B_1 分别为内外圆的半径。

图 7-44 所示，是一横卧于基面上的圆柱体，用两点透视方法，首先按图 7-43 所示方法画出柱体前、后底圆的透视，然后作两底圆透视的公切素线，从而完成透视作图。

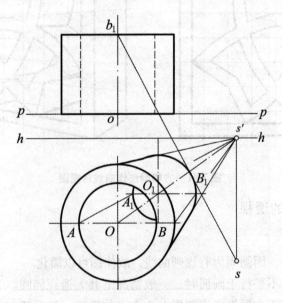

图 7-43　圆柱体的透视

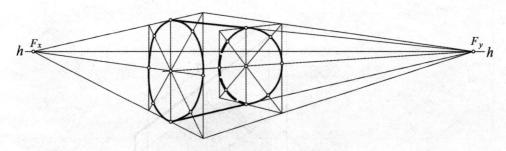

图 7-44　横卧的圆柱体的透视

7.6.2.3　拱门的透视

图 7-45 所示为圆拱门的透视作图。此例主要是解决拱门前、后两个半圆弧的透视作图。作半圆弧的透视完全可以参照图 7-45 所示方法解决，就是将半圆弧纳入半个正方形中，作出半个正方形的透视，就得到透视圆弧上的三个点 *1°*、*3°*、*5°*；再作出两条正方形的对角线与半圆弧交点的透视 *2°* 及 *4°*，将这五点光滑连接起来，就是半圆弧的透视。后口半圆弧的透视，可用同法画出。图中是用过前半圆上已知五点所引的拱柱面的素线，并利用素线在拱门顶面上的基透视所确定的长度，而求得相应的五点，顺次连成的。

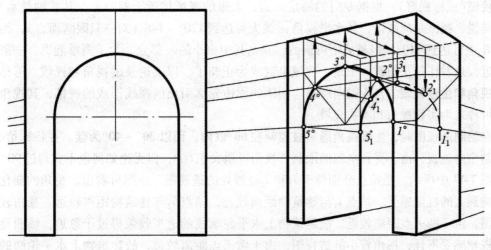

图 7-45　圆拱门的透视

7.7　视觉范围透视图的选择

在学习透视图时，不仅要掌握各种画法，合理选择透视图的类型，而且还必须选择好视点、画面与建筑物三者之间的相对位置。如果三者的相对位置处理不当，透视图会产生畸形失真，因而，不能准确地反映我们的设计意图。

7.7.1　视觉范围

人眼的视觉范围：当人不转动自己的头部，而以一只眼睛观看前方的环境和物体时，其所见是有一定范围的。此范围是以人眼（即视点）为顶点、以中心视线为轴线的锥面（图 7-46），称为**视锥**。视锥的顶角，称为**视角**。视锥面与画面相交所得到的封闭曲线内的区域，

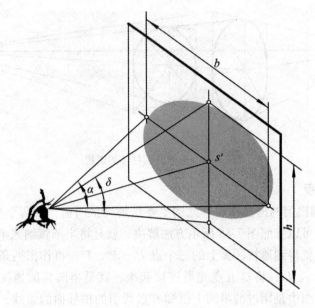

图7-46 视 锥

称为**视域**(或称**视野**)。根据专门的测定知道,人眼的视域接近于椭圆形,其长轴是水平的。也就是说,视锥是椭圆锥,其水平视角 α 最大可达到120°~148°(对一只眼睛而言),而垂直视角 δ 也可达到110°。但是清晰可辨的,只是其中很小的一部分。为了简单起见,一般就把视锥近似地看作是正圆锥。于是,视域也就成为正圆了。以上论及的视角和视域,可称之为**生理视角和生理视域**。自人眼向所描绘物体的周边轮廓引出的视线形成的视锥,其视角和视域,可称之为实物视角和实物视域。

在绘制透视图时,**生理视角通常被控制在60°以内,而以30°~40°为佳**。在特殊情况下,如绘制室内透视,由于受到空间的限制,视角可稍大于60°,但无论如何也不宜超过90°。

图7-47中所示,是站点分别位于 s_1 和 s_2 位置处的透视图。由图可看出,视角的变化将直接影响到人的视觉感受。站点 s_1 与建筑物距离较近,站点 s_2 与建筑物距离较远。视角较大的透视图,由于两灭点距离较近,故建筑物上水平轮廓线的透视收敛得过于急迫,墙面显得狭窄,视觉感受不佳;视角较小的透视图,由于两灭点距离较远,故建筑物上水平轮廓的透视显得平缓,墙面也比较开阔舒展。

7.7.2 视点的选定

视点的选定,包括在平面图上确定站点的位置和在画面上确定视平线的高度。

7.7.2.1 确定站点的位置

确定站点的位置,应考虑以下几点要求:

①保证视角大小适宜。如上文所述,应将所描绘的建筑物纳入设定的生理视角范围之内。

②站点的选定应使绘成的透视能充分体现出建筑物的整体造型特点。

如图7-48所示,当站点位于 s_1 处,则透视图(a)不能表达建筑物的整体造型特点。如将站点选在 s_2 处,则透视图(b)效果较好。

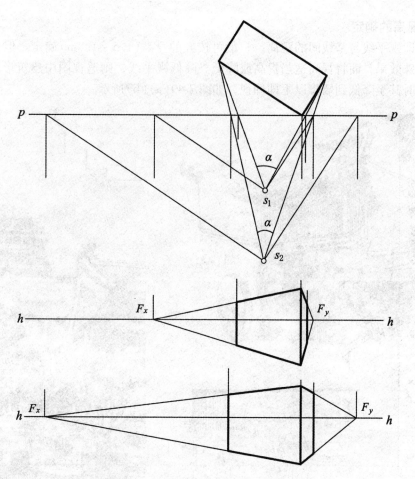

图 7-47 视角的变化影响到人的视觉感受

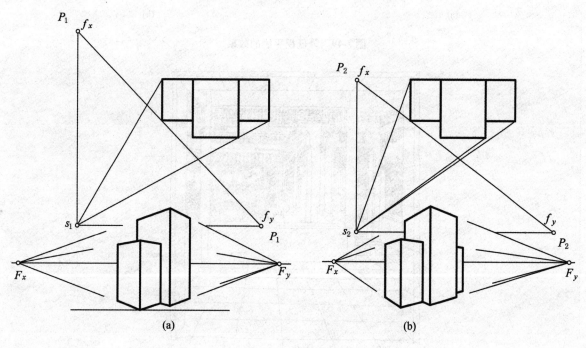

图 7-48 站点的选定

7.7.2.2 视高的确定

视高，即视平线与基线间的距离，一般可按人的身高(1.5~1.8m)确定。但有时为使透视图取得特殊效果，而将视高适当提高或降低。降低视平线，则透视图中建筑形象给人以高耸之感。有时甚至降低到墙脚以下即仰视，如图7-49(a)(b)所示。

(a)   (b)

图7-49 降低视平线的效果

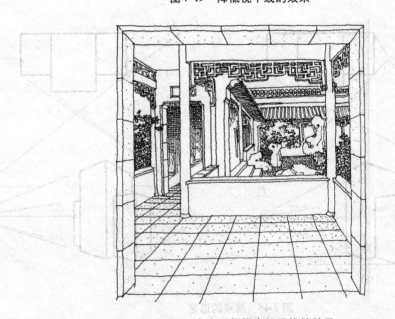

图7-50 室内透视提高视平线的效果

视平线提高，可使地面在透视图中展现得比较开阔。如图 7-50 所示室内透视，由于视平线适当地提高了，使透过室内景色一览无遗。为了显示出某一区域的建筑群和环境的规划和布置，可将视平线提升得更高些，如图 7-51(a) 所示，站在一高台上俯视园内景物，全然在目；图 7-51(b) 所示为提高视平线的效果，这就是通常所说的鸟瞰图。图 7-52 所示画鸟瞰图

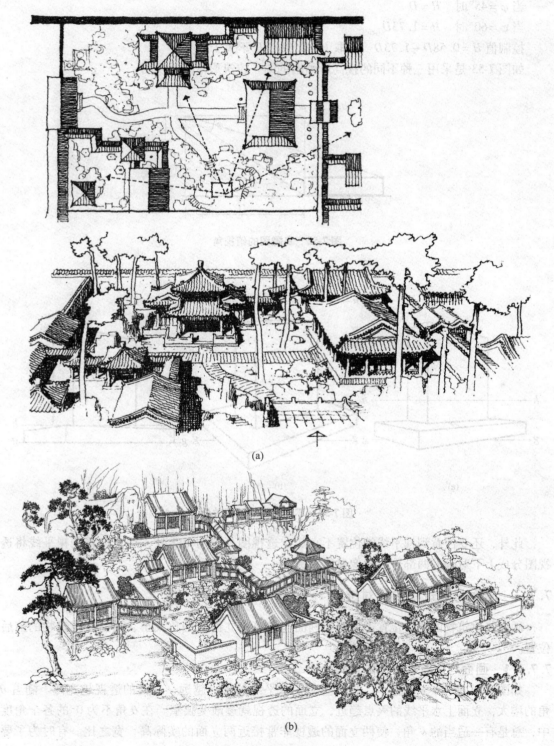

(a)

(b)

图 7-51　提高视平线的效果

时视平线高度 H 与视距 D，俯视角 φ 有如下关系：

$$\tan \varphi = \frac{H}{D} \quad \therefore H = \tan \varphi D$$

当 $\varphi = 30°$ 时　$H = 0.58D$

当 $\varphi = 45°$ 时　$H = D$

当 $\varphi = 60°$ 时　$H = 1.73D$

控制值 $H = 0.58D \sim 1.73D$　常取 $H \approx 0.6D$，H 不大于 D。

如图 7-53 是采用三种不同的视高所画出的同一建筑形体的透视图。

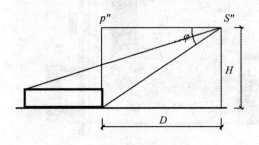

图 7-52　鸟瞰图的俯视角

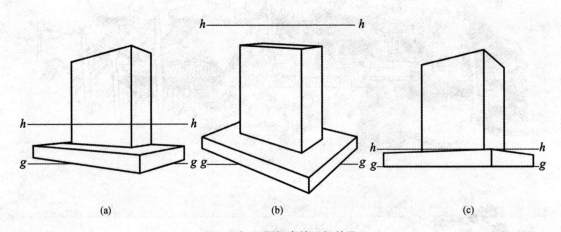

| (a) | (b) | (c) |

图 7-53　不同视高的透视效果

此外，还要注意到视平线的位置不宜放在透视图高度的 1/2 处，这个位置的视平线将透视图分成上下对等的两部分，图像显得呆板。

7.7.3　画面与建筑物的相对位置

画面与建筑物的相对位置主要是指画面与建筑物立面的偏角大小、画面与建筑物的前后位置。

7.7.3.1　画面与建筑物立面的偏角大小

如图 7-54 所示，θ 角越小，则该立面上水平线的灭点越远，立面的透视越宽阔。随着 θ 角的增大，立面上水平线的灭点趋近，立面的透视就逐渐变狭窄。在 θ 角不为 $0°$ 的各个角度中，总是有一适当的 θ 角，使两立面的透视非常接近两立面的实际高、宽之比。有时为了要

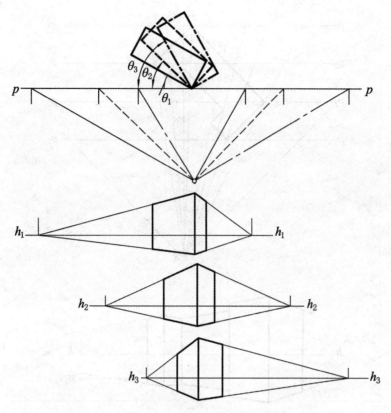

图 7-54 画面与建筑物立面夹角大小对其透视的影响

突出表现某个立面，则要选择特殊的 θ 角。

在绘制透视图时，就要根据这个透视规律，恰当地确定画面与建筑物立面的偏角。如偏角 θ 定得合适，则在透视图中，两个主向立面的透视宽度之比，大致符合真实宽度之比。常取立面较长的方向 θ 角选 30°，窄的方向选 60°。两个方向立面等宽时 θ 角不宜选 45°，两边等分，显得呆板。

7.7.3.2 画面与建筑物的前后位置

在视点与建筑物的相对位置及建筑物立面与画面的夹角确定后，建筑物与画面的前后位置可按需要确定。画面可位于建筑物之前，也可穿过建筑物或位于建筑物之后。当画面位于建筑物之前时，所得的透视较小；当画面位于建筑物之后，所得的透视较大。当画面穿过建筑物时，位于画面后的部分其透视较小，位于画面前的部分其透视较大，画面与建筑物相交所得的图形，其透视与其实际形状是相同的。由于画面是作前后平行的移动，所以，得到的透视都是相似图形，如图 7-55 所示。

7.7.4 在平面图中确定视点及画面的步骤

综合考虑视点、画面、物体三者之间的关系后，作透视图时可按下述步骤确定视点和画面：

①先确定视点，再确定画面：如图 7-56(a) 所示，首先确定站点，使站点 s 的两条边缘视线间的夹角为 30°~40°，在该夹角的中间 1/3 的范围内作主视线的投影 ss_g，然后作画面线 $p—p$ 垂直于 ss_g，画面线最好通过建筑平面图的一角。

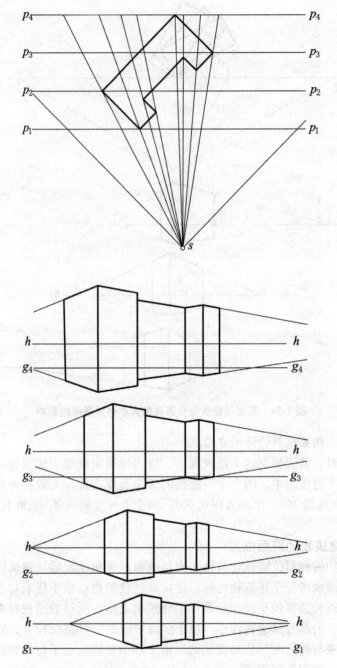

图7-55 画面与建筑物前后位置对其透视的影响

②先确定画面，再确定视点：如图7-56（b）所示，首先过建筑平面图的某转角按需要的θ角确定画面线$p—p$，然后过建筑物的两个最外侧墙角作画面线$p—p$的垂线，得到透视图的近似宽度B，在近似宽度内选定心点的投影ss_g，使ss_g位于画面宽度中部的$B/3$范围内，过s_g作画面线$p—p$的垂线，在垂线上截取$ss_g = (1.0 \sim 2.0)B$，即确定站点的位置。

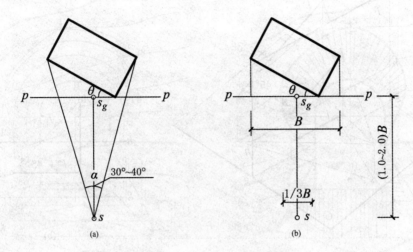

图 7-56 视点与画面的确定

7.8 透视图中的阴影

在房屋建筑的透视图中加绘阴影，可以使建筑物透视图更有真实感，借以增强建筑透视图的表现力，达到充分表达设计意图的目的。

透视阴影就是在透视图中加绘阴影，或者说在透视图中作出**阴影的透视**。

假设阳光为平行光线，那么光线可看作是平行的直线，光线的透视具有平行直线的透视特性。因此，当光线平行于画面时，光线的透视仍互相平行。光线与画面相交时，在透视图中必灭于一点。具体来说，平行光线的透视有三种情况。

光线 L 与画面平行。一组平行光线的透视仍为平行线，光线的基透视(光线基面投影的透视) l 与视平线 H—H 平行。空间光线 L 与基透视 l 的交角反映光线与基面倾角 α 的实形，如图 7-57 (a)所示。在实际应用中常取 α =45°。

透视阴影做法：过空间点的透视 A 作光线 L，过基透视 a 作光线基透视 l，两线的交点即为 A 点的透视阴影 $A°$，如图 7-57 (b)所示。$aA°$ 即为铅垂线的透视阴影，由此可见，**铅垂线在画面平行光线照射下落在基面上的影子与光线的基透视 l 平行**。

直线在承影面上的落影，可看作是过直线的光平面与承影面的交线。在建筑形体中，水平面、铅垂面作为承影面是较为普遍的。图 7-58 表示了足球架在地面上落影的作法：过点 A、B 作光线 L 的平行线，过 a、b 又作光线的基透视 l 的平行线(水平线)，对应的两线相交，即得 A、B 的透视阴影 $A°$、$B°$，连 $A°B°$，由于 AB 为水平线与它在基面上落影平行。故在透视图中，AB 与 $A°B°$ 均灭于 F。$A°B°$ 就是过 AB 的光平面与基面的交线，铅垂线 Aa 的落影是过 Aa 光平面(铅垂面)与基面的交线 $A°a$，$A°a$ 与光线基透视平行。

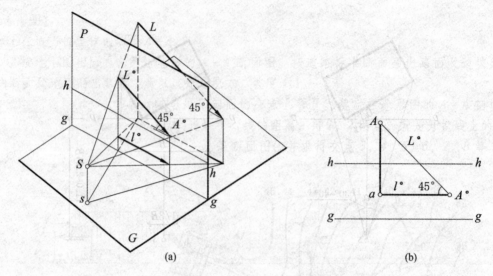

图7-57　光线 L 平行于画面

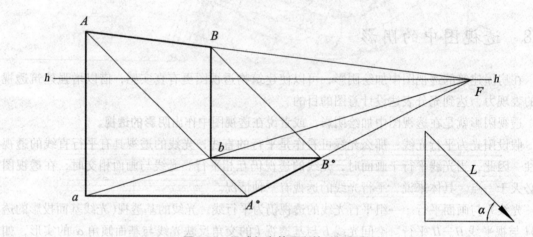

图7-58　足球架在基面上的透视阴影

【例7-11】求四棱柱的透视落影，如图7-59所示。

【分析】首先，确定四棱柱的阴线，由于光线是从左上方照射过来，故其阴线为 aA、AB、BC 和 Cc；然后，分别求出 A、B、C 三点的透视落影 A°、B°、C°，即得四棱柱的透视阴影。从图中可以看出，水平线 AB 在基面上的落影 $A^\circ B^\circ$ 的灭点是 F_y，水平线 BC 在基面上的落影 $B^\circ C^\circ$ 的灭点则是 F_x，解题步骤略。

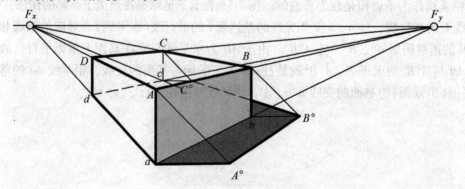

图7-59　立方体的透视阴影

【**例7-12**】求台阶的两点透视阴影，如图7-60所示。

【**分析**】求台阶左侧挡墙的阴线 *AB*、*BC*、*CD* 在地面和各层踏步面上的落影时，是充分利用影线必然通过阴线对承影面的交点这一规律，这样作图是比较方便的。

阴线 *AB* 一段落影在地面上，另一段在 *I* 面上，与 *AB* 平行，过 *B* 点作45°线求得 *B°*。欲求阴线 *BC* 在 *I* 面上的一段落影，可设想使 *I* 面扩大，而与 *BC* 交于点 *1*，连线 *B°1* 上的一段 *B°6*，就是 *BC* 在 *I* 面上的落影；再使 *II* 面扩大，而与 *BC* 的延长线交于点 *2*，连线 *26* 延长后，在 *II* 面范围内的一段 *67*，就是 *BC* 在 *II* 面上的落影。*BC* 及 *CD* 在其他各个平面上的落影，均可依此法分析，进行作图，解题步骤略。

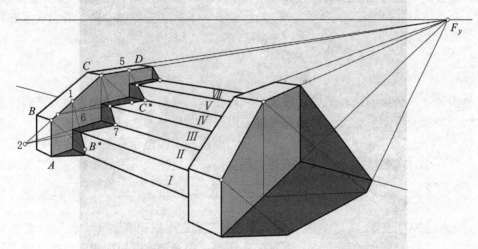

图7-60 在平行于画面的光线照射下，台阶的透视阴影

7.9 透视图中的倒影

物体在水中有倒影。倒影实际上也是虚像，只是由水平面形成的虚像而已。建筑物临近水面，在作透视图时需要画出该建筑物的倒影，以增强真实感。如图7-61所示，照片中可看出建筑、树木等的倒影。

7.9.1 倒影形成的规律

倒影和虚像的形成基于光学中的反射定律。所谓反射指的是波在传播过程中由一种媒质达到另一种媒质时返回原媒质的现象。光在界面如水面或镜面上的反射符合**反射定律**，即反射光线位于入射光线和界面法线所决定的平面内，反射光线和入射光线分别在法线的两侧，**而且反射角等于入射角。**

如图7-62所示，河岸右边竖一灯柱 *Aa*，当人站在河岸左边观看灯柱 *Aa* 时，同时又能看到在水中的倒影 *A°a*。连视点 *s* 与倒影 *A°*，*SA°* 与水面交于 *B*，过 *B* 作铅垂线，就是水面的法线。*AB* 称入射线，*AB* 与法线的夹角称入射角 i_1；*SB* 称反射线，反射线与法线的夹角称为反射角 i_1'。直角三角形 $\triangle AaB \cong \triangle A°aB$，即 *Aa* = *aA°* 且同在一直线上，*a* 为对称点。*Aa* = *aA°* 由此得到求倒影。

图 7-61　建筑和树木的倒影

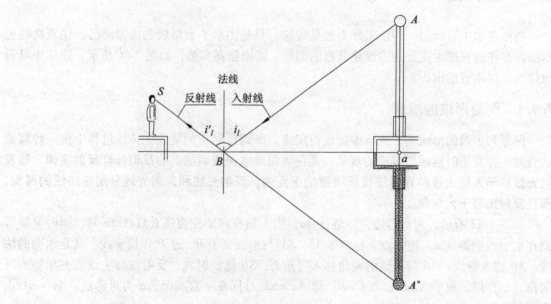

图 7-62　倒影的形成

7.9.2 水中的倒影

【例7-13】图7-63 求长方体在水中的倒影。

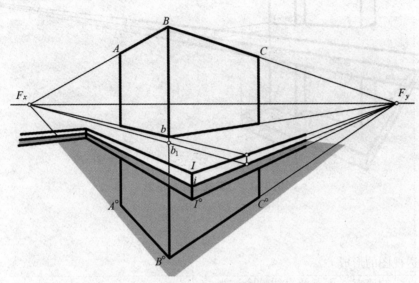

图7-63 长方体的倒影

【分析】由于反射面为水面，在求点 B 在水中的倒影时，必须先确定点 B 在水面的投影 b_1，即对称点。然后，连接 Bb 并延长，在 Bb 的延长线上自 b_1 向下截取 $b_1B° = b_1B$。即为所求的点 B 在水中的倒影。其余作图可按两点透视规律进行。由图7-62可知，由于水面是水平的，对一个点来说，该点与其在水中的倒影的连线是一条铅垂线，如 $BB°$。当画面为铅垂面时，该点与其倒影对水面的垂直的距离，在透视中仍然保持相等，解题略。

从图7-63可以看出，并不需要作每一个点的倒影，而是可以利用已作出倒影的点和辅助线进行作图。例如，所求倒影的点与已知倒影的点位于同一水平线上，则可先利用已知的倒影和该水平线的灭点作出水平线的倒影，如图7-63所示 $B°Fy$ 线，然后在该倒影上确定所需的点。如果已知一直线倒影的灭点，则在求得其上的一点的倒影后，就可由之向该灭点引线。总之，在掌握倒影的基本性质和遵循透视的基本规律的情况下，作图方法灵活多样，但要注意作图精度，以免产生较大的累积误差，而使图形失真。

【例7-14】求建筑在水中的倒影，如图7-64所示。

【分析】以墙角线 Aa 为控制线，求出 Aa 在水面中的倒影 $A°a_1$，$Aa_1 = A°a_1$，根据透视关系确定出建筑墙身的倒影，过 A 点与 F_x 连线，求出 C 点，可定出屋檐高度的倒影，及 $CD = C°D°$，利用灭点按透视特性作出该房屋形体上的其他点的倒影。解题过程略。

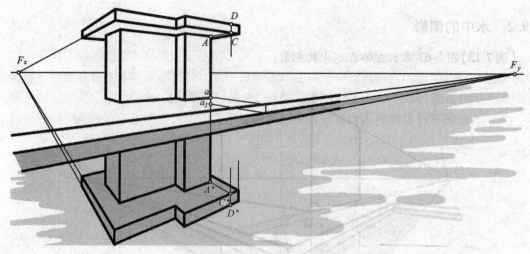

图7-64 建筑在水中的倒影

思考题

1. 试述透视图的形成。
2. 试述直线的迹点、灭点及直线的全透视。
3. 试述视线迹点法求一点和两点透视原理。
4. 试述全线相交法求两点透视。
5. 试述度量点法求一点和两点透视原理。
6. 试述网格法画鸟瞰图的画法。
7. 透视图辅助画法有哪些种类?
8. 如何画曲线和曲面的透视?
9. 如何确定站点和画面的位置?
10. 试述透视图阴影的画法。
11. 如何求透视图的倒影?

第8章 标高投影

8.1 概述

在风景园林规划设计中，构筑物是修建在地面上的，因此在风景园林工程的设计和施工中，常须画出地形图，并在图上表示工程构筑物和图解有关问题。但地面形状是复杂的，且水平尺寸比高度尺寸大得多，用正投影或轴测图都很难表达清楚。因此，人们在生产实践中总结了一种适合于表达复杂曲面的投影——标高投影。标高投影图是一种单面正投影图，多用来表达地形及复杂曲面，它是假想用一组高差相等的水平面切割地面，将所得的一系列交线（称等高线）投射在水平投影上，并用数字标出这些等高线的高程而得到的投影图（常称地形图），如图8-1所示。

用水平投影加注高度数字表示空间形体的方法称为标高投影法。所得到的单面正投影图称为**标高投影图**。标高投影在物体的水平投影上，加注其某些特征面、线以及控制点的高度数值的正投影。

如图8-2所示，其中图（b）为形体的水平投影即标高投影图，以曲线表示形体的等高线，

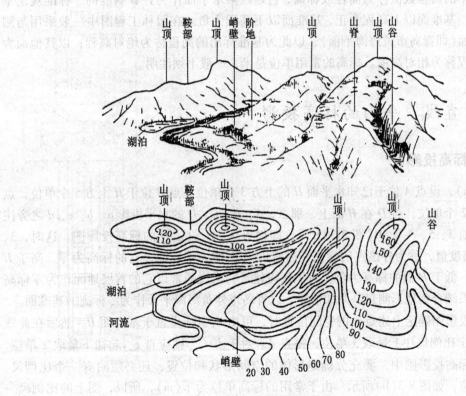

图8-1 地形图的表达

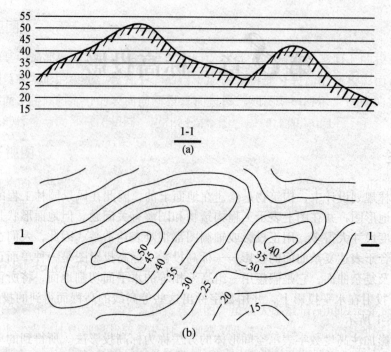

图8-2　标高投影图的形成和地形断面图

数字注出等高线的高度值，图(a)为沿"1-1"剖切的断面图。

标高投影中的高程数值称为**高程**或**标高**，它是以某水平面作为计算基准的。标准规定基准面高程为零，基准面以上高程为正，基准面以下高程为负。在园林工程图中一般采用与测量一致的基准面(即青岛市黄海海平面)，以此为基准标出的高程称为绝对高程；以其他面为基准标出的高程称为相对高程。标高的常用单位是米，一般不须注明。

8.2 点、直线、平面的标高投影

8.2.1 点的标高投影

如图8-3(a)，设点 A 位于已知水平面 H 的上方3个单位，点 B 位于 H 上方5个单位，点 C 位于 H 下方2个单位，点 D 在 H 面上，那么，A、B、C、D 的水平投影 a、b、c、d 之旁注上相应的高度值3、5、-2、0[图8-3(b)]，即得点 A、B、C、D 的标高投影图。这时，3、5、-2、0等高度值，称为各该点的标高。通常以 H 面作为基准面，它的标高为零。高于 H 面的标高为正，低于 H 面的标高为负。对于每幢建筑物来说通常以它的首层地面作为零标高的基准面。如果结合到地形测量，则如前述，以青岛市外黄海海平面作为零标高的基准面。

根据标高投影图确定上述点 A 的空间位置时，可由 a_3 引线垂直于基准面 H，然后在此线上自 a_3 起按一定比例尺往上量取3单位，得点 A。对于点 C，则应自 c_{-2} 起往下量取2单位。由此可见，在标高投影图中，要充分确定形体的空间形状和位置，还必须附有一个比例尺，并注明刻度单位，如图8-3(b)所示。由于常用的标高单位为米(m)，所以，图上的比例尺一般可略去"m"字。

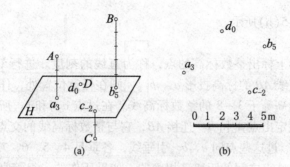

图 8-3 点的标高投影

8.2.2 直线的标高投影

8.2.2.1 直线的坡度和平距

$$坡度\ i = \frac{高差\ \Delta H}{水平投影距离\ L} = \operatorname{tg}\alpha$$

直线上任意两点间的高差与其水平投影长度之比称为直线的**坡度**，用 i 表示。直线两端点 A、B 的高差为 ΔH，其水平投影长度为 L，直线 AB 对 H 面的倾角为 α，则得：

$$平距\ l = \frac{水平投影长度\ L}{高差\ \Delta H} = \operatorname{ctg}\alpha$$

在以后作图中还常常用到平距，平距用 l 表示。直线的**平距**是指直线上两点的高度差为 1 单位时水平投影的长度数值。由此可见，平距与坡度互为倒数，它们均可反映直线对 H 面的倾斜程度如图 8-4 所示。

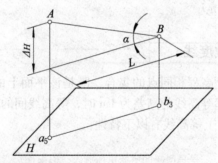

图 8-4 直线的坡度和平距

8.2.2.2 直线的表示方法

直线的空间位置可由直线上的两点或直线上的一点及直线的方向来确定，相应的直线在标高投影中也有两种表示法：如图 8-5(a)(b) 所示。

①用直线上两点的高程和直线的水平投影表示，如图 8-5(a) 所示。

②用直线上一点的高程和直线的方向来表示，直线的方向规定用坡度和箭头表示，箭头

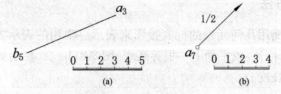

图 8-5 直线的表示方法

指向下坡方向，如图 8-5(b)所示。

8.2.2.3 直线的刻度

在直线的标高投影上标出整数标高的点，称为**直线的刻度**。进行刻度时，按图 8-6 的方法作图。例如，已知直线 AB 的标高投影 $a_{3.7}b_{7.8}$，则在任意位置处，作一组与 $a_{3.7}b_{7.8}$ 平行的等距直线，分别作为标高等于 3~8 的整数标高线。在过点 $a_{3.7}$ 和 $b_{7.8}$ 所引垂线上，结合各整数标高线，按比例插值定出点 A 和 B。连接 AB，它与整数标高线的交点Ⅳ、Ⅴ、Ⅵ、Ⅶ，就是 AB 上的整数标高点。过这些点向 $a_{3.7}b_{7.8}$ 引垂线，各垂足 4、5、6、7 就是 $a_{3.7}b_{7.8}$ 上整数标高的点。不难看出，这些点之间的距离是相等的。如果所作的一组等高线间的距离均按给定比例尺取一个单位，则可同时得到 AB 的实长和它对 H 面的倾角。

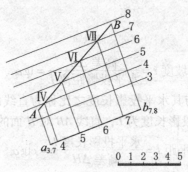

图 8-6　直线的刻度

8.3　平面的标高投影

8.3.1　平面的等高线和坡度线

平面上的等高线是平面上高程相同点的集合，既是该平面上的水平线，其也可以看成是水平面与该面的交线。当相邻等高线的高差为 1m 时，等高线间的水平距离 l 称为等高线的平距。从图 8-7 中可以看出平面上等高线有以下特性：

①等高线是直线。

②等高线相互平行。

③等高线间高差相等时，其水平间距也相等。

平面上垂直于等高线的直线就是平面上的坡度线，如图 8-7(b)所示。坡度线是平面内对 H 面的最大斜度线，其有以下特性：**平面上的坡度线与等高线的标高投影相互垂直。**平面上坡度线的坡度代表该平面的坡度，坡度线对 H 面的倾角代表平面对 H 面的倾角，坡度线的平距就是平面上等高线的平距。

8.3.2　平面的表示方法

在标高投影中，平面用几何元素的标高投影来表示。常用的表示方法是：即画出平面 P 与 H 面交线 P_H[图 8-8(a)]，或平面上一根等高线[图 8-8(b)]，然后画出与它们垂直的箭头表明下坡方向，并注明坡度。

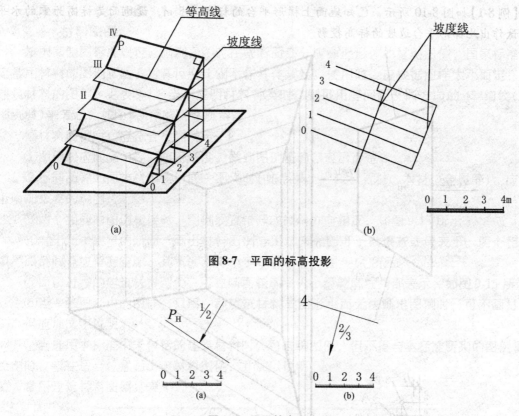

图 8-7　平面的标高投影

图 8-8　平面的表示方法

8.4　平面与平面的交线

在标高投影中，求两平面的交线时，通常采用水平面作为辅助平面。水平辅助面与两个相交平面的截交线是两条相同高程的等高线。由此可得：**两平面同高程等高线的交点就是两平面的共有点**。求出两个共有点，就可以确定两平面交线的投影，如图 8-9(a)(b)。

在实际工程中，把建筑物两坡面的交线称为坡面交线，坡面与地面的交线称为坡脚线（填方边界线）或开挖线（挖方边界线）。

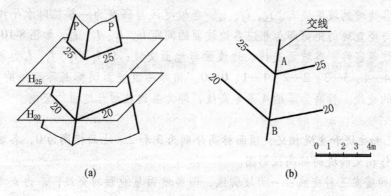

图 8-9　平面与平面的交线

【例8-1】如图8-10所示，已知地面上梯形平台的标高为5 m，设地面是标高为零的水平面，试作出此梯形平台边坡的标高投影。

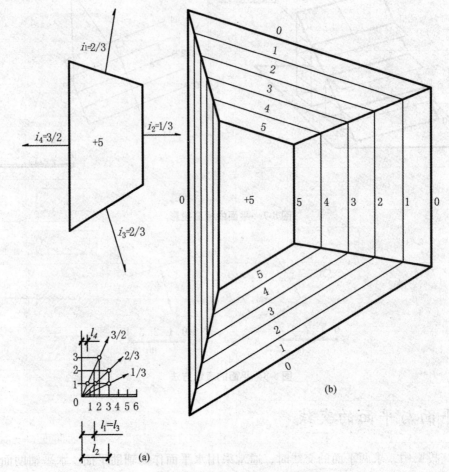

图8-10　梯形平台的标高投影

【分析】此题的关键在于求出各边坡面的间距。只要求出各边坡面的间距，就可确定各边坡的等高线、相邻边坡的交线以及各边坡与地面的交线。

【作图】①求各边坡面的间距(用图解法)：以比例尺上的单位长度作为坐标网格，在此坐标网格上绘出各边坡的坡度线 i_1、i_2、i_3、i_4，各坡度线与高度为一单位时水平线分别相交于一点，各交点与竖直轴的距离即为相应各边坡面的间距 l_1、l_2、l_3、l_4，如图8-10所示。

②作各边坡等高线、各坡面交线、边坡面与地面交线：以 l_1、l_2、l_3、l_4 为间距，作各边坡面的等高线4—4、3—3、2—2、1—1、0—0。相邻两边坡面同标高等高线的交点的连线，即为各边坡面的交线。标高为零的4条等高线，即为各边坡面与地面的交线。

【例8-2】已知主堤和支堤相交，顶面标高分别为3和2，地面标高为0，各坡面坡度如图8-11所示，试作相交两堤的标高投影图。

【分析】本题需求三种交线：一为坡脚线，即各坡面与地面的交线；二为支堤提顶与主堤边坡面的交线即 A_2B_2；三为主堤坡面与支堤坡面的交线 A_2A_0、B_2B_0，如图8-11(b)所示。

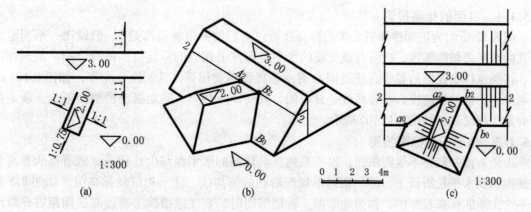

图 8-11 求主堤与支堤相交的标高投影图

【作图】如图 8-11(c)所示：

①求坡脚线：以主堤为例，说明作图方法。求出堤顶边缘到坡脚线的水平距离 $L = H/i = 3/1 = 3$，沿两侧坡面的坡度线按比例量取 3 个单位得一截点，过该点作出顶面边线的平行线，即得两侧坡面的坡脚线。同样方法作出支堤的坡脚线。

②求支堤堤顶与主堤坡面的交线：支堤堤顶标高为 2，它与主堤坡面的交线就是主堤坡面上标高为 2 的等高线中 $a_2 b_2$ 一段。

③求主堤与支堤坡面间的交线：它们的坡脚线交于 a_0 和 b_0，连 a_2、a_0 和 b_2、b_0，即得主堤与支堤坡面间的交线 $a_2 a_0$ 和 $b_2 b_0$。

④画出各坡面的示坡线。

8.5 立体的标高投影

8.5.1 曲面体

在标高投影中，通常画出立体表面(平面或曲面)的等高线、立体相邻表面的交线和立体与地面的交线等方法表示该立体。如图 8-12 所示。下面讨论曲面体的标高投影。

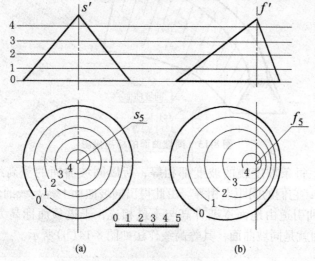

图 8-12 锥面的标高投影

8.5.1.1 锥面的标高投影

图 8-12 所示为正圆锥和斜圆锥的标高投影。它们的锥顶标高都是 5，假设用一系列整数标高的水平面切割圆锥，把所有截交线的水平投影注上相应的标高值，得圆锥的一系列等高线。正圆锥标高投影的各等高线是同心圆，等高线高差相等，其间距也相等，如图 8-12(a)所示。斜圆锥的标高投影各等高线是异心圆，其间距不相等。间距最小的锥面素线，就是锥面的最大斜度线，如图 8-12(b)所示。

8.5.1.2 地形图的标高投影

山地表面一般是不规则曲面，以一系列整数标高的水平面与山地相截，把所得的等高截交线投射到水平投影面上，得一系列不规则形状的等高线，注上相应的标高值。如图 8-1 就是一个山地的标高投影图，称为地形图。看地形图时，要注意根据等高线间的间距去想象地势的陡峭或平缓程度；根据标高的顺序来想象地势的升高或下降。

8.5.2 同坡曲面

曲面上各处的坡度相同时，各等高线的间距相同，该曲面称为**同坡曲面**。正圆锥面、弯的路堤或路堑的边坡面，都是同坡面。

如图 8-13 所示，设通过一条曲线 A_0、B_1、C_2、D_3、E_4，在右前方有一个坡度为1/2的同坡曲面，它可以看作是以曲线上多点为顶点的、坡度相同的各正圆锥面的包络面，因而同坡曲面的各等高线相切于各正圆锥面上标高相同的等高线。

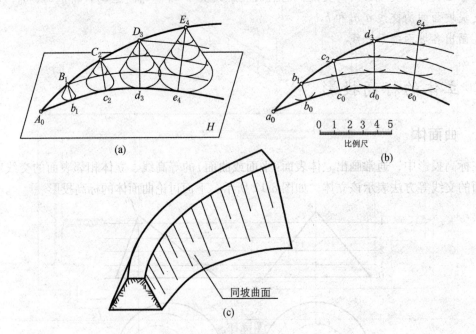

图 8-13　同坡曲面的标高投影

因为同坡曲面上每条坡度线的坡度都相等，所以同坡曲面的等高线互相平行(且为曲线)。当高差相同时，它们的间距也相等。由此得出同坡曲面上等高线的作图方法。

图 8-14 为一弯曲引道由地面逐渐升高与干道相连，干道顶面标高为 4，地面标高为 0。弯曲引道两侧的坡面就是同坡曲面，其等高线作法如图 8-14(b)所示。

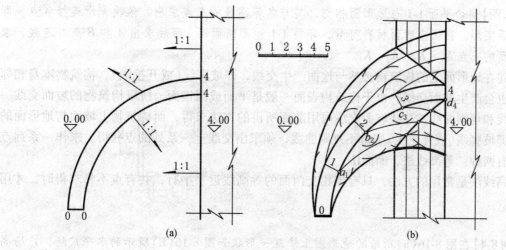

图8-14 求同坡曲面的等高线

8.6 相交问题的工程实例

地形面的标高投影是用一组地形等高线来表示的。画出这些等高线的水平投影，注明每条等高线的高程。地形面上等高线高程数字的字头按规定指向上坡方向。从图8-15中可看出地形图上的等高线有以下特性：

①等高线是封闭的不规则曲线。

②一般情况下（除悬崖、峭壁等特殊地形外），相邻等高线不相交、不重合。

③在同一张地形图中，等高线越密表示该处地面坡度越陡，等高线越稀表示该处地面坡度越缓。

【例8-3】管线两端的标高分别为21.5和23.5，求管线 AB 与地面的交点。

【分析】用一铅垂面剖切地形面，画出剖切平面与地形面的交线及材料图例，称地形断面图，如图8-15所示。

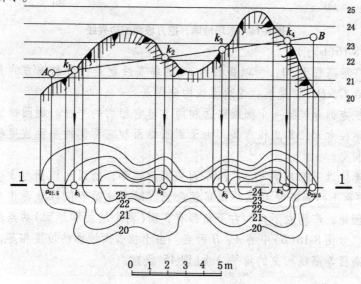

图8-15 求管线 AB 与地面的交点

【作图】剖切平面1-1与地形面相交,其与各等高线的交点求出。依次光滑连接各点,即得该断面实形,再画出断面材料符号,即得1-1地形断面图。而后求出A和B点并连线,求出与地面的交点K_1、K_2、K_3、K_4。

修建在地形面上的构筑物必然与地面产生交线,即坡脚线(或开挖线),构筑物本身相邻的坡面也会产生坡面交线。由于构筑物表面一般是平面或圆锥面,所以构筑物的坡面交线一般是直线和规则曲线,这些坡面交线可用前面所讲的方法求得,而构筑物上坡面与地形面的交线,即坡脚线(或开挖线)则是不规则曲线,须求出交线上一系列的点获得。求作一系列点的方法有两种:等高线法、断面法。

等高线法是常用的方法,只有当相交两面的等高线近乎平行,共有点不易求得时,才用断面法。

【例8-4】在图8-16(a)所给的地形图上修筑一形状如图8-16(b)所示的水平广场,广场高程为30,填方坡度为1:2,挖方坡度为1:1.5。求填、挖方坡面的边界线和各坡面间的交线。

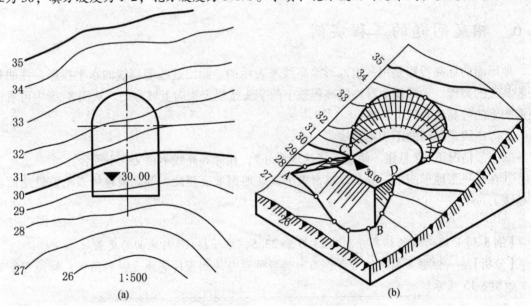

图8-16 求场地填、挖方坡面的边界线

【分析】如图8-16(b):

①因为水平广场高程为30,所以高程为30的等高线就是挖方和填方的分界线,它与水平广场边线的交点C、D,就是填、挖边界线的分界点。

②广场上边挖方部分包括一个倒圆锥面和两个与它相切的平面。倒圆锥面的等高线为一组同心圆,圆的半径愈大,其高程愈高。由于倒圆锥面和它两侧的平面坡度相同,所以它们的同高程等高线相交。

③填、挖分界线以下都是填方,广场平面轮廓为矩形,所以边坡面为3个平面,其坡度皆为1:2。填方坡面上的等高线愈往外其高程愈低。每个坡面不仅与地面相交,而且相邻两个坡面也相交。因此,广场左下角和右下角都有3面(两个坡面和地面)共点的问题,即3条交线必交于一点。如图8-16(b)中的A、B两点。由于相邻两坡面的坡度相等,故此两坡面的交线是两坡面同高程等高线相交的角平分线(即45°线)。

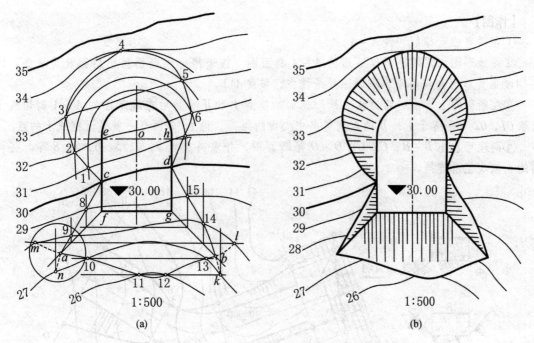

图 8-17 求填、挖方坡面的边界线和各坡面间的交线

【作图】如图 8-17 所示：

①求挖方边界线：过圆心 o 任画一坡度线，现利用 oe 的延长线自 e 点起，用挖方平距 $l=$ 1.5 截取若干等高线的定位点，过各截点画出广场北端圆弧的同心圆，即得圆锥面上的等高线 *31*、*32*、*33* 等。两侧坡面上的等高线（直线）与锥面上同高程等高线相交。作出填、挖分界线以北面与地面同高程等高线的交点 *1* 至 *7*，即边界线上的点，依次连接各点，即得挖方边界线。

②求填方边界线：首先画出两相邻坡面的交线，过广场顶角 fg 画广场边角的角平分线，即为坡面之间交线。然后作出各坡面的坡度线，在此线上按填方平距 $l=2$ 截取等分点，分别作出各坡面上的等高线 *29*、*28* 等，找出同高程等高线的交点 *8~15* 顺次连接各点，即得填方边界线。

从图 8-17（a）中左下角圆圈部分可以看出，左面坡脚线 *c–8–9–n* 与右面坡脚线 *13–12–11–10–m* 一定交于 a 点（三面共点）。am、an 已到了两坡面交线 fa 的另一侧，因此画成了虚线。图中右下角的 b 点也用同样方法求出。

【例 8-5】在地形面上修建一条道路，已知路面位置和道路填、挖方的标准断面图，试完成道路的标高投影图，如图 8-18 所示。

【分析】因该路面高程为 40m，所以地面高程高于 40m 的一端要挖方，低于 40m 的一端要填方，高程为 40 的地形等高线是填、挖方分界线。道路两侧的直线段边坡面为平面，各坡面与地面的交线均为不规则的曲线。这段交线用断面法来求作比较合适。断面法作图如下：

每隔一定距离作一个与道路中线垂直的铅垂剖切面（如图中的 *A—A*、*B—B*、*C—C*、*D—D*），用这个铅垂剖切面剖切地面与道路。地形断面轮廓与道路断面轮廓的交点就是开挖线或坡脚线上的点。

【作图】

①在适当位置作剖切线 $A-A$。

②按地形图相同的比例作地形的 $A-A$ 断面图。按道路标准断面画出路面及边坡线，因 $A-A$ 断面处地面高出路面，所以该处是挖方，坡度1:1。

③在断面图上标出道路边坡与地形剖面的交点 I 和 II。然后在地形图的 $A-A$ 剖切线上量取 01，02 分别等于 I、II 两点到道路中心线的距离，得 1，2 两点，就是开挖线上的点。

④同理可作出 $B-B$、$C-C$、$D-D$ 等断面图，并求得交点 3，4，5，6，7，8 等。将同侧的点依次光滑连接。

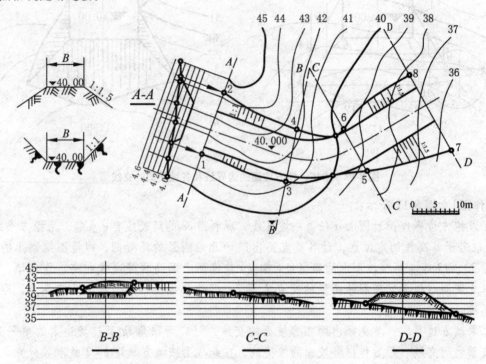

图8-18　道路的标高投影图

思考题

1. 标高投影的概念是什么?

2. 什么是直线的坡度和平距? 它们之间有什么关系?

3. 什么是平面的等高线和坡度?

4. 正圆锥面的等高线有什么特性?

5. 地形面如何表达? 如何绘出地形图和地形剖面图?

6. 什么是开挖线和坡脚线? 如何求作构筑物与水平地面的交线及坡面交线?

第 *9* 章 图样画法及尺寸标注

在实际工程中，形体的形状和结构是多种多样的。在表达它们时，使用的图样要清晰易懂，制图便捷。所谓**图样**即根据投影原理、标准及有关规定，表示工程对象、并有必要的技术说明的图。图样画法主要包括视图、剖面图和断面图及若干简化画法。为此，国家标准《房屋建筑制图统一标准（GB/T 5001—2017）》中，对表达形体的画法、图形配置和标准方法等各种表达方法作了统一的规定。

9.1 视图

将物体按正投影法向投影面投射时所得到的投影称为**视图**。因此组合体投影图通常也称作组合体视图，有关投影的方法和规律均适用于视图。欲准确、清楚地表达形体，则须采用适宜的形体表达方法，选择恰当的图样画法。

视图通常包括基本视图、局部视图、斜视图、展开视图、镜像视图等类型。

9.1.1 基本视图

本书第 2 ~ 5 章，介绍和使用了三面正投影图，即对空间几何元素分别从上向下、从前向后、从左向右进行投影而得到的投影图，也就是三视图。对于复杂的形体，还必须通过从下向上、从后向前、从右向左进行投影，才能详细了解形体的各个表面。这样对形体进行投影而得到的六个投影面，称为**基本投影面**；基本投影面上所得的视图称为形体的**基本视图**。图9-1 是形体基本视图的产生过程。

基本视图的形成配置过程如下：

①如在同一张图纸上绘制若干个视图时，各视图的位置宜按图 9-2 的顺序进行布置。

②每个视图一般均应标注图名。各视图图名的命名，主要包括平面图、立面图、剖面图或断面图、详图。同一种视图多个图的图名前加编号以示区分。平面图，以楼层编号，包括地下二层平面图、地下一层平面图、首层平面图、二层平面图等。立面图是以该图两端头的轴线号编号，剖面图或断面图以剖切号编号。详图以索引号编号。图名宜标注在视图的下方或一侧，并在图名下用粗实线绘一条横线，其长度应以图名所占长度为准，如图 9-2 所示。使用详图符号作图名时，符号下不再画线。

对于房屋建筑，由于图形较大，一般都不能将所有视图排列在一张图纸上，因此在房屋工程图中均须注明各视图的图名。如图 9-3，从一幢房屋的轴测图中可看出该房屋四个立面上门、窗及构配件的布置情况都不相同。因此，要完整地表达它的外貌，需要画出四个方向的立面图和一个屋顶平面图。此外，由于房屋建筑通常坐落在地面上，因此一般都不须画出底面图。由于图 9-3 仅表达房屋各个面的外貌，因此未画出看不见的轮廓线（虚线）。

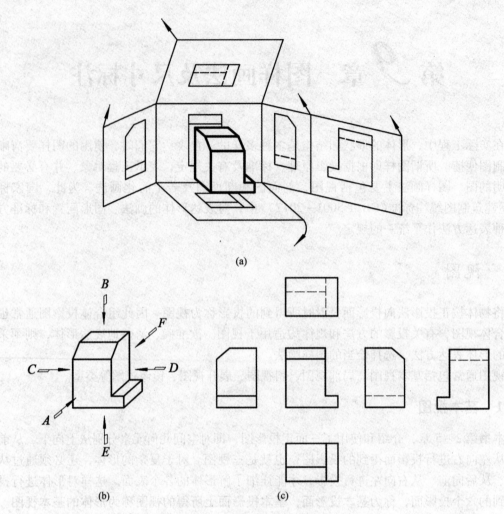

图 9-1　形体的基本视图形成

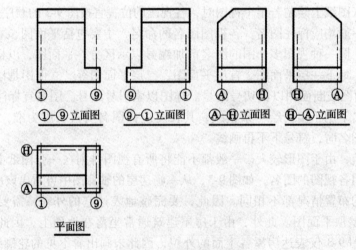

①—⑨立面图　　⑨—①立面图　　Ⓐ—Ⓗ立面图　　Ⓗ—Ⓐ立面图

平面图

图 9-2　建筑类视图配置

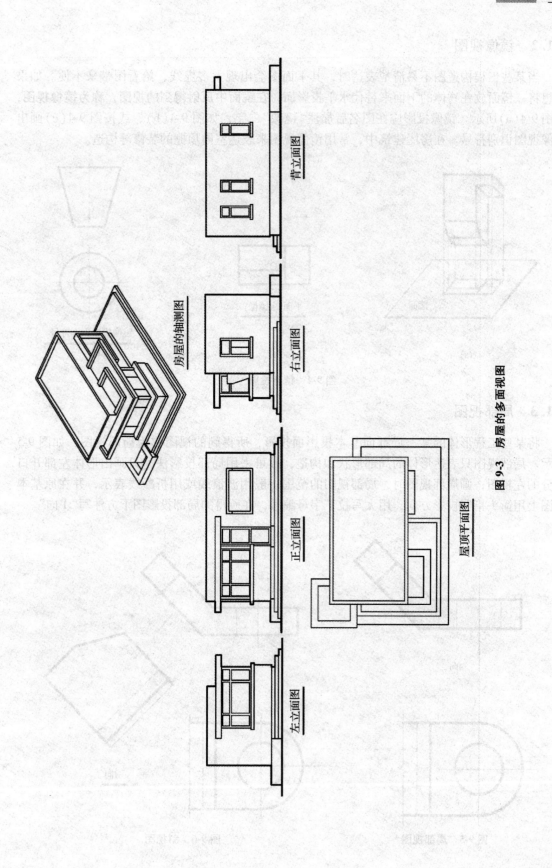

图 9-3　房屋的多面视图

9.1.2 镜像视图

当某些工程构造图不易清楚表达时,其平面图会出现太多虚线,给看图带来不便。如果假想将一镜面放在物体的下面来替代水平投影面,**在镜面中反射得到的视图,称为镜像视图**,如图9-4(a)所示。镜像投影应在图名后加注"镜像"二字,如图9-4(b),或按图9-4(c)画出镜像视图识别符号。在房屋建筑中,常用镜像视图来表达室内顶棚的装修等构造。

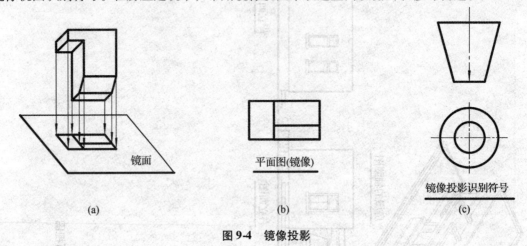

图 9-4　镜像投影

9.1.3 局部视图

将某些工程形体的某一局部向基本投影面投影,所得到的视图称为局部视图,如图9-5所示。局部视图只表达形体的局部形状和构造,故可采用局部投影法,只画出形体左部开口部分的左视图;画局部视图时,局部视图的范围一般用波浪线或用折断线表示,并在原基本视图上用箭头指明投影方向,用大写拉丁字母编号,在所得的局部投影图下方注写"A 向"。

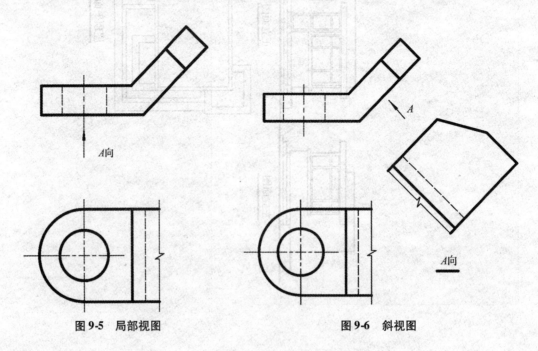

图 9-5　局部视图　　　　　图 9-6　斜视图

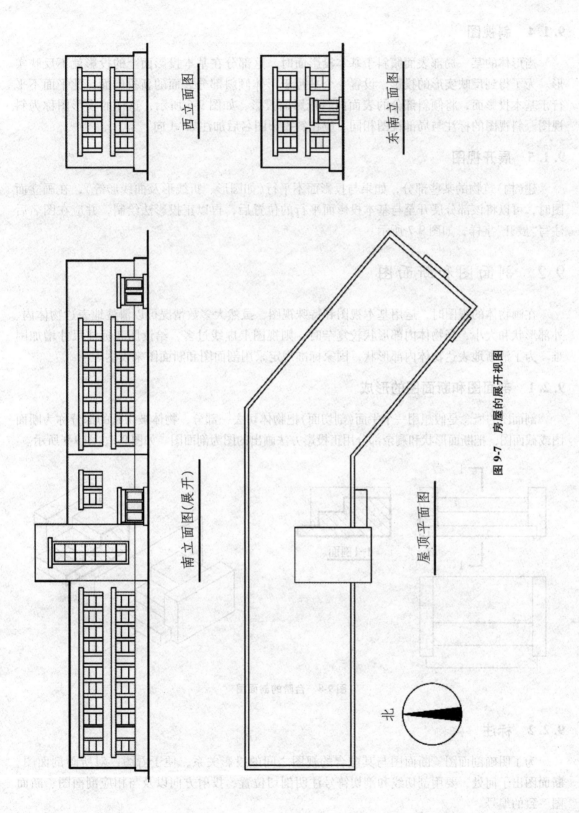

图 9-7　房屋的展开视图

9.1.4　斜视图

当形体的某一局部表面倾斜于基本投影面时,这部分在基本投影面上的投影就不反映实形。为了得到反映实形的投影,设置一个平行于形体倾斜部分表面的新投影面,此平面不平行于基本投影面,将倾斜部分的表面向新投影面投影,如图9-6所示,这样的投影图称为斜视图。斜视图的标注与局部视图相同。应在斜投影图名后加注如"A 向"。

9.1.5　展开视图

建(构)筑物的某些部分,如果与投影面不平行(如圆形、折线形及曲线形等),在画立面图时,可以将该部分展开至与基本投影面平行的位置后,再以正投影法绘制,并应在图名后注写"展开"字样,如图9-7所示。

9.2　剖面图和断面图

在画物体的视图时,运用基本视图和特殊视图,虽然大多数情况可以清楚地表达物体内、外部形状和大小,当物体内部形状较复杂时,则视图上虚线过多,给读图和标注尺寸增加困难。为了清晰地表达物体内部形状,国家标准规定采用剖面图和断面图来表达。

9.2.1　剖面图和断面图的形成

剖面图的概念是假想用一个平面(剖切面)把物体切去一部分,物体被切断的部分称为断面图或截面图,把断面形状和剩余部分用正投影方法画出的图为剖面图。如图9-8、图9-9所示。

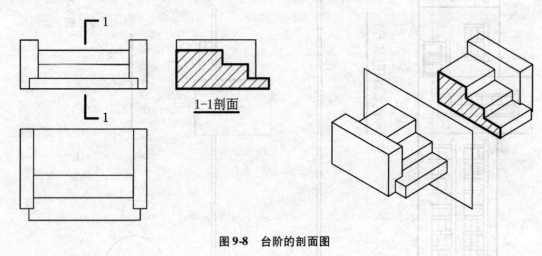

图9-8　台阶的剖面图

9.2.2　标注

为了明确剖面图、断面图与其配合的视图之间的投影关系,便于看图,对所画剖面图、断面图出于何处,要用剖切线和剖切符号注明剖切位置、投射方向以及与相应剖面图、断面图一致的编号。

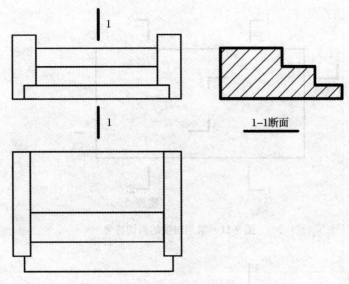

图 9-9 台阶的断面图

9.2.2.1 剖切符号

剖切符号宜优先选择国际通用方法表示，如图 9-10，也可采用常用方法表示（图 9-11），同一套图纸选用一种表示方法。

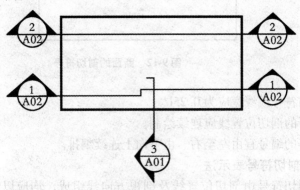

图 9-10 国际通用剖视的剖切符号

9.2.2.2 剖切符号标注

剖切符号标注的位置应符合下列规定：

①建（构）筑物剖面图的剖切符号应注在 ±0.000 标高的平面图或首层平面图上；

②局部剖切图（不含首层）、断面图的剖切符号应注在包含剖切部位的最下面一层的平面图上。

9.2.2.3 国际通用剖视表示法

采用国际通用剖视表示方法时，剖面及断面的剖切符号应符合：

①剖面剖切索引符号应由直径为 8～10mm 圆和水平直径以及两条相互垂直且外切圆的线段组成，水平直径上方应为编号，下方应为图纸编号，线段与圆之间应填充黑色并形成箭头表示剖视方向，索引符号应位于两端，断面及剖视详图剖切符号的索引符号应位于平面图外侧一端，另一端为剖视方向线，长度宜为 7～9mm，宽度宜为 2mm。如图 9-10 所示。

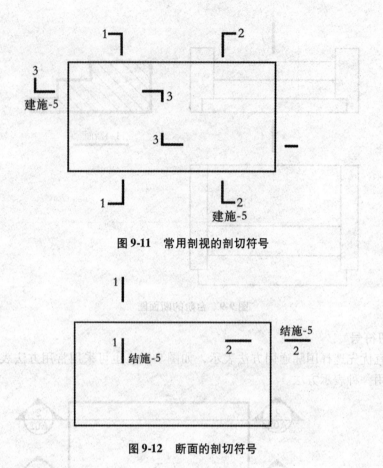

图 9-11　常用剖视的剖切符号

图 9-12　断面的剖切符号

②剖切线与符号线线宽应为 0.25b。

③需要转折的剖切位置线应连续绘制。

④剖切符号的编号宜由左至右、由下向上连续编排。

9.2.2.4　常用剖切符号表示法

剖面图的剖切符号由剖切位置线及剖视方向线组成，均应以粗实线绘制，线宽宜为 b。剖面的剖切符号应符合下列规定：

①剖切位置线的长度宜为 6~10mm；剖视方向线应垂直于剖切位置线，长度应短于剖切位置线，宜为 4~6mm。绘制时剖切符号不应与其他图线相接触。

②剖视剖切符号的编号应采用粗阿拉伯数字，按剖切顺序由左至右、由下向上连续编排，并应注写在剖视方向线的端部。如图 9-11 所示。

③需要转折的剖切位置线，应在转角的外侧加注与该符号相同的编号。

④断面的剖切符号应仅用剖切位置线表示，长度 6~10mm，其编号应注写在剖切位置线的一侧，编号所在的一侧应为该断面的剖视方向，其余同剖面的剖切符号。如图 9-12 所示。

⑤当与被剖切图样不在同一张图内，应在剖切位置线的另一侧注明其所在图纸的编号，也可在图上集中说明。

9.2.2.5　剖面图、断面图名称

剖面图、断面图的名称应与其相应的剖切符号编号一致，通常采用阿拉伯数字。剖面图、断面图的名称表示为"1-1 剖面图"，注写在所画剖面图、断面图的下方，并在图名下画一段

相应长度的粗实线，如图 9-8 和图 9-9 所示。

9.2.2.6　材料图例

按国家制图标准规定，画剖面图时在截断面部分应画上形体的材料图例，国家标准只规定常用材料的图例画法，对其尺度比例不作具体规定。使用时，应根据图样大小而定，常用建筑材料的图例，见表 9-1。当不注明材料种类时，则可用等间距、同方向的 45°细线（称为图例线）来表示，如图 9-8 和图 9-9 所示。

画材料图例时，应符合下列规定：

①图例线应间隔匀称，疏密适度，做到图例正确、表示清楚。

②不同品种的同类材料使用同一图例时（如混凝土、砖、石材、木材、金属等），应在图上附加必要的说明。

③两个相同的图例相接时，图例线宜错开或倾斜方向相反，如图 9-13 所示。

④对于图中狭窄的断面，画出材料图例有困难时，则可予以填灰或黑表示。两个相邻的填黑图例间，应留有空隙，其宽度不得小于 0.5mm，如图 9-14 所示。

⑤面积过大的建筑材料图例，可在断面轮廓线内，沿轮廓线局部表示，如图 9-15 所示。

⑥当一张图纸内的图样，只用一种建筑材料或图形小而无法画出图例时，可不画材料图例。但应加文字说明。

⑦当选用本标准中未包括的建筑材料时，可自编图例，但不得与本标准所列的图例重复。绘制时，应在适当位置画出该材料图例，并加以说明。

常用建筑材料图例见表 9-1。

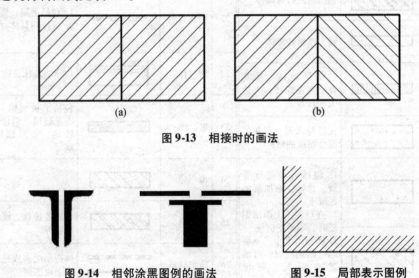

图 9-13　相接时的画法

图 9-14　相邻涂黑图例的画法　　　图 9-15　局部表示图例

9.2.3　图线

①剖面图和断面图中一般不画虚线，只有当缺此虚线就不能正确反映物体特征时，才画出个别虚线。

②被剖切面切到部分的断面轮廓线用 $0.7b$ 实线绘制。

③剖切面没有切到，但沿投射方向可以看见的部分，用 $0.5b$ 线宽的实线绘制。

表 9-1　常用建筑材料图例

序号	名称	图例	备注	序号	名称	图例	备注
1	自然土壤		包括各种自然土壤	15	纤维材料		包括矿棉、岩棉、玻璃棉、麻丝、木丝板、纤维板等
2	夯实土壤			16	泡沫塑料材料	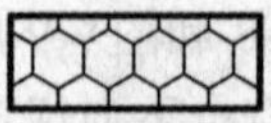	包括聚苯乙烯、聚乙烯、聚氨酯等多孔聚合物类材料
3	砂、灰土	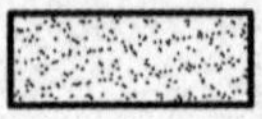	靠近轮廓线绘制较密的点	17	木材		1. 上图为横断面，左上图为垫木、木砖或木龙骨 2. 下图为纵断面
4	砂砾石、碎砖三合土			18	胶合板		应注明为×层胶合板
5	石材	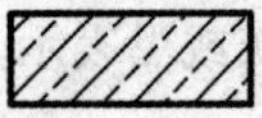		19	石膏板		包括圆孔、方孔石膏板、防水石膏板等
6	毛石			20	金属		1. 包括各种金属 2. 图形小时，可填黑或深灰（灰度宜70%）
7	实心砖多孔砖	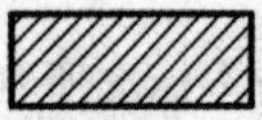	包括普通砖、混凝土砖等砌体	21	网状材料		1. 包括金属、塑料网状材料 2. 应注明具体材料名称
8	耐火砖	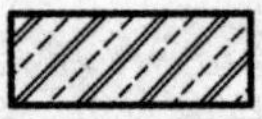	包括耐酸砖等砌体	22	液体		应注明具体液体名称
9	空心砖		指非承重砖砌体	23	玻璃		包括平板玻璃、磨砂玻璃、夹丝玻璃、钢化玻璃、中空玻璃、夹层玻璃、镀膜玻璃等
10	饰面砖		包括铺地砖、马赛克、陶瓷锦砖、人造大理石等	24	橡胶		
11	焦渣、矿渣	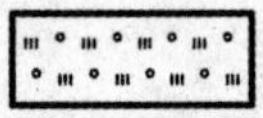	包括与水泥、石灰等混合而成的材料	25	塑料		包括各种软、硬塑料及有机玻璃等
12	混凝土		1. 包括各种强度等级、骨料、添加剂的混凝土 2. 在剖面图上画出钢筋时，不画图例线 3. 断面图形小，不易画出图例线时，可填黑或深灰（灰度宜70%）	26	防水材料		构造层次多或比例大时，采用上面图例
13	钢筋混凝土			27	粉刷		本图例采用较稀的点
14	多孔材料		包括水泥珍珠岩、沥青珍珠岩、泡沫混凝土、非承重加气混凝土、软木、蛭石制品等	28	加气混凝土		包括加气混凝土砌块砌体、加气混凝土墙板及加气混凝土材料制品等

注：1. 本表中所列图例通常在1:50及以上比例中绘制表达。
2. 如需表达砖、砌块等砌体墙的承重情况时，可通过在原有建筑材料图例上增加填灰等方式进行区分，灰度宜为25%左右。
3. 序号1，2，5，7，8，13，14，18，24，25图例中的斜线、短斜线、交叉线等一律为45°。

④断面图则只需(用0.7b 线宽的实线)画出剖切面切到部分的图形。

9.2.4　剖面图的类型

根据剖切范围的不同，剖面图有全剖面图、半剖面图。

9.2.4.1　全剖面图

沿剖切面把形体全部剖开后，画出的剖面图称为全剖面图(用一个剖切图去剖)。全剖面图往往用于表达外形不对称的建筑形体和风景园林专业图，如图9-6 所示。

图9-7 平面图是由一个水平的剖切面假想沿窗台上方将房屋切开后，移去上面部分，再向下投影而得到的示意图所示。这个平面图实际上是一个全剖面图，但在房屋图中习惯上称为平面图，因其剖切面总是在窗台上方，故在正立面图中也不标注剖切符号。平面图能清楚地表达房屋内部各房间的分隔情况、墙身厚度以及门窗(按规定的建筑图例画出)的数量、位置和大小。

在图9-18 中，1-1 剖面也是一个全剖面图，是假想用一个平行于左侧立投影面的剖切平面将房屋切开，移去房屋的右面部分，再从右向左投影而得。1-1 剖面清楚地表达了屋顶、门窗、台阶的高度和形状。1-1 剖切线标注在平面图上。

在剖面图中剖切平面剖到的砖墙和构件部分，要画出表示建筑材料的图例。当图形比较小时，也可省略不画。但都要把剖到的砖墙和构件轮廓线画成粗实线，以区别没有剖到的可见轮廓线，如图9-16 的1-1 剖面图、2-2 剖面图所示。

9.2.4.2　阶梯剖面图(两个或两个平行的剖切面剖切)

如果一个剖切平面不能将形体上需要表达的内部构造一齐剖开时，可以将剖切平面转折成图9-18 两个互相平行的平面，将形体沿着需要表达的地方剖开，然后画出剖面图，称为阶梯剖面图。图9-8 所示的房屋，如果只用一个平行于 V 面的剖切平面，则无法同时剖切右侧入口处的台阶、大门、雨篷，这时可将剖切平面转折一次，就能将这两者同时剖开，见2-2 剖面图所示。

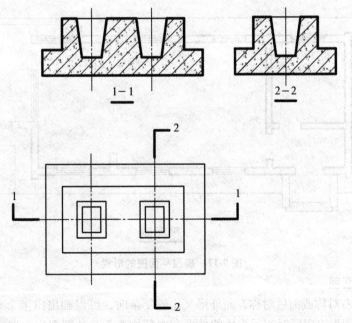

图 9-16　全剖面图

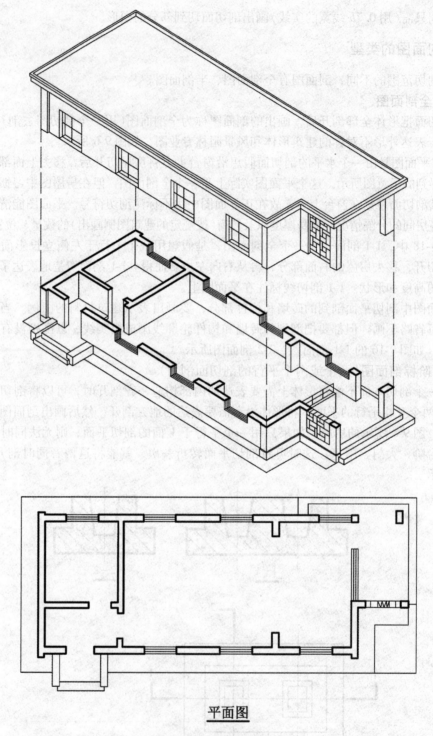

平面图

图 9-17　房屋平面图的形成

9.2.4.3　半剖面图

　　当形体是左右对称或前后对称，而外形又比较复杂时，可以画出由半个外形正投影图和半个剖面图拼成的图形，以同时表示形体的外形和内部构造。这种剖面称为半剖面，如图 9-19 所示的正锥壳基础，半部分为剖面图规定**对称符号**为分界线。**对称符号由对称线和两端的两平行**

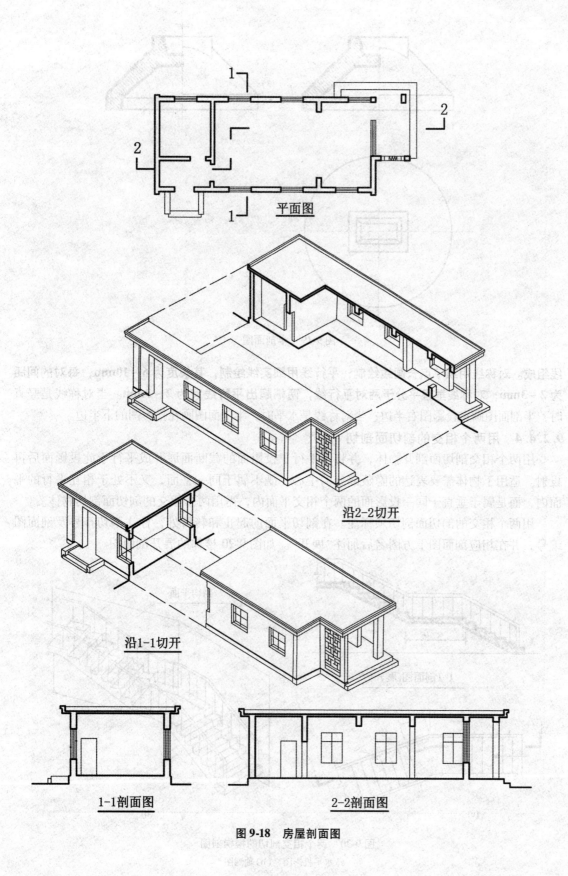

平面图

沿2-2切开

沿1-1切开

1-1剖面图

2-2剖面图

图 9-18　房屋剖面图

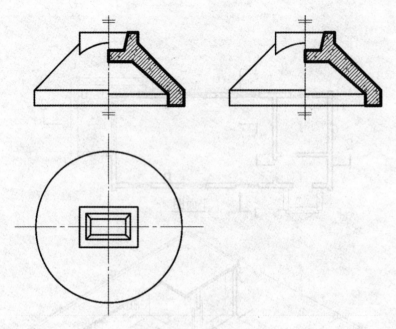

图 9-19　半剖面图

线组成。对称线用细单点长画线绘制；平行线用细实线绘制，其长度为 6~10mm，每对的间距为 2~3mm；对称线垂直平分于两对平行线，两端超出平行线宜为 2~3mm。当对称线是竖直时，半剖面图画在投影图右半边；当对称线是水平时，半剖面图画在投影图的下半边。

9.2.4.4　用两个相交的剖切面剖切

用两个相交剖切面剖开物体，并将不平行于投影面的截断面展开成平行于此投影面后再投射。适用于物体需要表达的隐蔽部分的中心，既不属于同一平面，又不处于相互平行的平面内，而是属于垂直于同一投影面的两个相交平面内，需用两个相交的剖切面剖切物体。

用两个相交的剖切面剖切须标注。在剖切平面的起止和转折处，标注剖切符号及剖面图编号，并在相应剖面图下方图名后加注"展开"。如图 9-20 楼梯的展开剖面图。

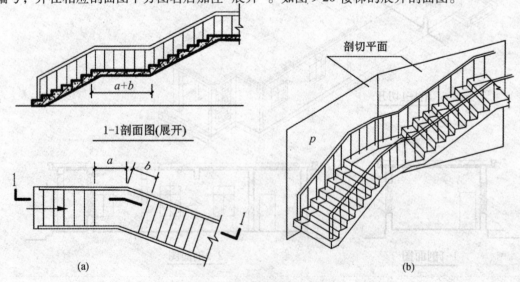

图 9-20　两个相交剖切的楼梯剖图
(a)水平投影图　(b)轴测图

9.2.4.5 分层剖面图

在多层构造中，常常采用分层局部剖面图，如图 9-21 所示，按层次用波浪线将各层隔开，波浪线不与任何线重合。

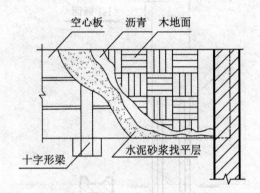

图 9-21　分层剖切的剖面图

9.2.5　画剖面图注意事项

①剖切面位置的选择，除应经过形体需要剖切的位置外，应尽可能平行于基本投影面，或将倾斜剖切面旋转到平行于基本投影面上，此时应在该剖面图的图名后加注"（展开）"两字，并把剖切符号标注在与剖切面相对应的其他视图上。

②因为剖切是假想的，因此除剖面图外，其余视图仍应按完整形来画。若一个形体需用几个剖面图来表示时，各剖面图选用的剖切面互不影响，各次剖切都是按完整形体进行的。

③剖面图中已表达清楚的形体内部形状，在其他视图中投影为虚线时，一般不必画出；对没有表示清楚的内部形状，仍应画出必要的虚线。

④剖面图一般都要标注剖切符号，但当剖切平面通过形体的对称平面，且剖面图又处于基本视图的位置时，可以省略标注剖面剖切符号（图 9-19）。

9.2.6　断面图的画法

9.2.6.1　移出断面图

杆件的断面可绘制在靠近杆件的一侧或端部处，并按顺序依次排列，如图 9-22 所示。位于视图之外的断面图，称为移出断面图。

图 9-22 为移出断面，断面部分用钢筋混凝土材料的图例表示。

9.2.6.2　中断断面图

直接画在杆件断开处的断面图，称为中断断面图，如图 9-23 所示，这种画法适用于表示较长而只有单一断面的杆件及型钢。这样的断面图可不加任何说明。

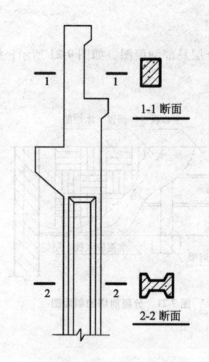

图 9-22　移出断面图

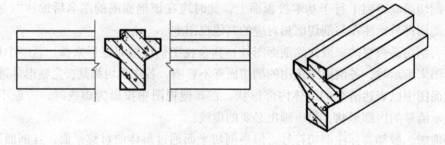

图 9-23　断面图画在构件中断处

9.2.6.3　重合断面图

直接画在视图轮廓线内的断面图，称为重合断面图。重合断面图的图形旋转 90°与本视图重合后，画在视图内，可以不加任何标注，只须在断面图的轮廓线之内沿轮廓线边缘画出剖面线，如图 9-24 表示墙面装饰线脚的重合断面图。当画出的断面尺度较小时，可将断面图涂黑以替代材料图例，如图 9-25 结构梁板布置图。

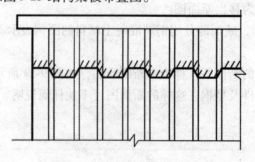

图 9-24　断面图画在布置图上

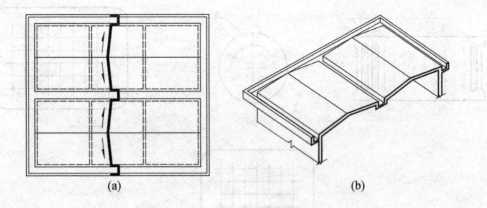

(a)   (b)

图 9-25 断面图画在视图上

9.3 简化画法

为了节省绘图时间，或由于绘图位置不够，建筑制图国家标准允许在必要时可以采用下列的简化画法。

9.3.1 对称图形的简化画法

构配件的视图有一条对称线，可只画该视图的一半；视图有两条对称线，可只画该视图的 1/4，并画出对称符号，如图 9-26(a)(b)。图形也可稍超出其对称线，此时可不画对称符号，如图 9-26(c)。

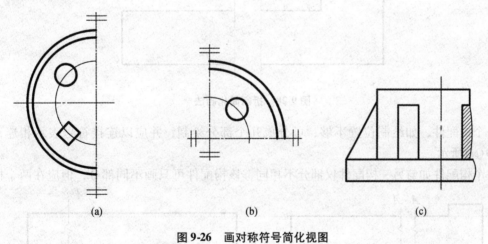

(a)   (b)   (c)

图 9-26 画对称符号简化视图

对称的形体须画剖面图或断面图时，可以对称符号为界，一半画视图(外形图)，一半画剖面图或断面图，如图 9-19 所示。

9.3.2 相同要素简化画法

构配件内多个完全相同而连续排列的构造要素，可仅在两端或适当位置画出其完整形状，其余部分以中心线或中心线交点表示如图 9-27(a)所示。

如相同构造要素少于中心线交点，则其余部分应在相同构造要素位置的中心线交点处用小圆点表示，如图 9-27(b)所示。

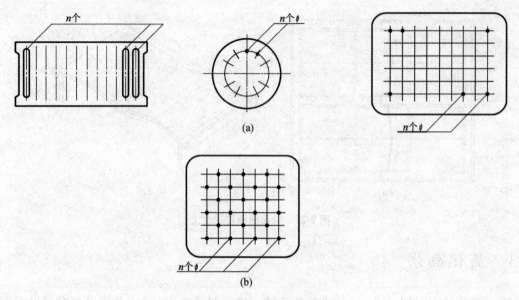

图 9-27 相同要素简化画法

9.3.3 折断简化画法

较长的构件，当沿长度方向的形状相同或按一定规律变化，可断开省略绘制，断开处应以折断线表示，如图 9-28 所示。

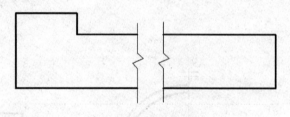

图 9-28 折断简化画法

一个构配件，如绘制位置不够，可分成几个部分绘制，并应以连接符号表示相连，如图 9-29(a)所示。

一个构配件如与另一构配件仅部分不相同，该构配件可只画不同部分，但应在两个构配

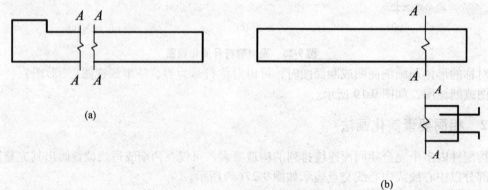

图 9-29 连接符号的简化画法

件的相同部分与不同部分的分界线处，分别绘制连接符号，注大写英文字母表示连接编号，两个被连接的图样应用相同的字母编号，如图9-29(b)所示。

9.4　轴测图和透视图

9.4.1　轴测图

①房屋建筑轴测图宜采用正等测轴测图。

②轴测图的可见轮廓线宜采用$0.5b$线宽的中实线绘制，断面轮廓线宜采用$0.7b$线宽的实线绘制，不可见轮廓线可不绘出，必要时，可用$0.25b$细虚线绘出所需部分。

轴测图的断面应画出其材料图例线，图例线应按其断面所在坐标面的轴测方向绘制。如用45°斜线为材料图例线时应按图的规定绘制，如图9-30所示。

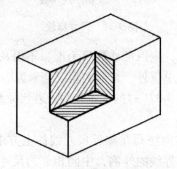

图9-30　轴测图断面图例线画法

9.4.2　透视图

①房屋建筑设计中的效果图宜采用透视图。

②透视图中的可见轮廓宜用$0.5b$线宽的实线绘制，不可见轮廓线不绘出，必要时，可用$0.25b$线宽的虚线绘出所需部分。

9.5　尺寸标注

在工程图中，图样仅表示物体的形状，而物体的真实大小则由图样上所标注的实际尺寸来确定。

9.5.1　尺寸组成

一个完整的尺寸一般应包括尺寸线、尺寸界线、尺寸起止符号和尺寸数字组成，如图9-31所示。

9.5.1.1　尺寸标注方法

①**尺寸线**　表示尺寸方向的线，应用细实线绘制，应与被注长度平行，两端宜以尺寸界线为边界，也可超出尺寸界线$2\sim3mm$。图样本身的任何图线均不得用作尺寸线。

②**尺寸界线**　是标注尺寸的起止点，应用细实线绘制，应与被注长度垂直，其一端应离开图样轮廓线不小于2mm，另一端宜超出尺寸线$2\sim3mm$。图样轮廓线可用作尺寸界线，如

图9-31(b)所示。

③尺寸起止符号 用中粗斜短线绘制，其倾斜方向应与尺寸界线成顺时针45°角，长度宜为2～3mm。半径、直径、角度与弧长的尺寸起止符号，宜用箭头表示，如图9-31(c)。尺寸起止符号箭头应画在尺寸线两端。轴测图中用小圆点表示尺寸起止符号，小圆点直径1mm，如图9-51(见9.6组合体和轴测图尺寸标注)。

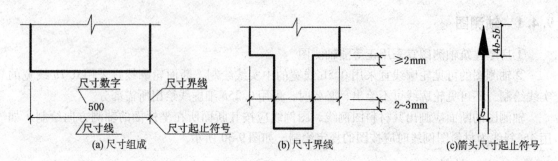

图9-31 尺寸标注

④尺寸数字 图样上的尺寸，应以尺寸数字为准，不得从图上直接量取。图样上的尺寸单位，除标高及总平面图以米为单位外，其他必须以毫米为单位。

⑤尺寸数字的方向 应按图9-32(a)的规定注写。若尺寸数字在30°斜线区内，也可按图9-32(b)的形式注写。

⑥尺寸数字一般应依据其方向注写在靠近尺寸线的上方中部。如没有足够的注写位置，最外边的尺寸数字可注写在尺寸界线的外侧，中间相邻的尺寸数字可上下错开注写，也可用引出线表示尺寸的位置，如图9-32(c)所示。尺寸数字水平方向的字头朝上，垂直方向的字头朝左。

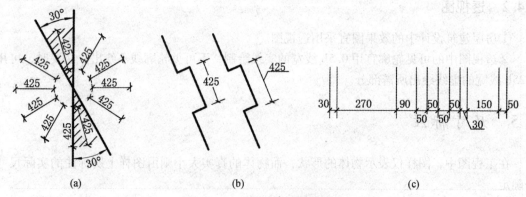

图9-32 尺寸数字的位置和方向标注

9.5.1.2 尺寸的排列与布置

①尺寸宜标注在图样轮廓以外，不宜与图线、文字及符号等相交，如图9-33。

②尺寸标注的排列 如图9-34所示。互相平行的尺寸线，应从被注写的图样轮廓线由近向远整齐排列，较小尺寸应离轮廓线较近，较大尺寸应离轮廓线较远。

③图样轮廓线以外的尺寸界线，距图样最外轮廓之间的距离，不宜小于10mm。平行排列的尺寸线的间距，宜为7～10mm，并应保持一致。

④总尺寸的尺寸界线应靠近所指部位，中间的分尺寸的尺寸界线可稍短，但其长度应相等。

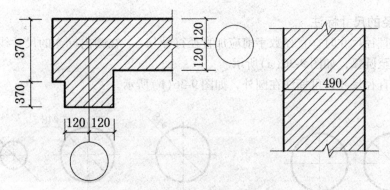

图 9-33 尺寸数字的注写

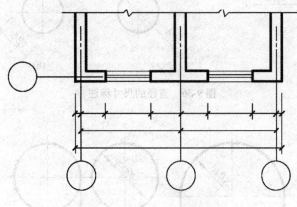

图 9-34 尺寸标注的排列

9.5.2 半径、直径、球的尺寸标注

9.5.2.1 半径的尺寸标注

半径的尺寸线应一端从圆心开始，另一端画箭头指向圆弧。半径数字前应加注半径符号"R"，如图 9-35(a)所示。

较小圆弧的半径，可按图 9-35(b)形式标注；较大圆弧的半径，可按图 9-35(c)形式标注。

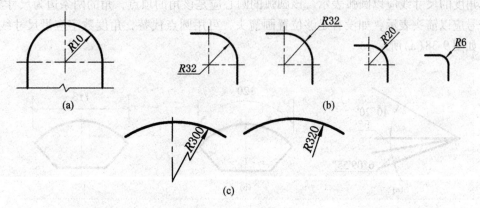

图 9-35 半径的尺寸标注

9.5.2.2 直径的尺寸标注

标注圆的直径尺寸时，直径数字前应加直径符号"φ"。在圆内标注的尺寸线应通过圆心，两端画箭头指至圆弧，如图9-36(a)所示。

较小圆的直径尺寸，可标注在圆外，如图9-36(b)所示。

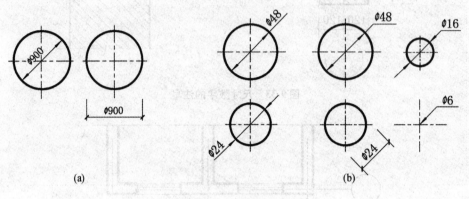

图9-36　直径的尺寸标注

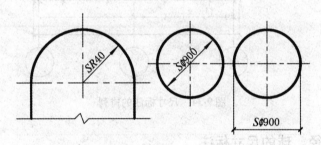

图9-37　球的尺寸标注

9.5.2.3 球的尺寸标注

标注球的半径尺寸时，应在尺寸前加注符号"SR"。标注球的直径尺寸时，应在尺寸数字前加注符号"Sφ"。注写方法与圆弧半径和圆直径的尺寸标注方法相同，如图9-37所示。

9.5.2.4 角度、弧长、弦长的标注

①角度的尺寸线应以圆弧表示。该圆弧的圆心应是该角的顶点，角的两条边为尺寸界线。起止符号应以箭头表示，如没有足够位置画箭头，可用圆点代替，角度数字应沿尺寸线方向注写，如图9-38(a)所示。

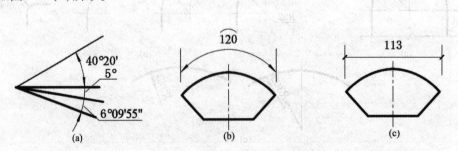

图9-38　角度、弧长、弦长的标注

②标注圆弧的弧长时，尺寸线应以与该圆弧同心的圆弧线表示，尺寸界线应垂直于该圆弧的弦，起止符号用箭头表示，弧长数字上方应加注圆弧符号"⌒"，如图9-38(b)所示。

③标注圆弧的弦长时，尺寸线应以平行于该弦的直线表示，尺寸界线应垂直于该弦，起止符号用中粗斜短线表示，如图9-38(c)所示。

9.5.2.5 薄板厚度、正方形、坡度、非圆曲线等尺寸标注

①在薄板板面标注板厚尺寸时，应在厚度数字前加厚度符号"t"，如图9-39所示。

②标注正方形的尺寸，可用"边长×边长"的形式，也可在边长数字前加正方形符号"□"，如图9-40所示。

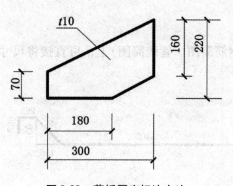

图9-39 薄板厚度标注方法

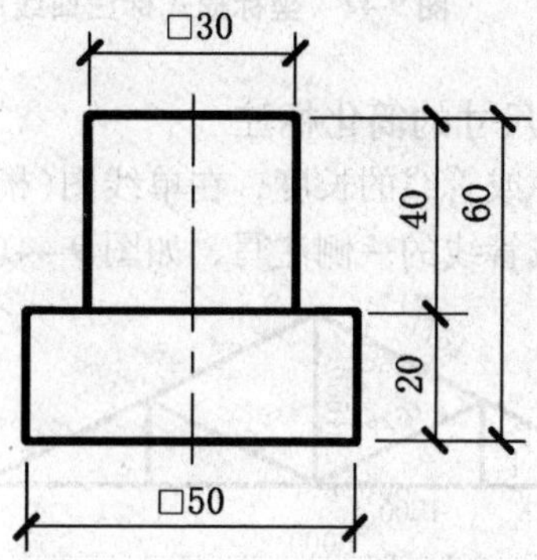

图9-40 标注正方形尺寸

③标注坡度时，应加注坡度符号"←"或"←"。如图9-41(a)(b)所示，箭头应指向下坡方向，如图9-41(c)(d)。坡度也可用直角三角形形式标注，如图9-41(e)(f)所示。

④外形为非圆曲线的构件，可用坐标形式标注尺寸，如图9-42所示。

⑤复杂的图形，可用网格形式标注尺寸，如图9-43所示。

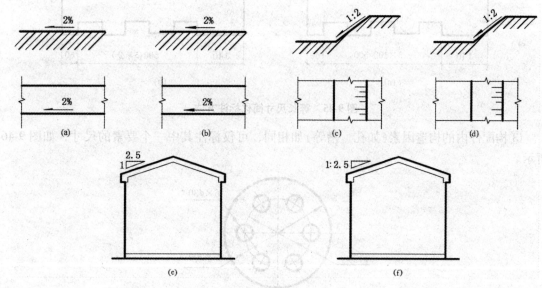

图9-41 坡度标注方法

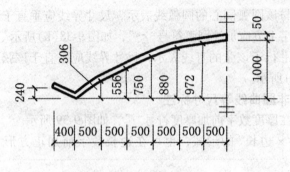

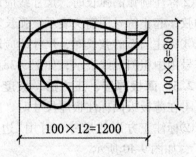

图 9-42　坐标形式标注曲线尺寸　　　　图 9-43　网格形式标注曲线尺寸

9.5.2.6　尺寸的简化标注

①杆件或管线的长度，在单线图(桁架简图、钢筋简图、管线简图)上，可直接将尺寸数字沿杆件或管线的一侧注写，如图9-44(a)(b)所示。

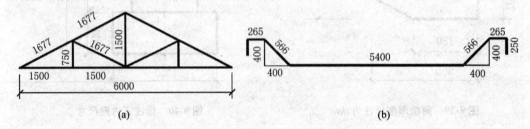

图 9-44　单线图尺寸标注方法

②连续排列的等长尺寸，可用"等长尺寸 × 个数 = 总长"的形式标注，如图 9-45(a)(b)所示。

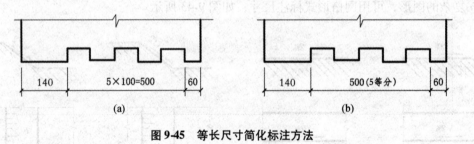

图 9-45　等长尺寸简化标注方法

③构配件内的构造因素(如孔、槽等)如相同，可仅标注其中一个要素的尺寸，如图 9-46所示。

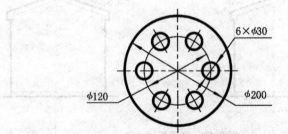

图 9-46　相同要素尺寸标注方法

④对称构配件采用对称省略画法时，该对称构配件的尺寸线应略超过对称符号，仅在尺寸线的一端画尺寸起止符号，尺寸数字应按整体全尺寸注写，其注写位置宜与对称符号对齐，如图 9-47 所示。

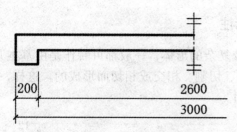

图 9-47　对称构配件尺寸标注方法

⑤两个构配件，如个别尺寸数字不同，可在同一图样中将其中一个构配件的不同尺寸数字注写在括号内，该构配件的名称也应注写在相应的括号内，如图 9-48 所示。

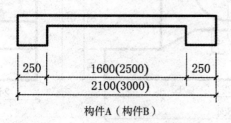

构件A（构件B）

图 9-48　相似构件尺寸标注方法

⑥数个构配件，如仅某些尺寸不同，这些有变化的尺寸数字，可用拉丁字母注写在同一图样中，另列表格写明其具体尺寸，如图 9-49 所示。

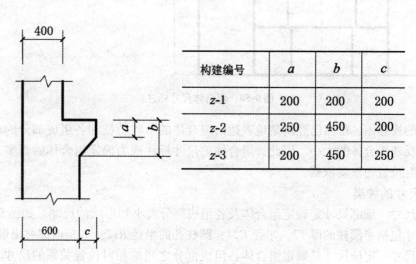

构建编号	a	b	c
z-1	200	200	200
z-2	250	450	200
z-3	200	450	250

图 9-49　相似构件尺寸表格式标注方法

9.6　组合体和轴测图的尺寸标注

9.6.1　组合体的尺寸标注

工程建设中的一些比较复杂的形体，一般都可看作是由基本几何体(如棱柱、棱锥、圆柱、圆锥及球等)通过叠加、切割、相交或相切而形成的。这样，形成了组合体。如图9-50所示的组合体的三面投影图。

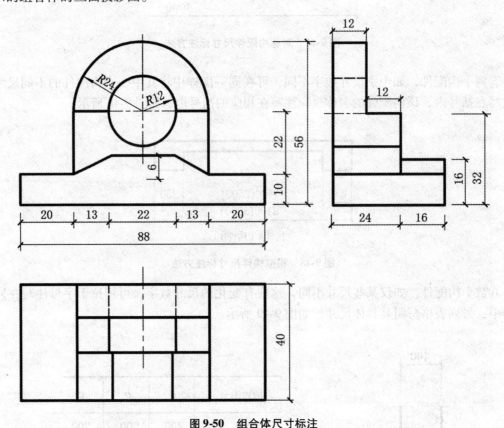

图 9-50　组合体尺寸标注

组合体的投影图，虽然已经清楚地表达出组合体的形状特征和各组成部分的相对位置关系，但不能反映组合体的大小。因此，组合体的尺寸标注成为确定组合体的真实大小及各组成部分的相对位置的重要依据。

9.6.1.1　尺寸的种类

①**细部尺寸**　细部尺寸是确定组合体及各组成部分大小和形状的尺寸。如图9-50中组合体的细部尺寸包括半圆柱的厚12、半径 R24；圆柱孔的半径 R12；底板前部突出形体16等。

②**定位尺寸**　定位尺寸是确定组合体各组成部分之间的相对位置关系的尺寸。如图9-50中确定圆柱孔轴线高度的32，确定底板左右各突出形体的20等。有些定位尺寸如22、20等，也可作为细部尺寸使用。

③**总尺寸**　总尺寸是确定组合体总长、总宽、总高的尺寸。如图9-50中的88是总长尺寸，40是总宽尺寸，56是总高尺寸。

9.6.1.2　尺寸的配置要求

确定了应该标注的尺寸之后，还要考虑尺寸如何配置，才能达到清晰、整齐的要求。除遵照国家标准的有关规定之外，还要注意以下几方面。

①尺寸标注要齐全，不得遗漏。

②同一基本形体的细部尺寸、定位尺寸，应尽量注写在反映该形体特征的投影图中，并把长、宽、高三个方向的细部尺寸、定位尺寸、总尺寸组合起来，排成几行（一般最多不超过3行）。

③标注定位尺寸时，对圆形要定圆心的位置，多边形要定边的位置。如图9-50中的32是定半圆柱孔的轴线位置，2个20是定底板左右突出形体的位置。

④尺寸尽量注写在图形轮廓线之外，但某些细部尺寸可注写在图形之内。两投影图相关的尺寸，应尽量注写在两投影图之间，以便于阅读。

⑤每一方向的细部尺寸的总和应等于该方向的总尺寸。

9.6.1.3　尺寸标注的步骤

①标注各个基本形体的细部尺寸　如图9-51、图9-52所示，首先标注中柱的细部尺寸：长度方向26，宽度方向20，高度方向65；再标注左、右两肋板的细部尺寸：圆柱面半径$R16$，高度方向22、20，长度方向15、22，宽度方向12；然后标注前、后两四棱柱的细部尺寸，高度方向15，长度方向12，宽度方向31。

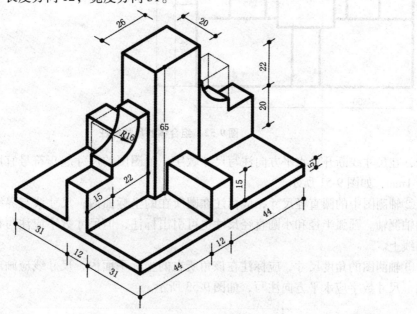

图9-51　组合体轴测图尺寸标注

②标注定位尺寸　由于该组合体是左、右对称，前、后对称的形体，所以中柱的定位尺寸是50和37，左右两肋板上的1/4圆柱面的圆心的定位尺寸是42和22。

③标注总尺寸　组合体的总长和总宽即为底板的长度100与宽度74，总高尺寸为70。

9.6.2　轴测图的尺寸标注

①轴测图线性尺寸标注在各自所在的坐标面内，尺寸线应与被标注长度平行，尺寸界线应平行相应的轴测轴，尺寸数字的方向应平行于尺寸线，如出现字头向下倾斜时应将尺寸线

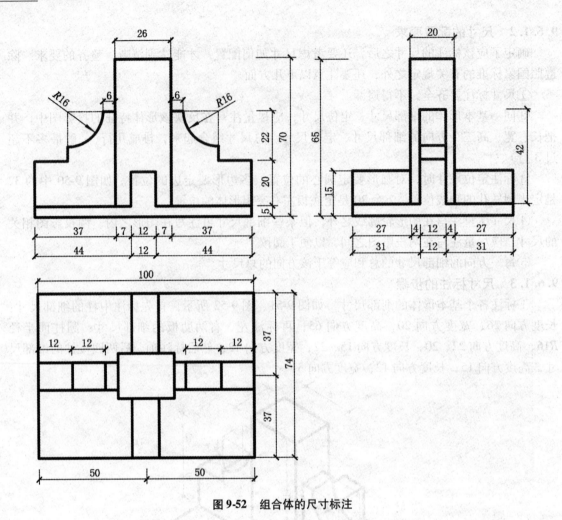

图 9-52 组合体的尺寸标注

断开，在尺寸线断开处水平方向注写尺寸数字。轴测图的尺寸起止符号宜用小圆点，小圆点直径 1mm，如图 9-51 所示。

②轴测图中的圆直径尺寸，应标注在圆所在的坐标面内；尺寸线与界线应分别平行于各自的轴测轴。圆弧半径和小圆直径尺寸也可引出标注，但尺寸数字应注写在平行于轴测轴的引出线上。

③轴测图的角度尺寸，应标注在该角所在的坐标平面内，尺寸线应画成相应的椭圆弧或圆弧。尺寸数字应水平方向注写，如图 9-53 所示。

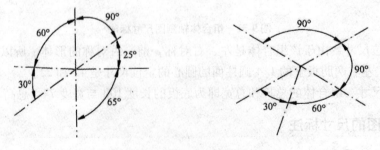

图 9-53 轴测图角度的标注方法

思考题

1. 什么是视图？简述视图的种类。
2. 什么是剖面图、断面图及其种类？
3. 阐述简化画法种类。
4. 阐述尺寸的组成及标注方法。

第10章 建筑施工图

建筑分为建筑物和构筑物。建筑物是指人们可以在其中进行生产生活的场所，如学校、厂房、剧院等。构筑物是指对人们的生产生活有辅助作用，人们并不主要在其中活动的建筑物，如烟囱、水塔、堤坝等。日常生活中所说的建筑主要是指建筑物。无论是建筑物还是构筑物均具有不同的功能和特点。建筑物按照使用功能和特点的不同，大体可以分为两大类：民用建筑和工业建筑。民用建筑是供人们居住和公共活动的建筑总和。民用建筑按使用功能可分为居住建筑和公共建筑两大类。居住建筑是供人们住居使用的建筑。公共建筑是供人们各种活动的建筑，如办公楼、图书馆、学校等。工业建筑主要是供工业生产使用的各种厂房。

房屋的组成如图10-1所示，为某住宅楼的组成示意图。有些起着直接或间接地支承风、雪、人、物和房屋本身重量等荷载的作用，如楼板、梁、柱、墙、基础等；有些起着防止风、

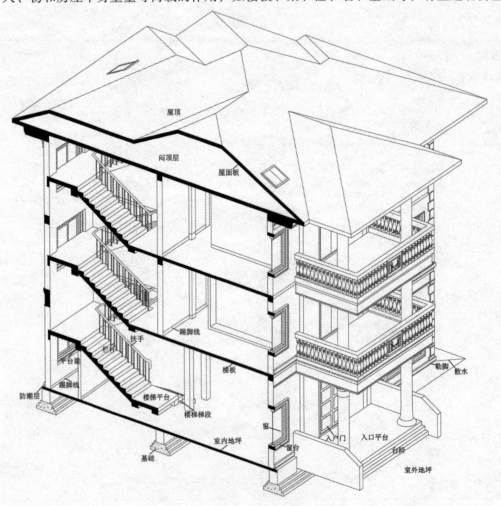

图10-1 房屋的组成

沙、雨雪和阳光干扰作用，如屋顶面、雨篷和外墙等；有些起着沟通屋内外或上下交通的作用，如门、楼梯、台阶等；有些起着通风、采光的作用，如窗等；有些起着排水作用，如天沟、雨水管、散水等；有些起着保护作用，如勒脚、防潮层等。

一栋建筑的施工图往往是由图纸目录、设计说明、建筑施工图、结构施工图和建筑设备施工图三大部分所组成。而建筑施工图部分一般包括总平面图、建筑平面图、建筑立面图、建筑剖面图、建筑详图等，在本章中主要介绍建筑施工图的绘制方法及内容。

10.1　总平面图

总平面图表明一个工程的总体布局。主要表示原有和新建房屋的位置、标高、道路布置、构筑物、地形、地貌等，作为新建房屋定位、施工放线、土方施工以及施工总平面布局的依据。

10.1.1　总平面图的内容

10.1.1.1　基本内容

总平面图常见的表达内容有：新建建筑布置及定位、相邻建筑和拟拆除建筑的位置及范围、附近的地形地物（如等高线、道路、水沟、河流、池塘、土坡等）、指北针、风向玫瑰图、绿化规划、管道布置、道路及明沟等的走向及变化等。总平面图是确定建筑、道路广场、绿化水体、建筑设施位置的依据，也是进行建筑定位、施工放线、填挖土方等的施工依据。

10.1.1.2　比例

总平面图所要表达的面积往往比较大，因此，所采用的绘图比例比较小，常见的有 1:500、1:1000、1:2000。

10.1.1.3　定位坐标

①总图应按上北下南方向绘制。根据场地形状或布局，可向左或向右偏转，但不易超过45°。确定建筑物、构筑物在总平面图中的位置可采用坐标网，坐标网分为**测量坐标网**和**建筑坐标网**，在图中一般以细实线表示。

在地形图上，测量坐标网采用与地形图相同的比例，画成交叉十字线形成坐标网格，坐标代号用"X、Y"表示，X 为南北方向轴线，X 的增量在 X 轴线上；Y 为东西方向轴线，Y 的增量在 Y 轴线上。

当建筑物、构筑物的两个方向与测量坐标网不平行时，可增画一个与房屋两个主向平行的坐标网，就是将建筑地区的某一点定为"O"，水平方向为 B 轴，垂直方向为 A 轴，叫建筑坐标网。建筑坐标网画成网格通线，如图 10-2 所示。我们往往以 50m 或者 100m 等为间距画出方格网。在总平面图上，不仅建筑物的各个角点、道路的中心线、广场的角点、水体的边界点、绿化的边界点等均可以通过坐标网来确定其坐标，从而确定其在整个区域中的位置。图 10-2 表示了一个小学校的 XY 坐标与 AB 坐标的关系。

②坐标网格用细实线绘制，测量坐标网应画成交叉十字线，建筑坐标网应画成网格线，坐标值为负数时，应注"－"号，为正时，"＋"号可以省略。

③总平面图上有测量和建筑坐标系统时，应在附注中注明两种坐标系统的换算公式。

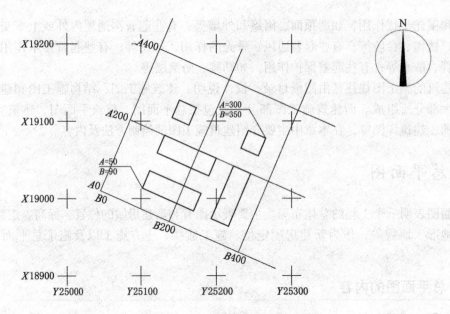

图 10-2 *XY* 坐标和 *AB* 坐标的关系

10.1.1.4 图线和图例

总平面图中图线主要有：粗实线、细实线、中虚线、单点长划细线、折断线。其中粗实线主要表示新建建筑物 ±0.00 的可见轮廓线；细实线主要表示原有建筑物、构筑物、道路、围墙等的可见轮廓线；中虚线主要表示计划扩建建筑物、构筑物、预留地、道路、围墙、运输设施、管线的轮廓线；细单点长划细线主要表示中心线、对称线、定位轴线；折断线主要表示与周围环境的分界。

总平面图所要表达的内容很多，会用到各种各样的图例。关于这些图例，国家在《总图制图标准(GB/T 50103—2010)》中进行了统一规定，常见的图例如表 10-1 所列。

总平面图的复杂程度取决于总平面内容的多寡。常见的总平面图上往往需要绘制和标注出已建建筑、拟建建筑、拆除建筑、烟囱、地下建筑挡土墙、排水明沟、桥梁、码头等。

10.1.1.5 标高

总平面图上的等高线所注数字代表的高度为绝对标高。所谓**绝对标高**，我国是以青岛黄海平均海平面作为绝对标高的零点，以该处的高程控制点为基准，其他各处的绝对标高就是以该零点为基点所量出的高度，它表示出了各处的地形以及房屋与地形之间的高度关系。对一个总平面中的建筑确定标高需要考虑道路、排水、土方等因素，每栋建筑在总平面中标注的也应该是绝对标高。国家标准规定总平面图上的室外标高符号，宜用涂黑的三角形，具体画法如图 10-3(a)所示。标高尺寸单位为 m，标注到小数点后两位，如 $\overset{188.00}{\blacktriangledown}$，国家标准规定建筑物应以接近地面处的 ±0.00 标高的平面作为总平面。室内标高符号以细实线绘制，具体画法如图 10-3(b)所示。定出以建筑室内底层的地面标高作为零点，标注为 ±0.00，由此

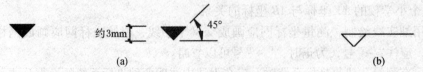

图 10-3 标高符号

为基准的标高称为相对标高。低于该点时，要标上负号"–"，如 – 0.25，高于该点时，数字前不标任何符号，所示标高符号的尖端应指至被注高度的位置。尖端一般应向下，也可向上，如图 10-3（b）所示。

表 10-1　总平面图例（摘自 GB/T 50103—2010）

名称	图例	说明	名称	图例	说明
新建建筑物	$X=$ ① 12F/2D $H=59.00m$	1. 新建建筑物以粗实线表示与室外地坪相接处 ±0.00 外墙定位轮廓线 2. 建筑物一般以 ±0.00 高度处的外墙定位轴线交叉点坐标定位。轴线用细实线表示，并标明轴线号 3. 根据不同设计阶段标注建筑编号，地上、地下层数，建筑高度，建筑出入口位置（两种表示方法均可，但同一图纸采用统一种表示方法） 4. 地下建筑物以粗虚线表示其轮廓 5. 建筑上部（ ±0.00 以上）外挑建筑用细实线表示 6. 建筑物上部连廊用细虚线表示并标注位置	方格网交叉点标高	–0.50 | 77.85 78.35	"78.35"为原地形标高 "77.85"为设计标高 "–0.50"为施工高度 "–"表示挖方（"+"表示填方）
			新建的道路	R=6.00 107.50	"R=6.00"表示道路转弯半径；"107.50"为道路中心线交叉点设计标高，两种表示方式均可，同一图纸采用一种方式表示；"100.00"为变坡点之间距离，"0.30%"表示道路坡度，➝ 表示坡向
原有的建筑物		用细实线表示	原有的道路		—
计划扩建的预留地或建筑物		用中粗虚线表示	计划扩建的道路		
拆除的建筑物	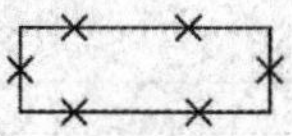	用细实线表示	拆除的道路	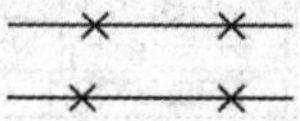	
坐标	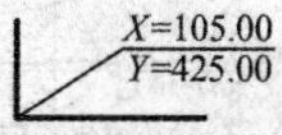 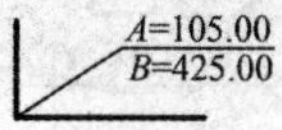 X=105.00 Y=425.00	表示地形测量坐标系	桥梁	 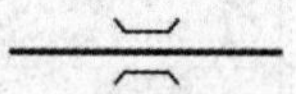	用于旱桥时应注明 上图为公路桥，下图为铁路桥
	A=105.00 B=425.00	表示自设坐标 坐标数字平行于建筑标注			
围墙及大门		—	填挖边坡		
台阶及无障碍坡道	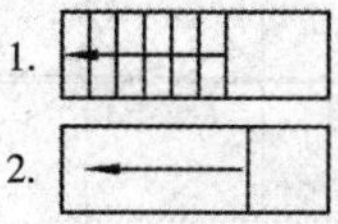 1. 2.	1. 表示台阶（级数仅为示意） 2. 表示无障碍坡道	挡土墙	 5.00 1.50	挡土墙根据不同设计阶段的需要标注 墙顶标高 墙底标高
铺砌场地	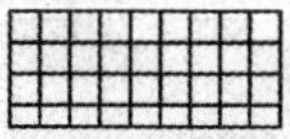	—	挡土墙上设围墙		—

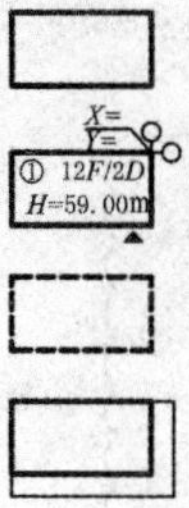

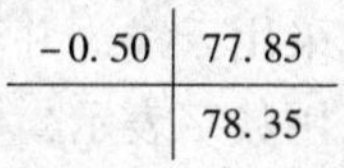

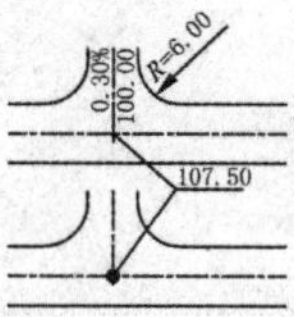

10.1.1.6　指北针、风玫瑰图和变更云线

指北针表明建筑物的朝向，如图10-4所示。指北针宜用细实线绘制，其中圆的直径为24mm，指北针尾部的宽度为3mm。指北针顶端应注"N"或"北"。如果需要用较大直径绘制指北针时，指北针尾部的宽度宜为直径的1/8。

指北针与风玫瑰结合时宜采用互相垂直的线段，线段两端应超出风玫瑰轮廓线2~3mm，点宜为风玫瑰中心，北向应注"北"或"N"字，组成风玫瑰所有线宽均宜为中粗线0.5b，对图纸中局部变更部分宜采用云线，并注明修改版次。修改版次符号宜为边长0.8cm的正等边三角形，修改版次应采用数字表示，如图10-5。变更云线线宽宜按0.7b绘制。在建筑总平面图上，没有风向玫瑰图的城市和地区，应有指北针。

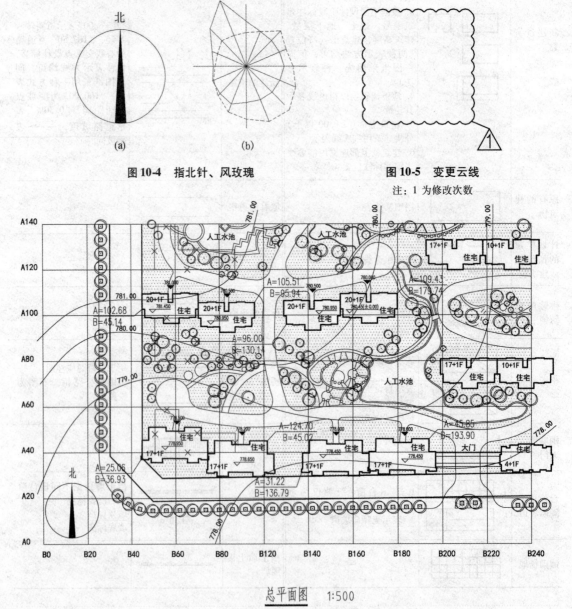

图10-4　指北针、风玫瑰

图10-5　变更云线
注：1 为修改次数

图10-6　总平面图

10.1.2　阅读总平面图

在阅读总平面图时要注重以下方面的内容：

①了解工程性质、图纸比例尺，阅读文字说明，熟悉图例。

②了解建设地段的地形，查看用地范围、建筑物的位置、四周环境、道路布置。

③当地形复杂时要了解地形地貌。

④了解各新建建筑的室内外高差、道路标高、坡度以及地面排水情况。

⑤了解定位依据。

图 10-6 是一个住宅小区总平面图的一部分，图中采用指北针来表示方向，还显示了需要拆除的建筑物的数量和位置、新建住宅的位置数量和层数等信息。

10.2　建筑平面图

10.2.1　建筑平面图的内容

10.2.1.1　内容

用一个假想的水平剖切平面经过房屋的门窗洞口把房屋切开，移去剖切平面以上的部分，将其下面部分向水平面作正投影所得到的水平剖面图，在建筑图中习惯称为平面图。

平面图的方向宜与总图方向一致，平面图的长边宜与横式幅面图纸的长边一致；在同一张图纸上绘制多于一层的平面图时，各层平面图宜按层数由低向高的顺序从左到右或从上至下布置。

建筑平面图一般根据层数的不同而绘制出不同的平面图：首层平面图、二层平面图、标准层平面图、顶层平面图等。其中房屋最底层的平面图，叫**首层平面图**，也叫底层平面图，如图 10-11 所示。

中间层平面图是过中间层门窗洞口的水平剖切面与其下一层过门窗洞口的水平剖切面之间一段的水平投影，中间各层若布局完全相同时，可共用一个平面图来代表，这个平面图叫**标准层平面图**，标准层主要表示中间各层的平面布置情况。当中间有些楼层平面布局不相同时，则只需画出该局部平面图。无论是中间各层平面图还是标准层平面图，它们的剖切位置都是在窗台的上沿，反映了本层的平面布置，同时还要反映下面一层的部分屋面。在首层平面图中应表明指北针、剖切符号以及室外地面上的花台、散水、明沟、台阶、雨水管的布置，均不再重复画出。

顶层平面图是过顶层门窗洞口的水平剖切面与下一层过门窗洞口的水平剖切面之间的水平投影。

顶棚平面图宜采用镜像投影法绘制。

建筑平面图应注写房间的名称或编号，编号应注写在直径为 6mm 细实线绘制的圆圈内，并应在同张图纸上列出房间名称表。

标注时，应在图的下方正中标注出相应的图名，如"首层平面图""二层平面图""标准层平面图"等。图名下方应画一条粗实线，图名右方标注出图形的比例，字体比左方的图名字体小一号或二号。如图 10-11 所示，除了标准层平面图以外，常见的建筑平面图还有负一层平面图、设备层平面图、阁楼层平面图、顶层平面图等。建筑平面图和总平面图不同，总平面图注重相邻建筑物、构筑物及地形等的相互关系，建筑平面图注重建筑物自身的构造及尺寸,主要表明每一层的房间布置和各部分平面尺寸。

平面较大的建筑物,可分区绘制平面图,但每张平面图均应绘制组合示意图,各区应分别用大写拉丁字母编号,在组合示意图中需提示的分区,应采用阴影线或填充的方式表示。

在建筑平面图中主要表示以下内容:建筑物及其组成房间的名称、尺寸、定位轴线和墙壁厚度等;走廊、阳台、楼梯的位置及尺寸;门窗位置、尺寸及编号;台阶、雨棚、散水的位置及尺寸;室内外高差及楼层标高等。

10.2.1.2　比例

建筑平面图通常采用 1∶50、1∶100、1∶200 的比例绘制,必要时可增加 1∶150、1∶300。

10.2.1.3　定位轴线

确定房屋中的墙、柱、梁和屋架等主要承重构件位置的基准线,叫**定位轴线**,需要用细单点长划线绘制。定位轴线一般应编号,编号应注写在轴线端部的圆内。圆应用细实线绘制,直径为 8～10mm,如图 10-11。定位轴线圆的圆心,应在定位轴线的延长线上或延长线的折线上。平面图中这些轴线分为两个方向,横向编号应按从左到右的顺序进行编写,分别是 1、2、3 等,竖向编号按从下至上的顺序进行编写,分别是 A、B、C……字母 I、O、Z 不能用作轴线的编号,如图 10-11。次要的墙体和柱子可以编为分轴线号。

轴线在墙体和柱子中的平面位置是根据其上部构件的支撑长度来确定的。比如砌体结构中的楼板的支撑长度一般是 120mm,所以 240mm 厚的墙体轴线就位于墙体正中的位置,360mm 厚的墙体轴线就位于靠近墙体内缘线 120mm 的位置,如图 10-7 所示。读图的时候必须要注意到轴线与墙体的位置关系。建筑在施工时,测量放线均以轴线的位置为准。

10.2.1.4　尺寸标注

①外部尺寸　为便于读图和施工,平面图中的外墙尺寸规定标注三道。最外面的一道为总尺寸,标明房屋的总长度和总宽度,一般标注至建筑的墙外皮,也叫外包尺寸;第二道为定位尺寸,主要是标注轴线之间的尺寸,一般为房间的开间或进深尺寸;第三道为细部尺寸,一般需要标出各组成部分的位置及大小,如外墙上门窗洞口的形状和定位尺寸,以及与轴线相关的尺寸。

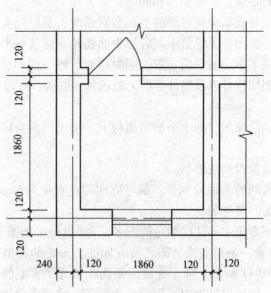

图 10-7　建筑平面图中的轴线位置

以上 3 道尺寸外，还应标注外墙以外的花台、台阶、散水等尺寸，称为局部尺寸。

②内部尺寸　如房间的净空大小、内墙上的门窗洞位置和宽度、楼梯的主要定位和定位尺寸、主要固定设施的形状和位置尺寸等。如果尺寸太密、重叠太多表示不清楚，可另用大比例的局部详图表示，而在建筑平面图中则不必详细注明该部分的细部尺寸。

③平面图中楼地面、地下层地面、阳台、平台、檐口、屋脊、女儿墙、台级等处的高度尺寸及标高应注写完成面标高。

10.2.1.5　图线和图例

建筑平面图中，为清晰地表示出视图的内容，并视其复杂程度和比例，需选用不同的线宽和线型。国家标准规定：被剖切到的主要建筑构造（包括构配件）如承重墙、柱的断面轮廓线用粗实线（b）；被剖切到的次要建筑构造（包括构配件）的轮廓线、建筑构配件的轮廓线、建筑构造详图及建筑构配件详图中的一般轮廓线等用中粗实线（$0.7b$）表示；尺寸线、尺寸界线、索引符号、标高符号、引出线、粉刷线、保温层线、地面高差分界线等用中实线（$0.5b$）表示；图例填充线、家具线、纹样线等用细实线（$0.25b$）表示。建筑构造详图及建筑构配件不可见的轮廓线，拟、扩建的建筑物轮廓线用中粗虚线（$0.7b$）表示；中心线、对称线、定位轴线用细单点长画线（$0.25b$）表示。绘制较简单的图样时，**可采用粗、细两种线宽的线宽组，其线宽比宜为 $b:0.25b$**，如图 10-8 所示。

在房屋平面图中，由于所用比例较小，所以对平面图中的建筑配件和卫生设备，如门窗、楼梯、烟道、通风道、洁具等无法按真实投影画出，对此采用国标中规定的图例来表示，而真实的投影情况另用较大比例的详图来表示。

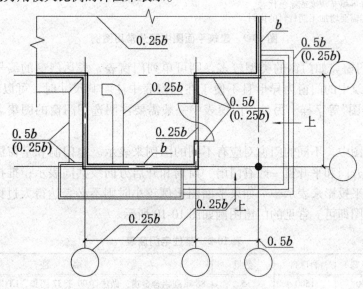

图 10-8　建筑平面图中的图线

在《建筑制图标准》（GB 50104—2010）中，对建筑平面图中的图例做出了详细的规定和说明，包括墙体、栏杆、楼梯、坡道、孔洞、检查口、坑槽、烟道、风道等，如图 10-9 所示部分图例。

10.2.1.6　门窗编号及其他符号

建筑平面图中的门和窗的代号分别用 M 和 C 表示，代号的后面注写编号，如 M1、M2、C1、C2 或者 M—1、M—2、C—1、C—2。同一编号表示同一种类型（即宽度、高度、形式和

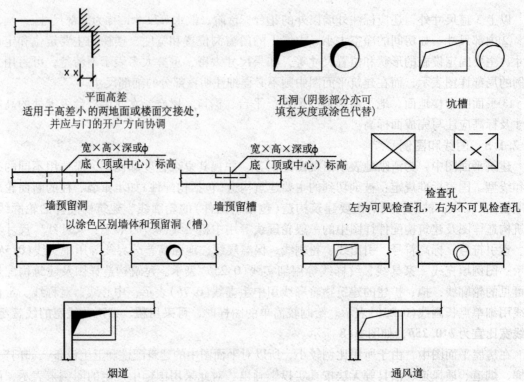

平面高差
适用于高差小的两地面或楼面交接处，
并应与门的开户方向协调

孔洞（阴影部分亦可
填充灰度或涂色代替）

坑槽

宽×高×深或φ
底（顶或中心）标高

宽×高×深或φ
底（顶或中心）标高

墙预留洞

墙预留槽

以涂色区别墙体和预留洞（槽）

检查孔
左为可见检查孔，右为不可见检查孔

烟道

通风道

注：1. 烟道与墙体为同一材料，其相接处墙身线应连通。
　　2. 阴影部可填充灰度或涂色代替。
　　3. 烟道根据需要增加不同材料的内衬。

图 10-9　建筑平面图中部分常用图例

材料都相同）的门窗。如门窗的类型较多，则可单列门窗表，表达门窗的编号、尺寸和数量等内容。如果建筑中的门窗为异形且不便于在门窗表中注明其尺寸时，可以在表中写上"按实"或者"另见详图"等字样。另外，门窗表中一般需要注明选用门窗的图集名称及编号，见表 10-2 所列。

在建筑平面图中，不同的门窗对应有不同的图例来表示。空门洞和空窗洞一般是把墙体断开来表示；平开门和平开窗一般有门扇、窗扇和开启方向线共同表示；推拉门和推拉窗则直接用门窗的水平投影来表示……如果平面图比例较小时则不必表达得太过详细，可单独绘制门窗放大平面图即可。常见的门窗图例如图 10-10 所示。

表 10-2　某住宅门窗表

编号	洞口宽	洞口高	数量	备　注
C－1	1500	1500	5	88 系列铝合金窗，做法详 99 浙 J7 图集，LTC1515B
C－2	1800	1500	3	88 系列铝合金窗，做法详 99 浙 J7 图集，LTC1815B
C－3	1200	1500	5	88 系列铝合金窗，做法详 99 浙 J7 图集，LTC1215B
C－4	1090	1500	2	88 系列铝合金窗，做法详 99 浙 J7 图集，LTC1215B
C－5	2640	按实	1	88 系列铝合金窗，做法详 99 浙 J7 图集，立面见详图
C－6	2640	1900	2	88 系列铝合金窗，做法详 99 浙 J7 图集，立面见详图
C－7	2940	1800	3	88 系列铝合金窗，做法详 99 浙 J7 图集，立面见详图
C－8	900	1500	3	88 系列铝合金窗，做法详 99 浙 J7 图集，LTC0915B

（续）

编号	洞口宽	洞口高	数量	备 注
C－9	2400	1500	2	88 系列铝合金窗，做法详 99 浙 J7 图集，LTC1824A.
M1	1800	2400	1	镶板门，做法详 93 浙 J2 图集，7M1824
M2	1800	2400	2	50 系列铝合金门，做法详 99 浙 J7 图集，LPM1824A
M3	800	2100	6	胶合板门，做法详 93 浙 J2 图集，16M0821
M4	900	2100	8	胶合板门，做法详 93 浙 J2 图集，16M0921
M5	900	2400	1	50 系列铝合金门，做法详 99 浙 J7 图集，LPM0924A

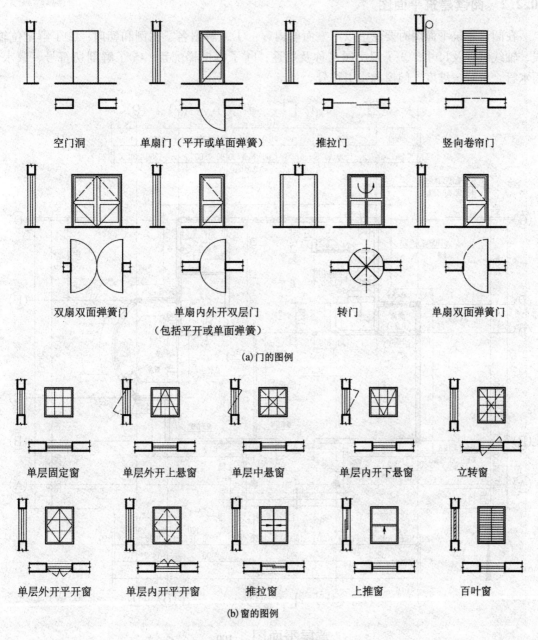

图 10-10　常用门窗图例

10.2.1.7 抹灰层、材料图例

在平面图中,对抹灰层和材料图例根据不同的比例采用不同的画法:

当比例大于1:50时,应画出抹灰层及材料图例;

当比例等于1:50时,抹灰层的面层线应根据需要而定;

当比例小于1:50时,可不画抹灰层;

当比例为1:200~1:100时,可画简化的材料图例(如砖墙涂红、钢筋混凝土涂黑);

当比例小于1:200时,可不画材料图例。常见材料的图例见第9章表9-1。

10.2.2 阅读建筑平面图

在阅读建筑平面图时要注重以下方面的内容:①了解图名、比例和朝向;②了解定位轴线,轴线编号及尺寸;③了解房屋名称及用途;④了解楼梯配置;⑤了解剖切符号、散水、雨水管、台阶、坡度、门窗和索引符号。

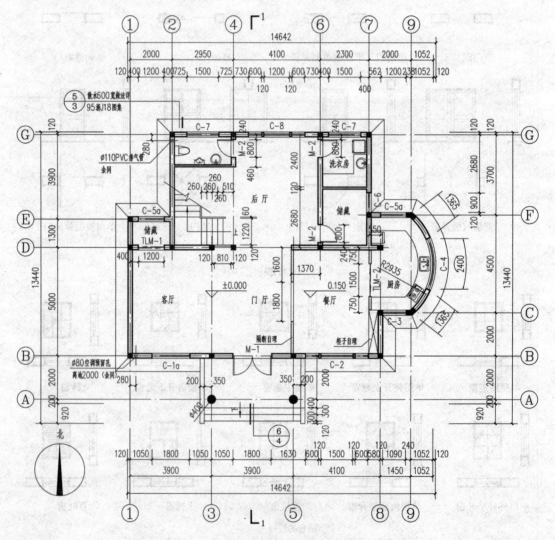

首层平面图 1:100

图 10-11 某住宅的首层平面图

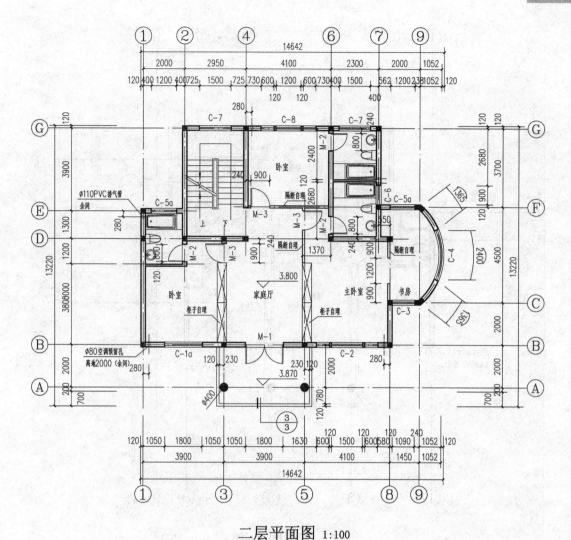

二层平面图 1:100

图 10-12　某住宅的二层平面图

图 10-11 ～图 10-14 是某住宅建筑平面图的一部分，图中很详细地用各种图例、图线级符号来说明该住宅每一层平面中房间的名称和位置、门窗数量、散水和阳台的位置及尺寸、屋顶的形状及尺寸等。

10.2.2.1　首层平面图

主要表示首层建筑的平面布置情况，包括各个房间的分隔和组合；房间的布置和功能；出入口、门厅、墙柱的位置和尺寸；走道楼梯的设置等布置和相互关系；各种门窗的位置以及室外的台阶、散水、雨水管的布置等。另外，在地沟、内外墙变形缝、地面变形缝等处，有详图索引符号。指北针和建筑剖面图的剖切符号一般只在底层平面图中标出。指北针标明了建筑物的朝向，剖切符号则表明了剖面图的数量、剖切的位置、投影方向及其编号。如图10-11 所示，以某住宅的首层平面图为例来说明首层平面图的绘制内容及要求。

阅读这张首层平面图可以看出：该建筑物的朝向是南北向，客厅和餐厅位于整栋建筑底层的最南侧。厨房位于东侧，除此以外首层还布置了后厅、储藏间和卫生间等房间；整个住宅只有在南向有 1 个入口，室内外通过 3 级台阶相连，在建筑的四周都布置有散水，散水的

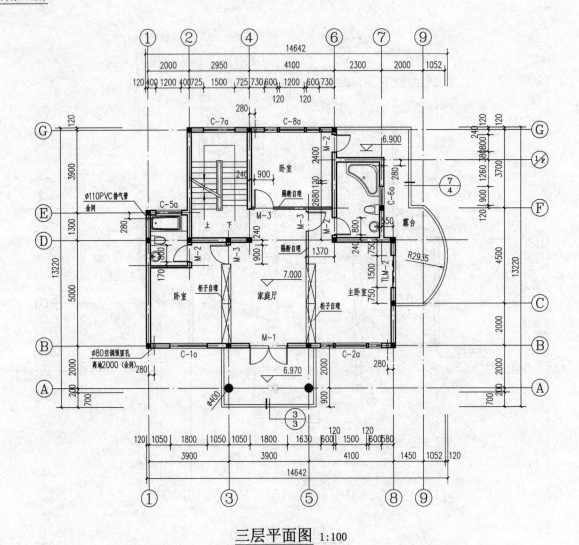

三层平面图 1:100

图 10-13　某住宅的三层平面图

宽度是 600mm；在住宅的西侧中间部分是楼梯，该楼梯经过 5 级台阶以后转折了 90°；此外，首层平面图中还画出了入口平台、门柱等，门窗编号、洞口尺寸、数量均直接注于图上，便于读图施工。从首层平面图上外墙的外部尺寸和其他内部尺寸来看，可以知道整座住宅的总长和总宽以及各个房间的开间、进深、墙厚、门窗的宽度和位置等。标高则注明了室内外的相对设计高度。

10. 2. 2. 2　二层平面图

如图 10-12 所示，以某住宅的二层平面图为例来阅读中间层建筑平面图的绘制内容及要求。

阅读这张二层平面图可以看出：在该住宅的二层平面上主要分布着两个卧室、1 个主卧室(内带书房)和 1 个家庭厅，每个卧室内部均自带 1 个卫生间；楼梯位于整栋房子的西北角，和首层平面图不同的是，中间层的楼梯变成了双跑楼梯；从客厅向南是 1 个阳台，恰好利用首层平面图的入口雨棚的顶板。此外，图中同首层平面图一样从建筑的外部尺寸和内部尺寸来看，可以知道整座住宅二层的总长和总宽，各个房间的开间、进深、墙厚、门窗的宽度和

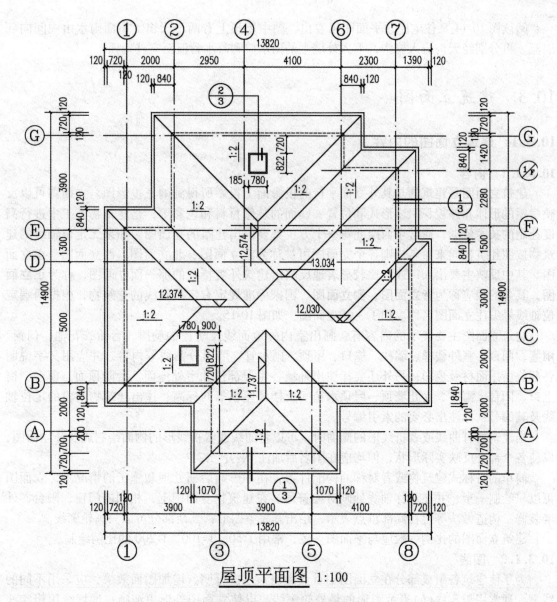

屋顶平面图 1:100

图 10-14 某住宅屋顶平面图

位置等。标高则注明了二层室内的地面高度。

10. 2. 2. 3 三层平面图

如图 10-13 所示，以某住宅的三层平面图为例来阅读中间层平面图的绘制内容及要求。

阅读这张图可以看出：在该住宅的三层平面上主要分布着 3 个卧室、1 个客厅，其中主卧室和西侧的卧室自带卫生间，北向的卧室东侧有 1 个露台；楼梯仍然位于整栋房子的西北角，和二层平面图相同是双跑楼梯；从客厅向南是 1 个阳台。此外，图中同首层平面图一样从建筑的外部和内部尺寸来看，可以知道整座住宅三层的总长和总宽，各个房间的开间、进深、墙厚、门窗的宽度和位置等。标高则注明了三层室内的地面高度。

10. 2. 2. 4 顶层平面图

顶层平面图主要表示屋顶的形状，即房屋顶部的俯视图，主要反映屋顶部的天窗、水箱间、屋顶检修孔、排烟道等位置以及屋面排水方向及坡度、脊线、雨水管等。

阅读图 10-14 某住宅屋顶平面图可看出，图中屋顶上有两个天窗，屋面雨水由中间向四周流，再分别经天沟流入檐沟，汇入外墙上的雨水口和落水管流至室外地面。

10.3　建筑立面图

10.3.1　建筑立面图的内容

10.3.1.1　内容

建筑立面图是建筑物与其外立面平行的投影面上投影所得到的正投影图。立面图可以反映房屋的形体和外貌、门窗形式和位置、墙面的装修材料和色彩等，是建筑物施工中进行高度控制的技术依据，通常东西南北每一个方位都要画出建筑的立面图，如果无定位轴线的建筑物按照建筑朝向来命名，则各个立面图可被称为南立面图、北立面图、西立面图、东立面图。其中反映主要出入口或者比较显著地反映出建筑外貌特征的那一面立面图，称为**正立面图**，其余的相应称为**背立面图**、**侧立面图**。国家标准规定有定位轴线的建筑物，根据两端定位轴线号编注立面图名称。如①~⑨立面图，如图 10-15。

建筑立面图主要表示的内容有：画出室内外地面线及房屋的勒脚、台阶、花池、门窗、雨篷、阳台、室外楼梯、墙柱、檐口、屋顶、雨水管、墙面分割线等内容，并应用文字说明各部位所用面材及色彩；另外还要标注出外墙各主要部位如室外地面、台阶顶面、窗台、窗上口、阳台、雨篷、女儿墙顶、屋顶水箱间及楼梯屋顶等的标高；注出建筑物两段的定位轴线及其编号；标注出必要的索引编号。

当建筑物有曲线或者折线形的侧面时，可以将曲线或者折线形的侧面绘制成展开立面图，以使各个部分反映实际形状，但均应在图名后加注"展开"二字。

简单的对称式建筑物或者对称的构配件等，在不影响后期处理和施工的情况下，立面图可以只绘制一半，并在对称轴线处画对称符号。在建筑物立面图上，相同的门窗、阳台、外墙装修、构造做法等可在局部重点表示，绘出其完整图形，其余部分可以只画轮廓线。

建筑立面图的比例一般应与平面图一致，常用 1:50、1:100、1:200 的比例绘制。

10.3.1.2　图线

为了使建筑各组成部分在立面图中重点突出、层次分明、增加图面效果，应采用不同的线型。通常用粗实线(b)表示图形的最外轮廓线，以使立面图外形更清晰；地坪线用粗实线或特粗线，即粗实线的 1.4 倍；勒脚、门窗洞口、檐口、阳台、窗台、雨篷、台阶、花台、柱子等具有明显凹凸的部分，用中粗实线($0.7b$)表示；图例填充线、家具线、纹样线等如门窗扇、阳台栏杆、雨水管、装饰线脚、墙面分格线以及引出线等用细实线($0.25b$)表示。绘制较简单的立面图时，可采用两种线宽为线宽比，其线宽比宜为 $b:0.25b$。

10.3.1.3　图例

由于立面图的比例较小，所以门窗的形式、开启方向及外墙面材料等均应按国标规定的图例画出，如图 10-10 中所示。

10.3.1.4　标注

如图 10-15 ~ 图 10-18 所示，在立面图的竖直方向上，要标注尺寸，最里边一道为细部尺寸，标注的是外墙上的室内外高差、阳台、门窗洞口、窗下墙、檐口、墙顶等细部尺寸；第二道标注的是定位尺寸亦即层高尺寸；最外一道标注的是总高尺寸，立面图还需要标注主要构配件的标高如室内外地坪、台阶顶面、窗洞上下口、雨篷下口、层高、屋顶等。标高有建

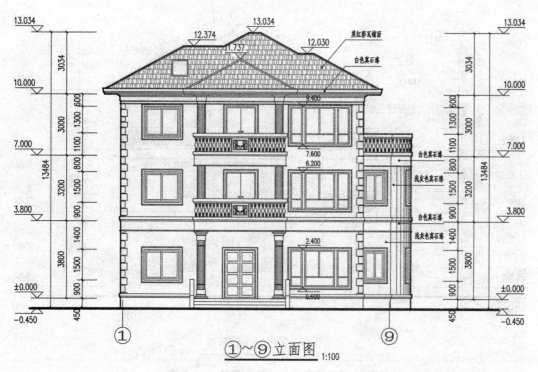

图 10-15　某住宅①～⑨立面图（南立面图）

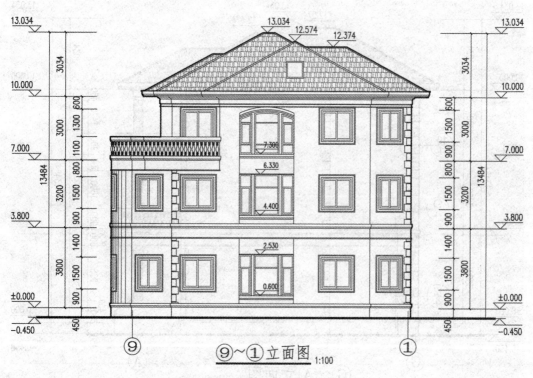

图 10-16　某住宅⑨～①立面图（北立面图）

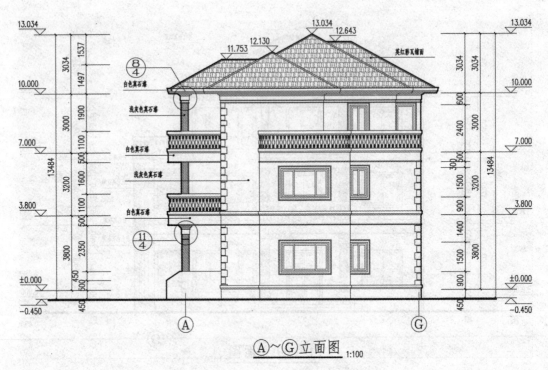

A~G立面图 1:100

图 10-17 某住宅A~G立面图(东立面图)

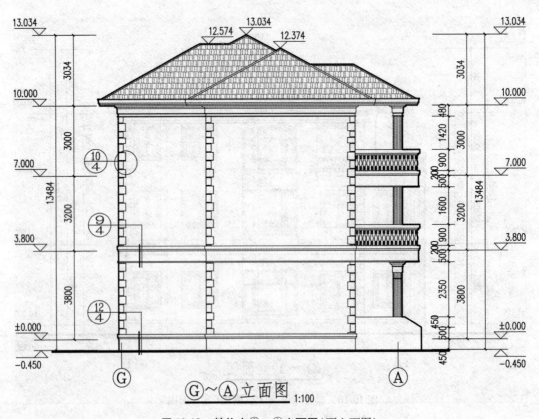

G~A立面图 1:100

图 10-18 某住宅G~A立面图(西立面图)

筑标高和结构标高之分，立面图中楼地面、地下层地面、阳台、平台、檐口、屋脊、女儿墙、台级等处的高度尺寸及标高应注写完成面标高。当标注构件的上顶面标高时，应标注建筑标高，即包括粉刷层在内的完成面标高，如女儿墙顶面；当标注构件下底面标高时，应标注结构标高，即不包括粉刷层的结构底面，如雨篷；门窗洞口尺寸均不包括粉刷层。在立面图的水平方向上一般不标注尺寸。

立面图上须标注出房屋左右两端墙(柱)的定位轴线及编号；在图的下方应标注出图名、比例；在立面图上适当的位置用文字标注出其装修(也可不标注，另外单独在建筑总说明中列表说明)材料及色彩。

10.3.2　阅读建筑立面图

在阅读建筑立面图时要注重以下方面的内容：

①了解图名和比例。

②了解每个立面图的首尾轴线及编号。

③了解每个立面图上各部分构件的标高和相对位置。

④了解外墙的做法、材料及色彩。

如图 10-15 ~ 图 10-18，以某住宅的建筑立面图为例来阅读建筑立面图的绘制内容及要求。图中很详细地用各种图例、图线及符号来说明该住宅每一个立面图的形象以及外墙上构配件的形状和位置、门窗数量、阳台的位置及尺寸、屋顶的形状及尺寸等。

阅读这四张立面图可以看出：该住宅的南立面是正立面，主入口位于该住宅的南侧，该住宅局部三层，屋顶为英红彩瓦铺面，外墙分别为白色和浅灰色真石漆，在建筑物的四个转角分别有石材装饰，阳台栏杆为宝瓶栏杆，主入口的正上方是阳台。此外，还可以看出各个门窗的宽度和位置等。

10.4　建筑剖面图

10.4.1　内容

建筑剖面图是用一个假想的铅垂剖切平面垂直于外墙，将房屋剖切后所得到的投影图。主要表示建筑物在垂直方向上各部分的形状、尺度和组合关系以及房屋内部的结构形式、层数、层高和构造方法等。剖切位置一般选择在建筑物内部构造复杂或者具有代表性的位置，使之能够反映建筑物的内部的构造特征。

房屋剖面图中房屋被剖切到的部分应完整、清楚地表达出来，自剖切位置向剖视方向看，将所看到的都画出来，不论其距离远近都不能漏画。在房屋自上而下被剖切开后，地面以下的基础理应被剖到，但基础属于结构施工图的内容，在建筑剖面图中不画出，被剖到的墙在地面以下适当的位置用折断线折断，室内其余地方用一条地坪线表示即可。剖面图的剖切位置用剖切符号标注在房屋 ±0.000 标高的平面图上。一般剖切部位应根据图纸的用途或设计深度，在平面图上选择能反映房屋全貌、构造特征以及有代表性的部位剖切，例如让剖切平面通过门窗洞口、楼梯间以及结构和构造较复杂或有变化的部位。当一个剖切平面不能满足要求时，可采用多个剖切平面或阶梯剖面，尽量多地表示出房屋各部位如内外墙、散水、楼地面、楼梯、阳台、雨篷、屋面等构造和相互关系。一般在标注剖切符号时，要同时注上编号，剖面图的名称都用其编号来命名，如 1 - 1 剖面图、2 - 2 剖面图等。

如图10-20所示,从底层平面图(见图10-11)上1-1剖切位置可以知道,1-1剖面图是从③~⑤轴线间通过门厅和后厅的。拿掉④~⑤轴线的左半部分,向右侧看过去,所得到的右视剖面图。

10.4.2　比例

剖面图的比例一般与平面图、立面图的比例相同,即采用1∶50、1∶100和1∶200。

10.4.3　图示

不同比例的平面图、剖面图,其抹灰层、楼地面、材料图例的省略画法应符合以下规定:

①比例大于1∶50时,应画出抹灰层、保温隔热层等与楼地面、屋面的面层线,并宜画出材料图例。

②比例等于1∶50时,剖面图宜画出楼地面、屋面的面层线,宜绘出保温隔热层,抹灰层的面层线应根据需要确定。

③比例小于1∶50时,可不画出抹灰层,但剖面图宜画出楼地面、屋面的面层线。

④比例为1∶100~1∶200的平面图、剖面图,可画简化的材料图例,但剖面图宜画出楼地面、屋面的面层线。

⑤比例小于1∶200时,可不画材料图例,剖面图的楼地面、屋面的面层线可不画出。

⑥相邻的立面图或剖面图,宜绘制在同一水平线上,图内相互有关的尺寸及标高,宜标注在同一竖线上。如图10-19所示。

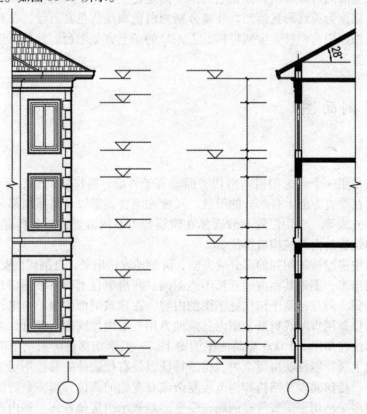

图10-19　相邻立面图、剖面图的位置关系

10.4.4　图线

在剖面图中，除地坪线用粗实线或特粗实线($1.4b$)，其他被剖到的墙身、屋面板、楼板、过梁、台阶等轮廓线用粗实线(b)，其他可见线轮廓线均用中实线($0.7b$)。

绘制较简单的剖面图时，可采用两种线宽的线宽组，即被剖到的主要建筑构配件的轮廓线用粗实线(b)，其余一律用细实线($0.25b$)。

10.4.5　尺寸标注

剖面图上应在竖直方向和水平方向都标注出尺寸。尺寸分为细部尺寸、定位尺寸和总尺寸，应根据设计深度和图纸的用途确定所需注写的尺寸，如图 10-20 所示。

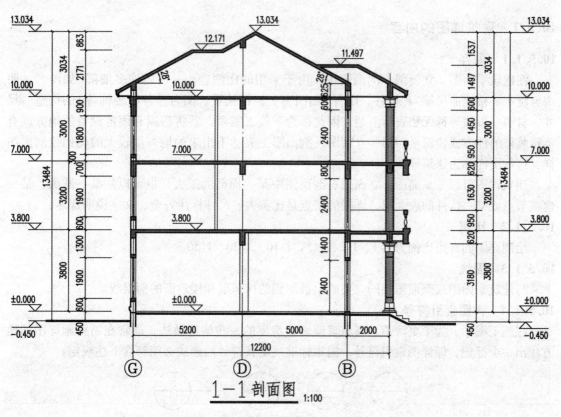

图 10-20　某住宅建筑 1－1 剖面图

（1）垂直方向

在墙体以外一般应注出 3 道尺寸，最里边一道为细部尺寸，主要标注勒脚、窗下墙、门窗洞口等外墙上的细部构造的高度尺寸；中间一道为层高尺寸，主要标注楼地面之间的高度，这一道也为定位尺寸；最外一道为总高尺寸，标注室外地坪至屋顶的距离。

此外，还须标注出室内外标高。建筑剖面图上，标高所注的高度位置应与立面图一样，而且也分建筑标高和结构标高。在室外，应标出室外地坪、地下层地面、阳台、平台、檐口、门窗洞上下口、台阶等处的标高。如房屋两侧外墙不一样，应分别标注尺寸和标高；如外墙外面还有花台之类的构造，还须标出其局部尺寸。

在室内，应标出室内地坪、各层楼面、楼梯休息平台、平台梁和大梁的底部、顶棚等处的标高及相应的尺寸，还要标注出室内门窗、楼梯扶手等处的高度尺寸。

(2)水平方向

应标注出剖到的墙或柱之间的轴线、尺寸及两端墙或柱的总尺寸。

剖面图上应标注出剖到的墙或柱的轴线及编号；应在图的下方写出图名和比例；还应根据需要对房屋某些细部如外墙身、楼梯、门窗、楼屋面、卫生间等的构造做法放大画成详图的地方标注上详图索引符号。

10.5 建筑详图

10.5.1 建筑详图的内容

10.5.1.1 内容

在建筑平面图、立面图、剖面图中，由于采用的比例较小，房屋许多细部(如窗台、明沟、泛水、楼地面层等)和构件、配件(如门窗、栏杆扶手、阳台、各种装饰等)的构造、尺寸、材料、做法等都无法表示清楚，因此，为了施工需要，常将房屋有固定设备的地方或有特殊装修的地方或建筑平面图、立面图、剖面图上表达不出来的地方用较大的比例绘制出图样，这些图样称为建筑详图。

建筑详图可以是平面图、立面图、剖面图中某一局部的放大，也可以是某一断面、某一建筑节点或某一构件的放大图。详图的特点是比例大、尺寸标注齐全、文字说明详尽。

10.5.1.2 比例

绘制详图的常用比例为1:1、1:2、1:5、1:10、1:20、1:50。

10.5.1.3 图线

与建筑平面图或剖面图相同，要画出被剖到的抹灰层和楼地面的面层线。

10.5.1.4 详图索引符号

在施工图中，为了更清楚、有条理地表达房屋的一些构造做法，通常在需要画详图的地方注出一个标记，即详图索引符号，国家标准规定其符号的画法必须符合下述规定：

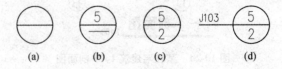

图10-21 索引符号

①索引符号是由直径为8~10mm的圆和水平直径组成，如图10-21(a)所示。圆及水平直径均应以细实线0.25b绘制。

②当索引出的详图与被索引的详图同在一张图纸内时，应在索引符号的上半圆中用阿拉伯数字注明该详图的编号，并在下半圆中间画一段水平细实线，如图10-21(b)。

③当索引出的详图与被索引的详图不在同一张图纸内时，应在索引符号的上半圆中用阿拉伯数字注明该详图的编号，在索引符号的下半圆中用阿拉伯数字注明该详图所在图纸的编号，如图10-21(c)。数字较多时，可加文字标注。

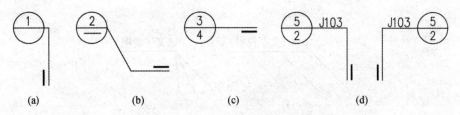

图 10-22　用于索引剖面图的索引符号

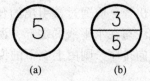

图 10-23　详图图名

④当索引出的详图采用标准图时，应在索引符号水平直径的延长线上加注该标准图册的编号，如图 10-21(d)。需要标注比例时，应在文字的索引符号右侧或延长线下方，与符号下对齐。

⑤索引符号如用于索引剖面详图，应在被剖切的部位绘制剖切位置线，并以引出线引出索引符号，引出线所在的一侧应为投射方向，如图 10-22 所示。

无论详图与被索引的图样是否在同一张图上，均在详图的下方绘制详图图名并且进行编号，如图 10-23 所示。

⑥零件、钢筋、杆件及消火栓、配电箱、管井等设备的编号宜以直径 4~6mm 的圆表示，圆线宽为 0.25b，同一图样应保持一致，其编号应用阿拉伯数字按顺序编写。

⑦详图的位置和编号应以详图符号表示。详图符号的圆直径应为 14mm，线宽为粗实线 b。当详图与被索引的图样同在一张图纸内时，应在详图符号内用阿拉伯数字注明详图的编号如图 10-23(a)。当详图与被索引的图不在同一张图纸内时，应用细实线在详图符号内画一水平直径，在上半圆中注明详图编号，在下半圆中注明被索引的图纸的编号，如图 10-23(b)。

10.5.1.5　引出线

①引出线应以细实线 0.25b 绘制，宜采用水平方向的直线，或与水平方向成 30°、45°、60°、90°的直线，并经上述角度再折为水平线。文字说明宜注写在水平线的上方，如图 10-24(a)，也可注写在水平线的端部，如图 10-24(b)所示。索引详图的引出线，应与水平直径线相连接，如图 10-24(c)所示。

②同时引出几个相同部分的引出线，宜互相平行，如图 10-25(a)所示，也可画成集中于一点的放射线，如图 10-25(b)所示。

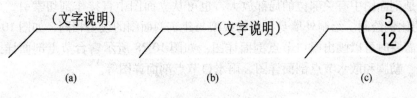

图 10-24　引出线

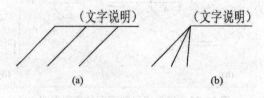

图 10-25 共用引出线

③多层构造或多层管道共用引出线，应通过被引出的各层并用圆点示案对应各层次。文字说明宜注写在水平线的上方，或注写在水平线的端部，说明的顺序应由上至下，并应与被说明的层次相互一致；如层次为横向排序，则由上至下的说明顺序应与左至右的层次相互一致，如图 10-26 所示。

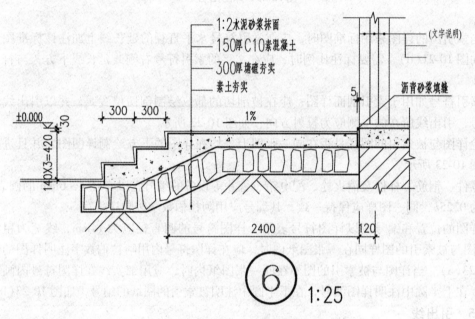

图 10-26 多层共用引出线

10.5.2 外墙身详图

假想用一个垂直于墙体轴线的铅垂剖切面，沿墙体某处从墙体防潮层向上剖开，得到的建筑剖面的局部放大图即是外墙身详图。外墙详图用来表示外墙各部位的详细构造、材料做法和详细尺寸与标高，如檐口、圈梁、阳台、过梁、楼板、防潮层、室内外地面、墙身变形缝等。根据构造的需要可以作出若干个主墙体的剖面图，以表示房屋不同部位的不同构造内容，它可以是剖面图中有关部位的局部放大，也可从立面图中直接作剖切索引，外墙身详图常用1:20 的比例绘制。绘制外墙身详图的线型与建筑剖面图的线型相同，如图 10-27 所示。墙身详图。需要时可以画出檐口节点剖面详图：如图 10-28 所示窗台节点剖面详图、窗顶节点剖面详图、勒脚和散水节点剖面详图、雨水口节点剖面详图等。

10.5.3 楼梯详图

楼梯详图包括楼梯平面图、楼梯剖面图以及扶手、踏步、栏杆等详图。

楼梯是多层房屋中供人们上下的主要交通设施，它除了要满足行走方便和人流疏散畅通外，还应有足够的坚固耐久性。在房屋建筑中最广泛应用的是预制或现浇的钢筋混凝土楼梯。楼梯通常由楼梯段（简称梯段，分为板式梯段和梁板式梯段）、楼梯平台（分楼层平台和中间平台）及栏杆（或栏板）扶手组成。

楼梯的构造比较复杂，楼梯详图主要表达楼梯的类型、结构形式、各部位的尺寸及装修做法，是楼梯施工放样的主要依据。楼梯详图一般包括平面图、剖面图及踏步、栏杆详图等，并尽可能画在同一张图纸内。平面图、剖面图比例要一致，以便对照阅读。踏步、栏杆详图比例要大些，以便表达清楚该部分的构造情况。楼梯详图一般分建筑详图和结构详图，并分别绘制编入"建施"和"结施"中。对于一些构造和装修较简单的现浇钢筋混凝土楼梯，其建筑和结构详图可合并绘制，编入"建施"或"结施"均可。

10.5.3.1 楼梯平面图

与建筑平面图相同，一般每一层楼梯都要画一个楼梯平面图。三层以上的房屋，当底层与顶层之间的中间各层布置相同时，通常只画底层、中间层和顶层三个平面图。图10-29（a）（b）（c）所示该建筑底层、中间层和顶层的楼梯水平分层轴测剖面图。

楼梯平面图的剖切位置，是在该层往上走的第一梯段（中间平台下）的任一位置处，且通过楼梯间的窗洞

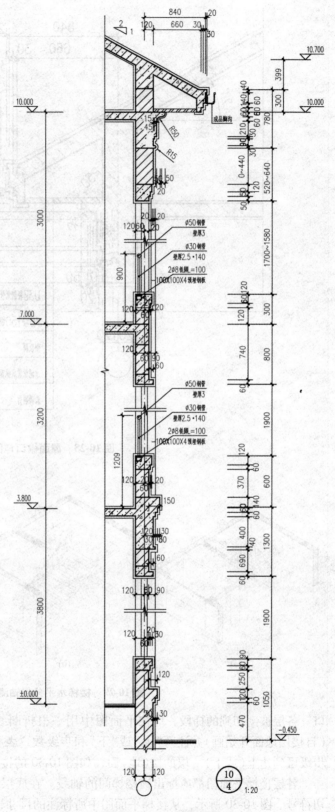

图 10-27 外墙墙身详图

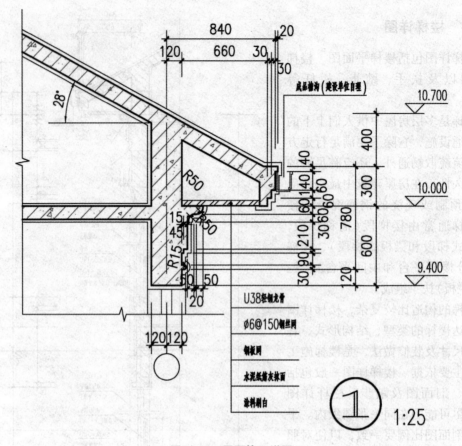

图10-28　屋面檐口详图

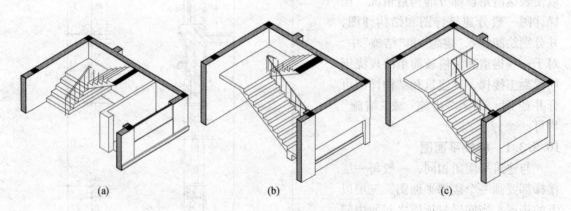

(a)　　　　　　　　　　(b)　　　　　　　　　　(c)

图10-29　楼梯水平分层轴测剖面图

口。各层被剖切到的梯段，均在平面图中用一根折断线表示。在每一梯段处画有一长箭头（自楼层地面开始画）并注写"上"或"下"和步级数，表明从该层楼（地）面往上或往下走多少步级可到达上（或下）一层的楼（地）面，如图10-30的楼层平面图。

各层楼梯平面图都应标出该楼梯间的轴线。在底层平面图中，必须注明楼梯剖面图的剖切符号。图10-30所示，从楼梯平面图中所标注的尺寸，可以了解楼梯间的开间和进深尺寸，楼地面和平台面的标高以及楼梯各组成部分的详细尺寸等。梯段的长度标注其水平投影的长

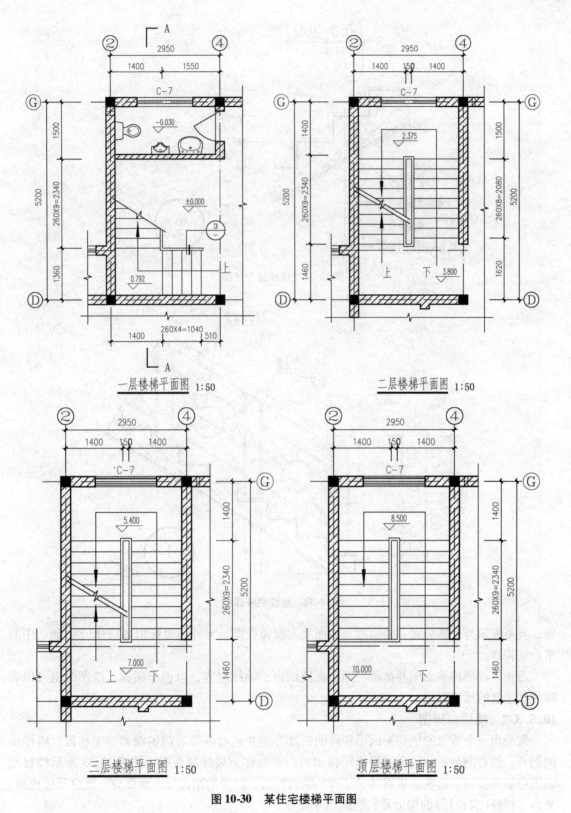

图 10-30 某住宅楼梯平面图

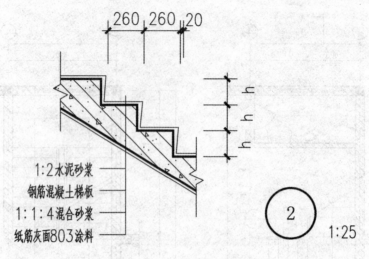

图 10-31　楼梯踏步详图

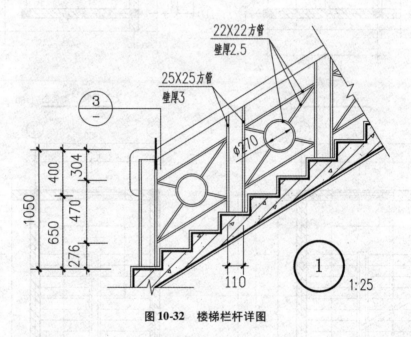

图 10-32　楼梯栏杆详图

度，且要表示为计算公式：踏面数×踏面宽＝梯段长度。另外还要标出各层楼(地)面、中间平台的标高。

　　习惯上将楼梯平面图并排画在同一张图纸内，轴线对齐，以便于阅读，绘图时也可以省略一些重复的尺寸标注。

10.5.3.2　楼梯剖面图

　　假想用一个垂直的剖切平面沿梯段的长度方向并通过各层的门窗洞和一个梯段，将楼梯间剖开，然后向另一梯段方向投影所得到的剖面图称为楼梯剖面图，如图 10-33 所示楼梯剖面图应能完整地、清晰地表明楼梯梯段的结构形式、踏步的踏面宽、踢面高、级数及楼地面、平台、栏杆(或栏板)的构造及它们的相互关系。

　　在多层建筑中，若中间层楼梯完全相同时，楼梯剖面图可只画出底层、中间层、顶层的楼梯剖面，中间用折断线分开，并在中间层的楼面和楼梯平台面上注写适用于其他中间层楼

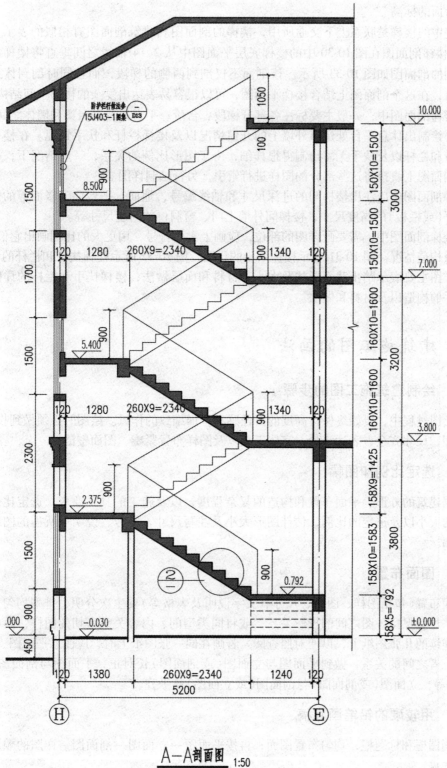

防护栏杆做法参
15J403—1图集　D13

A—A剖面图 1:50

图 10-33　楼梯剖面图

面和平台面的标高。

住宅中的楼梯是联系上下交通所用，楼梯的剖面图和建筑剖面图有相似的表示方法。假定 A—A 楼梯剖面图在图 10-30 中的楼梯底层平面图中从 2～4 轴线之间垂直将楼梯剖开向右看，绘制的剖面图如图 10-33 所示。该剖面不仅剖到西侧的梯段，而且同时剖到休息平台和楼梯平台，在这个剖面图上结合楼梯平面图，可以很容易表达出复杂的楼梯空间结构。

在楼梯剖面图中，一般主要标注各部分梯段、台阶、平台以及平台梁和墙体之间的关系，同时还要绘制出休息平台处建筑外墙上的开窗情况以及楼梯栏杆和扶手情况。在楼梯剖面图中，台阶和栏杆以及扶手无需绘制得很详细，由于图形比例的关系，一般情况下，往往直接从楼梯剖面图上直接将这些部分的图样进行索引，另行绘制详图。

楼梯剖面图中应注出楼梯间的进深尺寸和轴线编号，地面、平台面、楼面等的标高，梯段、栏杆(或栏板)的高度尺寸，楼梯间外墙上门、窗洞口的高度尺寸等。

在楼梯剖面图中，需要画详图的部位，应画上索引符号，用更大的比例画出它们的形状、材料以及构造情况。图 10-31 所示楼梯踏步的详图，图 10-32 所示楼梯扶手和栏杆的详图。楼梯踏步详图主要表示踏步截面形状及大小、材料和面层做法；楼梯扶手和栏杆的详图表明栏杆和扶手的构造以及材料和做法。

10.6　建筑施工图的画法

10.6.1　绘制建筑施工图的步骤

在绘图过程中，要始终保持高度的责任感和严谨细致的作风。绘图时必须做到投影正确、技术合理、尺寸齐全、表达清楚、字体工整以及图样布置紧凑、图面整洁等。

10.6.2　选定比例和图幅

根据建筑的外形、平面布置和构造的复杂程度，以及施工的具体要求，选定比例，进而由建筑的大小以及选定的比例，估计图形大小及注写尺寸、符号、说明等所需的图纸，选定标准图幅。

10.6.3　图面布置

图面布置(包括图样、图名、尺寸、文字说明及表格等)要主次分明、排列均匀紧凑、表达清晰。尽量保持各图之间的投影关系，或将同类型的、内容关系密切的图样，集中在一张或顺序连续的几张图纸上，以便对照查阅。若画在同一张图纸上时，应注意平面图、立面图、剖面图三者之间的关系，做到平面图与立面图(或剖面图)长对正，平面图与剖面图(或立面图)宽相等，立面图(或剖面图)与剖面图(或立面图)高平齐。

10.6.4　用较硬的铅笔画底稿

先画图框和标题栏，均匀布置图面；再按平面图→立面图→剖面图→详图的顺序画出各图样的底稿。

10.6.5　整理图线

底稿经检查无误后，按国家标准规定选用不同线型进行加深(或上墨)。画线时，要注意粗细分明，以增强图面的效果。加深或上墨的顺序一般是：先从上到下画水平线，后从左到右画铅直线或斜线；先画直线，后画曲线；先画图，后注写尺寸及说明。

10.6.6 建筑的画法举例

现以图 10-34 所示的首层平面图为例，说明建筑平面图的画法及步骤。

①根据轴线尺寸，画出房屋的纵、横墙（或柱）的定位轴线，如图 10-34（a）。

②根据尺寸画出墙厚，如图 10-34（b）。

③根据尺寸和图例，画出门窗、楼梯、厨房和卫生间的设备等细部，如图 10-34（c）。

④按图线要求加深图线，并画出尺寸线、标高符号和轴线编号圆圈。最后注写尺寸数字、门窗编号和文字说明，如图 10-34（d）。

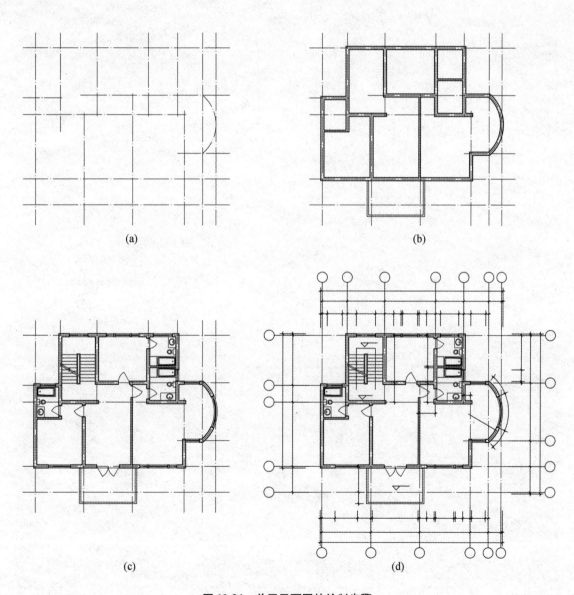

图 10-34 首层平面图的绘制步骤

思考题

1. 什么是建筑施工图？建筑施工图包括哪些图样？
2. 什么是建筑总平面图？怎样绘制？
3. 试述建筑平面图、立面图、剖面图的概念，如何绘制？绘制建筑平面图有哪些规定？
4. 建筑详图主要有哪些图样？绘制建筑详图有哪些要求和规定？

第 *11* 章 风景园林构景要素画法

11.1 风景园林图特点

①风景园林设计图的表现对象主要是山岳奇石、水域风景等自然景观和名胜古迹等历史人文景观，以及以园林植物、山石、水体、园林建筑、道路广场、园林小品等为素材的人工环境景观。故风景园林图表现的对象种类繁多、形态各异。

②由于风景园林图表现的对象大多是以自然形态为主，它们大都没有统一的形状和尺寸，且变化丰富，因而园林图的绘制较为复杂。

③风景园林专业涉及面广，需要与城乡规划、市政建设、建筑设计等许多领域广泛联系，相互协作。因而园林图的绘制涉及的标准和规范也较多。

11.2 风景园林主要构景要素画法

尽管风景园林图的种类较多，但它们所表现的内容大都是由地形、植物、山石、建筑、水体、小品设施等基本要素所组成。我们把这些组成园林景观的基本要素统称为造园要素。造园要素的绘制离不开徒手线条图的画法。下面介绍钢笔徒手线条的画法。

11.2.1 钢笔徒手线条图画法

钢笔徒手画是风景园林学专业学生必须尽早掌握的表现技巧。它用途广泛：搜集资料、设计草图、记录参观等都离不开徒手画；它还可作初步设计的表现图。徒手画有以下优点：

①**工具简便** 携带和使用方便的形形色色的笔，都可用来作徒手画；其中经过处理即笔尖弯过的钢笔以及塑料自来水毛笔，可以作出一定粗细变化的线条。

②**便于保存** 初学者经常练习徒手画，还有助于提高对风景园林及其周围环境的观察、分析和表达能力。

钢笔画是用同一粗细（或略有粗细变化）、同样深浅的钢笔线条加以叠加组合，来表现风景园林及其环境的形体轮廓、空间层次、光影变化和材料质感。如图 11-1 所示。要作好一幅钢笔画，必须使钢笔线条美观、流畅；线条的组合要巧妙，要善于对景物深浅作取舍和概括。

学习钢笔画第一步，要作大量各种线条的徒手练习，这样熟能生巧。

各种线条的组合和排列产生不同的效果，其原因是线条方向造成的方向感和线条组合后残留的小块白色底面给人以丰富的视觉印象。因此，在钢笔画中可以选择它们表现造园要素及其环境的明暗光影和材料质感。钢笔线条本身不具有明暗和质感表现力，只有通过线条的粗细变化和疏密排列才能获得各种不同的色块，表达出形体的体积感和光影感，如图 11-1（c）（d）所示。

(a)

(b)

图 11-1　钢笔线条组成的图案

(c)

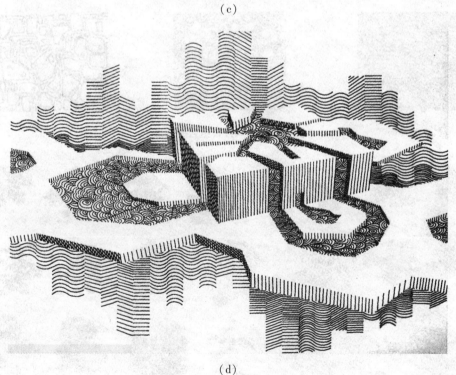

(d)

图 11-1　钢笔线条组成的图案(续)

　　钢笔画中使用的线条较粗，排列较密，色块就较深；反之则较浅。深浅之间可采用分格退晕或渐变退晕进行过渡，且不同的线条组合具有不同的质感表现力，如图11-2 所示。图11-3为不同线条的组合植物叶形画法。

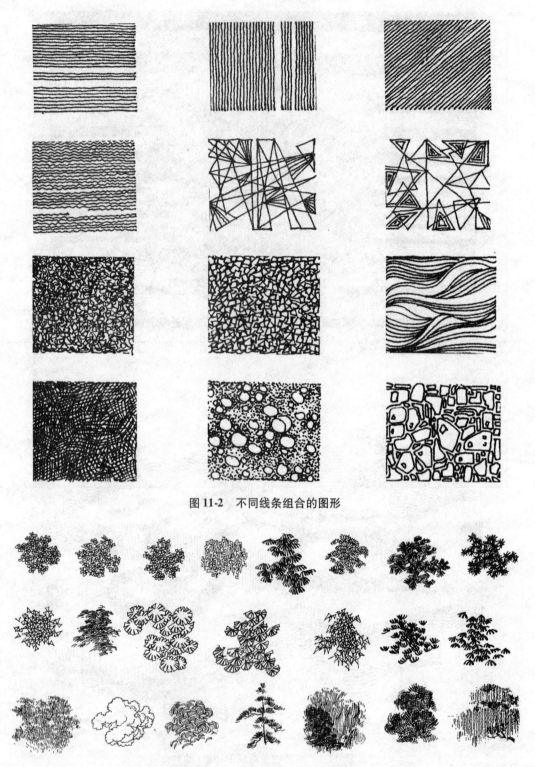

图 11-2　不同线条组合的图形

图 11-3　不同线条的组合植物叶形画法

11.2.2 地形的表达

地形是园林中诸要素的基地和依托，是构成整个园林景观的骨架。地形的类型复杂多样。从风景区范围而言，地形包括山地、丘陵、草原及平原等，如图11-4所示，这些地表类型一般称为"大地形"；从园林范围而言，地形包含土丘、台地、坡地、平地、台阶或道路广场等"小地形"；这些小地形中，起伏很小的又习惯称之为"微地形"。地形平面图用等高线图来表示，另见图8-1。

图11-4 建筑和山地的表达

11.2.3 园林植物

植物是风景园林图中应用数量最多，也是最重要的要素。园林植物种类繁多、形态各异，画法也较复杂。常用的园林植物表现方法有平面图和立面图两种形式。

园林植物按照外形特点不同，分为乔木、灌木、竹类、攀缘植物、绿篱、花卉和草坪七大类，下文分别介绍各自的画法。

11.2.3.1 园林植物的平面图画法

园林植物的平面图是指园林植物的水平投影图，为了能够更加直观地表示不同植物的特点和设计意图，常用不同的树冠线型加以区别。

（1）乔木

一般应区分针叶和阔叶、常绿和落叶。通常针叶树以带有针刺状或锯齿状的树冠线表示，阔叶树的树冠线则一般用圆弧线或波浪线表示。若为常绿针叶树，一般在树冠线内加画平行的45°斜线；而落叶的阔叶树可用枯枝表现。图11-5是各种树木的平面图画法。图11-6（a）表示了各种针叶树的画法；图11-6（b）表示了树木组合和树丛的画法。

当树冠下有灌木、花台、树池、道路等设计内容时，为避免遮挡下面的内容，树木平面应尽量简单，最好用轮廓型表现，如图11-7所示。画植物时加上阴影，图面更生动，如图11-7和图11-8所示。

（2）灌木、地被植物

灌木、地被植物多以丛植为主，其平面画法多用自由细实线勾画其种植范围，并在曲线内添画一些能够形象反映其特征的叶子或花的图案加以装饰，如图11-9（a）所示。地被植物的种植范围通常画法如图11-9（b）所示。

（3）攀缘植物

攀缘植物必须依附于其所装饰的园林小品（如景墙、花架等）生长。因此，其画法也往往是在装饰的小品上用自由曲线较随意地勾画，表现出其蔓生的特点，如图11-10、图11-11所示。

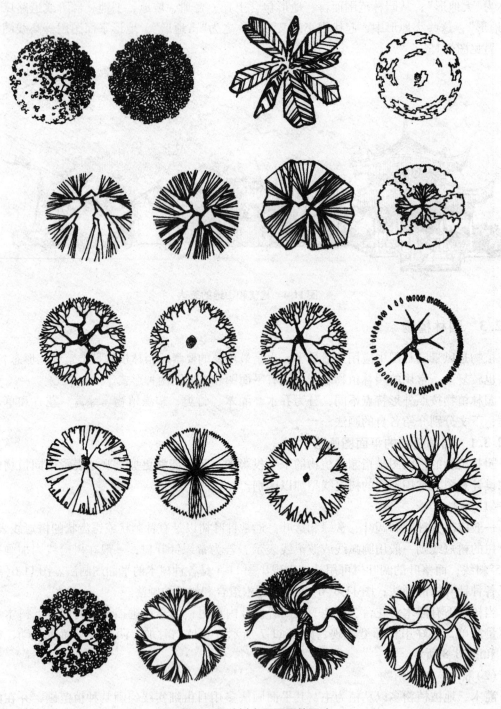

图11-5　各种树木平面图的画法

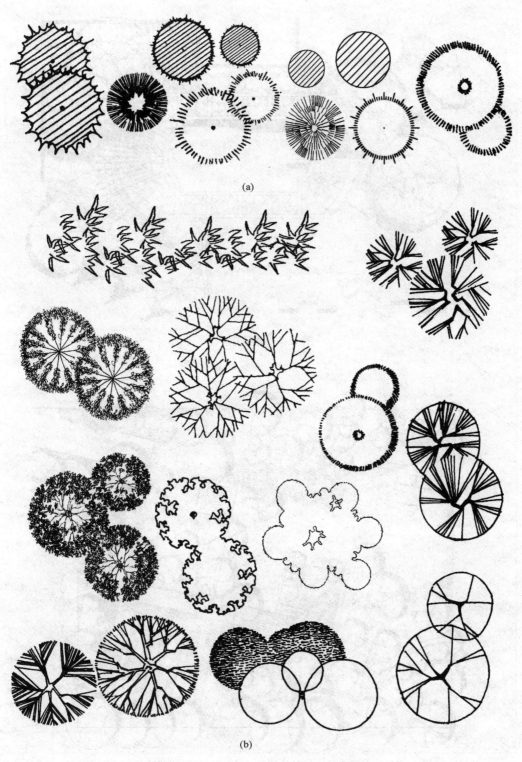

(a)

(b)

图 11-6　树木和树丛、树木组合平面图的画法

(a)针叶树平面图的画法

(b)树丛和树木组合平面图的画法

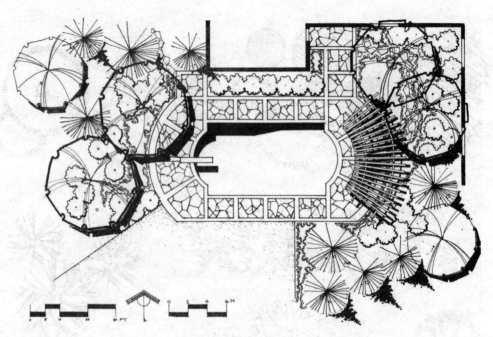

图 11-7 树冠的避让

图 11-8 平面图树冠加绘阴影的效果

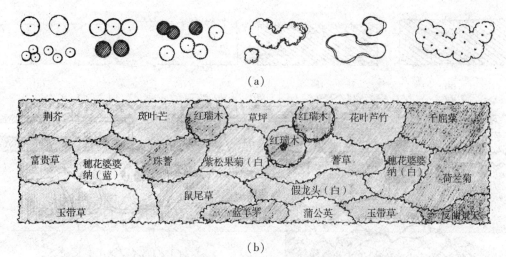

（a）

（b）

图 11-9　灌木、地被植物的画法实例应用

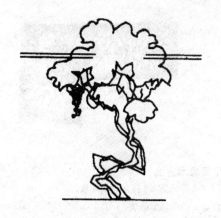

图 11-10　攀缘植物立面图的画法

图 11-11　攀缘植物在花架上的平面图画法

（4）绿篱

绿篱首先用线条表现其几何形状，并进一步在几何形内添加装饰线，用以区分针叶绿篱、阔叶绿篱、花篱等不同植物类型。常绿植物篱添加 45°斜线，如图 11-12 所示。

（5）草坪

草坪的平面图画法主要有打点法和小短线法两种，如图 11-13 所示。打点法是较简单的一种方法，打点时应注意做到疏密有致，一般在草坪的边缘、道路的边缘、建筑的边缘、植物的边缘等范围应画密集一些；而越远离这些边缘则越稀疏。无论疏密，点都要打得相对均匀。

草坪的其他画法可用小短线呈线段排列状，行间有断断续续的重叠，也可稍许留些空白或行间留白。另外，也可用斜线排列表示草坪，排列方式可规则也可随意；还可采用乱线法。用小短线法或线段排列法等表示草坪时，应先用淡铅笔在图上作平行稿线，根据草坪的范围可选用 2～6mm 间距的平行线组。

11.2.3.2　园林植物的立面图的画法

在园林植物立面图中，通过对树冠形状、树枝特点、树木枝干的组合及大小、树干的粗细、形状和长度等描绘使树木的特征、树枝的形态、树叶的形状及树冠轮廓等特征得到更好的表现。立面图中的树木可用写实的画法画出，如图 11-14 所示。质感不同的叶形应该用不同的钢笔线条排列和组合加以表现，如图 11-3 所示，表示不同的组合线形构成植物的各种叶形。

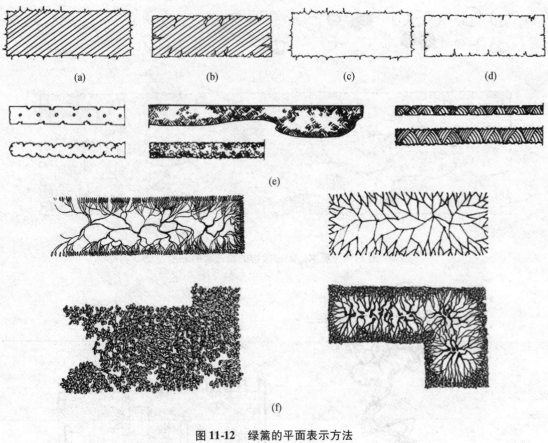

图 11-12　绿篱的平面表示方法

(a)常绿针叶篱　(b)常绿阔叶篱　(c)落叶针叶篱　(d)落叶阔叶篱

(e)绿篱的装饰性画法　(f)绿篱的质感型画法

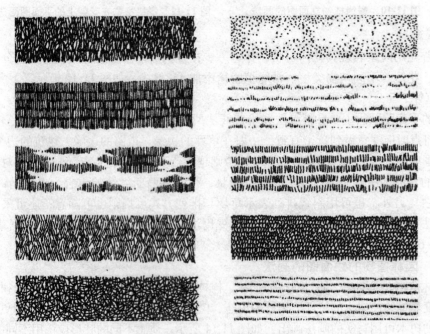

图 11-13　草坪的平面表示方法

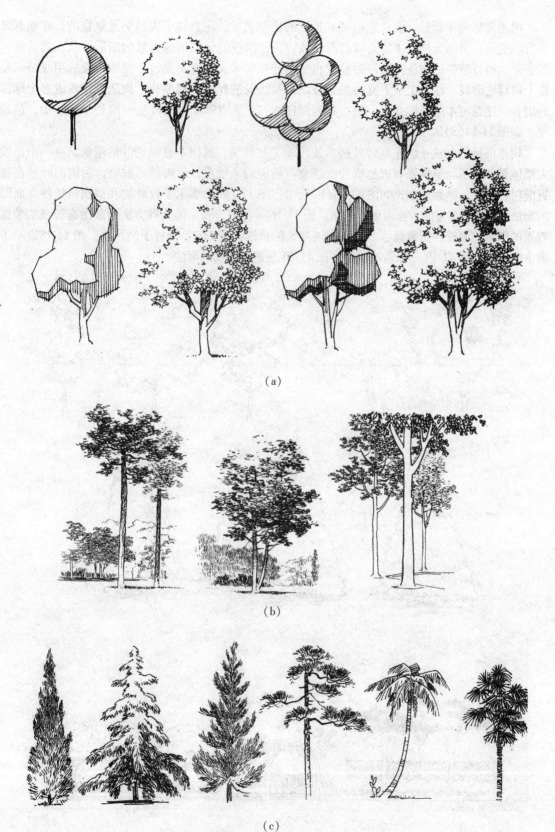

(a)

(b)

(c)

图 11-14　树木的写实画法

　　树木先从树干画起，要注意粗度和长度的比例关系，注意树干大趋势是笔直的，在细部增加折线变化；再画分枝，主要的树杈两三枝即可，树杈的顶端形成大致的扇形形状；然后画树冠底部，用有节奏的线条把画好的枝杈自然地连接起来，注意不要过于死板；最后用线条勾勒整个树冠轮廓线，注意上窄下宽的形态特征以及线条的起伏节奏变化。树丛可以看成多个球体的组合。注意树木的光影变化，基本分为黑白灰三色，空隙上部的叶丛一般处于阴影中，色较深。如图11-14(a)所示。

　　树木的远近画法：应注意远处树木使用的笔触渐细，远树不宜强调叶的笔触，有一个面或大概体量就够了。笔触要有成丛成片的感觉。前树的笔触重，后树的笔触轻，后树的叶丛在接近前树叶丛处，笔触渐虚，如图11-14(b)所示。图11-14(c)表示了针叶树和棕榈科植物立面图的画法。图11-15为树木轮廓形的画法。图11-16采用以夸张、简化等方法绘制出有较强的装饰效果的图案的画法。图案画法多用于表现建筑配景图。图11-17为竹子的画法，图11-18表示了灌木的画法，图11-19是绿篱的画法，图11-20是地被植物的画法。

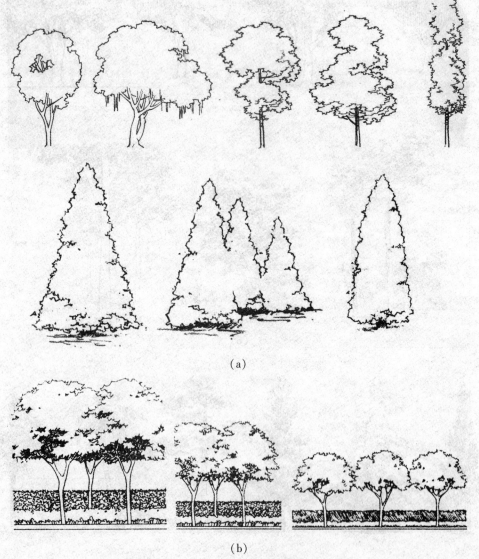

(a)

(b)

图 11-15　轮廓形树木的画法

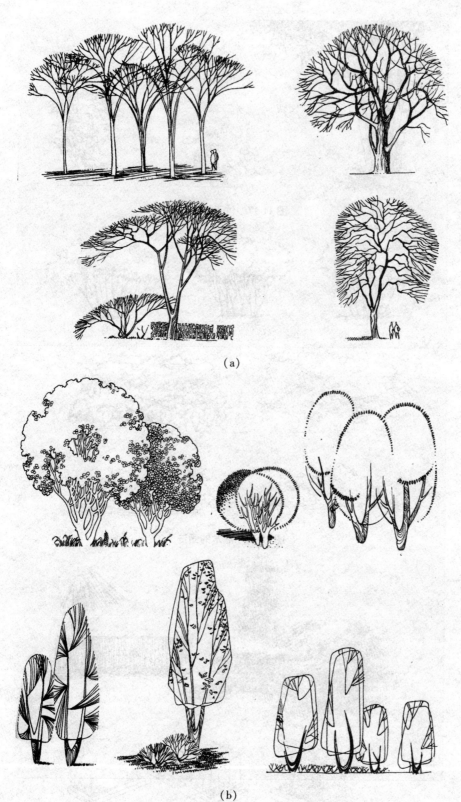

(a)

(b)

图 11-16　装饰性树木的画法

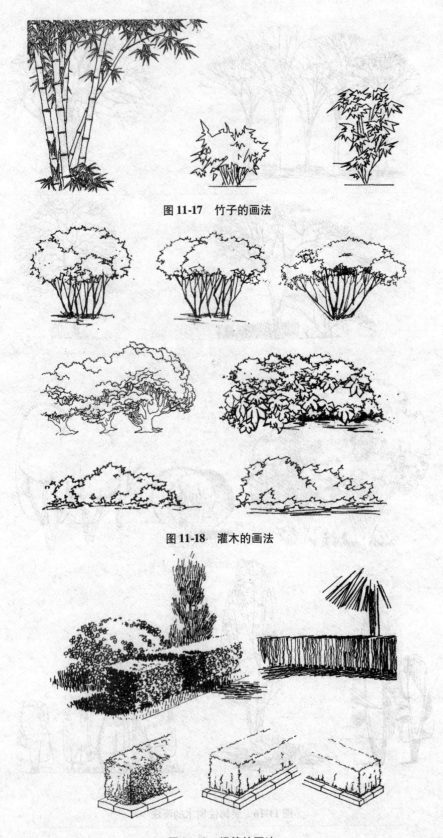

图 11-17　竹子的画法

图 11-18　灌木的画法

图 11-19　绿篱的画法

(a)

(b)

图 11-20　地被植物的画法

11.2.3.3　园林植物平面图、立面图画法的统一

同一株植物涉及的平面图和立面图的表现风格应统一协调，并应做到平面图、立面图中对应的位置准确一致、树冠的大小基本相同。如图 11-21 所示。

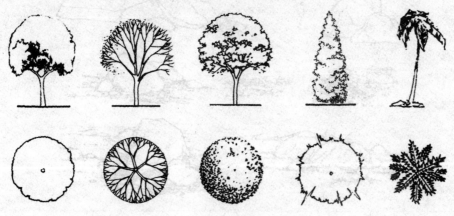

图 11-21　树木平面与立面的统一

11.2.4 山石

园林中常用的不同种类山石,其纹理不同,有的圆润,有的纹理分明,在表现时应用不同的笔触和线条。平面图、立面图中的山石通常用线条勾勒轮廓表示。其中,轮廓线用粗实线,石纹线用细实线。平面图中的石头画法如图11-22(a)所示;立面图中的石头画法如图11-22(b)所示,普通置石的画法如图11-22(c)所示;图11-23为水石结合画法,图11-24为湖石与竹子结合的画法。

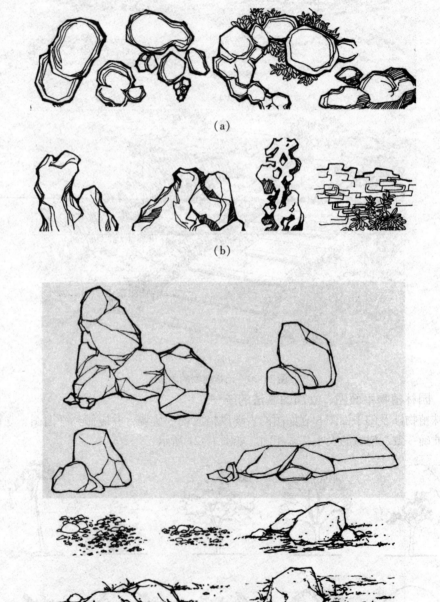

(a)

(b)

(c)

图11-22 石头的平面、立面和普通置石的画法

图 11-23　水石结合画法

图 11-24　湖石与竹子的画法

11.2.5 水面的表示方法

水体是园林中最活跃的景观,水体的画法主要应用平面图和剖面图两种方法。平面图中水面表示可采用线条法、等深线法、平涂法等。

11.2.5.1 线条法

用工具或徒手排列的平行线条表示水面的方法称线条法。作图时,既可以将整个水面全部用线条均匀地布满,也可以局部留有空白,或者只局部画些线条。线条可采用波纹线、直线或曲线。组织良好的曲线还能表现出水面的波动感(图11-25)。

11.2.5.2 等深线法

在靠近岸线的水面中,依岸线的曲折作二三根曲线,这种类似等高线的闭合曲线称为等深线。通常形状不规则的水面用等深线表示(图11-26)。

图11-25 线条法表现水面

11.2.5.3　平涂法

　　用水彩或墨水平涂表示水面的方法称平涂法(图 11-27)。用水彩平涂时，可将水面渲染成类似等深线的效果。先用淡铅作等深线稿线，等深线之间的间距应比等深线法大些，然后再一层层地渲染，使离岸较远的水面颜色较深。

　　透视图画水面形式多样，用波浪线等线形来画(图 11-28)。

图 11-26　等深线表现水面

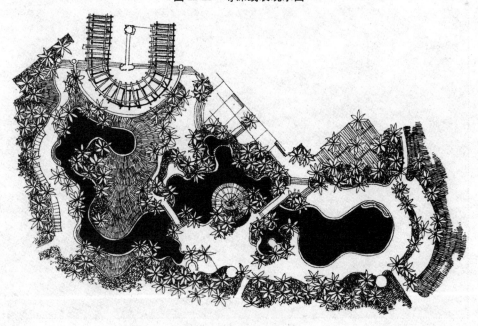

图 11-27　平涂法表现水面

图 11-28　透视图的水面画法

思考题

1. 试述风景园林专业图的特点。
2. 简述风景园林构景要素的画法。

第12章 风景园林专业图

风景园林专业图是研究风景园林规划设计表达和交流的技术语言，风景园林制图包括风景园林设计图和风景园林规划图。在风景园林规划设计中，图形作为形象思维的过程、构思、设计与施工表达、信息交流的重要手段。图形的形象性、直观性和简洁性是设计者认识设计规律，探索未知的重要工具。

风景园林专业图是工程技术的一项重要技术文件。它可以用二维图形表达，也可以用三维图形表达；可以用手工绘制，也可以由计算机生成。

风景园林专业图实践性强，与工程实践有密切联系，对培养学生掌握科学思维方法，增强工程和创新意识有重要作用，是风景园林本科专业重要的技术基础课程。

12.1 风景园林设计制图

12.1.1 风景园林设计程序

风景园林图的种类非常多，对于不同的设计项目，由于其设计的区域有大有小、设计的内容有繁有简，因而所绘制的图也有所区别。一般公园绿地设计包括设计和施工服务两个阶段，设计阶段包括现场调研分析、方案设计、初步设计、施工图设计，有时可根据实际情况，省略初步设计阶段；施工服务阶段包括施工图交底、施工配合、工程竣工验收。

12.1.2 基本规定

①方案设计制图可为彩图；初步设计和施工图设计制图应为墨线图。

②标准图纸宜采用横幅，图纸图幅及图框尺寸应符合第1章表1-1和图1-1的规定。

③当图纸图界与比例的要求超出标准图幅最大规格的，可将标准图幅分幅拼接或加长图幅，加长的图幅应有一对边长与标准图幅的短边边长一致。

④制图应以专业地形图作为底图，底图比例应与制图比例一致。制图后底图信息应弱化，突出规划设计信息。

⑤图纸基本要素应包括：图题、指北针和风向玫瑰图、比例和比例尺、图例、文字说明、规划编制单位名称及资质等级、编制日期等。

⑥制图可用图线、标注、图示、文字说明等形式表达规划设计信息，并应保证图纸信息排列整齐，表达完整、准确、清晰、美观。

⑦制图中的计量单位应使用国家法定计量单位；符号代码应使用国家规定的数字和字母；年份应使用公元年表示。

⑧制图中所用的字体应统一，同一图纸中文字字体种类不宜超过两种。应使用中文标准简化汉字。需加注外文的项目，可在中文下方加注外文，外文应使用印刷体或书写体等。中文、外文均不宜使用美术体。数字应使用阿拉伯数字的标准体或书写体。

12.1.3 图纸版式与编排

12.1.3.1 方案设计和规划图纸版式

方案设计和规划图纸版式应符合下列规定:

①应在图纸固定位置标注图题并绘制图标栏和图签栏,图标栏和图签栏可统一设置,也可分别设置(图12-1)。

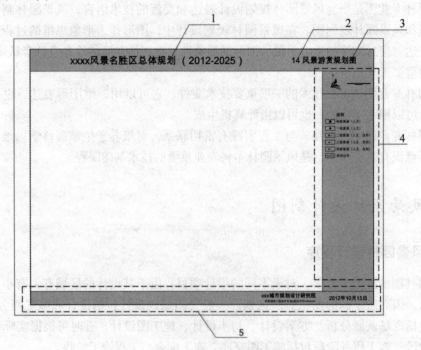

图12-1 规划设计图图纸版式示例
1. 项目名称(主标题) 2. 图纸编号 3. 图纸名称(副标题) 4. 图标栏 5. 图签栏

②图题宜横写,位置宜选在图纸的上方,图题不应遮盖图中现状或规划的实质内容。图题内容应包括:项目名称(主标题)、图纸名称(副标题)、图纸编号或项目编号(图12-1)。

③除示意图、效果图外,每张图纸的图标栏内均应在固定位置绘制和标注指北针和风向玫瑰图、比例和比例尺、图例、文字说明等内容。

④图签栏的内容应包括规划编制单位名称及资质等级、编绘日期等。规划编制单位名称应采用正式全称,并可加绘其标识徽记。

⑤用于讲解、宣传、展示的图纸可不设图标栏或图签栏,可在图纸的固定位置署名。

⑥图纸编排顺序宜为:现状图纸、规划图纸,图纸顺序应与规划文本或设计说明的相关内容顺序一致。

12.1.3.2 初步设计和施工图设计图纸版式

①初步设计和施工图设计的图纸应绘制图签栏,图签栏的内容应包括设计单位正式全称及资质等级、项目名称、项目编号、工作阶段、图纸名称、图纸编号、制图比例、技术责任、修改记录、编绘日期等。

②初步设计和施工图设计图纸的图签栏宜采用右侧图签栏或下侧图签栏,可按图12-2或图12-3布局图签栏内容。

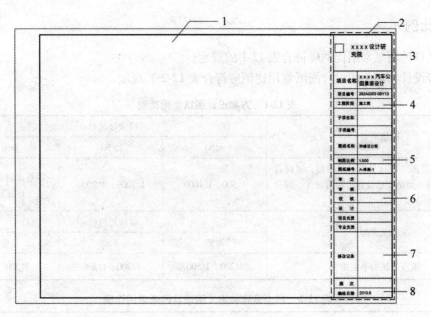

图 12-2 右侧图签栏

1. 绘图区 2. 图签栏 3. 设计单位正式全称及资质等级 4. 项目名称、项目编号、工作阶段

5. 图纸名称、图纸编号、制图比例 6. 技术责任 7. 修改记录 8. 编绘日期

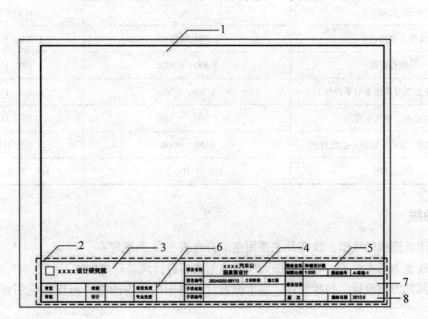

图 12-3 下侧图签栏

1. 绘图区 2. 图签栏 3. 设计单位正式全称及资质等级 4. 项目名称、项目编号、工作阶段

5. 图纸名称、图纸编号、制图比例 6. 技术责任 7. 修改记录 8. 编绘日期

③初步设计和施工图设计制图中，当按照规定的图纸比例一张图幅放不下时，应增绘分区（分幅）图，并应在其分图右上角绘制索引标示。

④初步设计和施工图设计的图纸编排顺序应为封面、目录、设计说明和设计图纸。

12.1.4 比例

①方案设计图纸常用比例应符合表12-1的规定。

②初步设计和施工图设计图纸常用比例应符合表12-2的规定。

表12-1 方案设计图纸常用比例

图纸类型	绿地规模(hm²)		
	≤50	>50	异形超大
总图类(用地范围、现状分析、总平面、竖向设计、建筑布局、园路交通设计、种植设计、综合管网设施等)	1:500、1:1000	1:1000、1:2000	以整比例表达清楚或标注比例尺
图纸类型	绿地规模(hm²)		
	≤50	>50	异形超大
重点景区的平面图	1:200、1:500	1:200、1:500	1:200、1:500

表12-2 初步设计和施工图设计图纸常用比例

图纸类型	初步设计图纸常用比例	施工图设计图纸常用比例
总平面图(索引图)	1:500、1:1000、1:2000	1:200、1:500、1:1000
分区(分幅)图	—	可无比例
放线图、竖向设计图	1:500、1:1000	1:200、1:500
种植设计图	1:500、1:1000	1:200、1:500
园路铺装及部分详图索引平面图	1:200、1:500	1:100、1:200
园林设备、电气平面图	1:500、1:1000	1:200、1:500
建筑、构筑物、山石、园林小品设计图	1:50、1:100	1:50、1:100
做法详图	1:5、1:10、1:20	1:5、1:10、1:20

12.1.5 图线

①设计图纸图线的线型、线宽及主要用途应符合表12-3的规定。

②图线线宽为基本要求,可根据图面所表达的内容进行调整以突出重点。

③风景园林方案设计,初步设计、施工图设计制图中的基本图线,可根据应用样式图12-4绘制。

表 12-3　设计图纸图线的线型、线宽及主要用途

名　称		线　型	线　宽	主要用途
实线	极粗		2b	地面剖断线
	粗		b	1. 总平面图中建筑外轮廓线、水体驳岸顶线； 2. 剖断线
	中粗		0.50b	1. 构筑物、道路、边坡、围墙、挡土墙的可见轮廓线； 2. 立面图的轮廓线； 3. 剖面图未剖切到的可见轮廓线； 4. 道路铺装、水池、挡墙、花池、坐凳、台阶、山石等高差变化较大的线； 5. 尺寸起止符号
	细		0.25b	1. 道路铺装、挡墙、花池等高差变化较小的线； 2. 放线网格线、图例线、尺寸线、尺寸界线、引出线、索引符号等； 3. 说明文字、标注文字等
	极细		0.15b	1. 现状地形等高线； 2. 平面、剖面中的纹样填充线； 3. 同一平面不同铺装的分界线
虚线	粗		b	新建建筑物和构筑物的地下轮廓线，建筑物、构筑物的不可见轮廓线
	中粗		0.50b	1. 局部详图外引范围线； 2. 计划预留扩建的建筑物、构筑物、铁路、道路、运输设施、管线的预留用地线； 3. 分幅线
	细		0.25b	1. 设计等高线； 2. 各专业制图标准中规定的线型
单点画线	粗		b	1. 露天矿开采界限； 2. 见各有关专业制图标准
	中		0.50b	1. 土方填挖区零线； 2. 各专业制图标准中规定的线型
	细		0.25b	1. 分水线、中心线、对称线、定位轴线； 2. 各专业制图标准中规定的线型
双点画线	粗		b	规划边界和用地红线
	中		0.50b	地下开采区塌落界限
	细		0.25b	建筑红线
折断线			0.25b	断开线
波浪线			0.25b	

注：b 为线宽宽度，视图幅的大小而定，宜用 1mm。

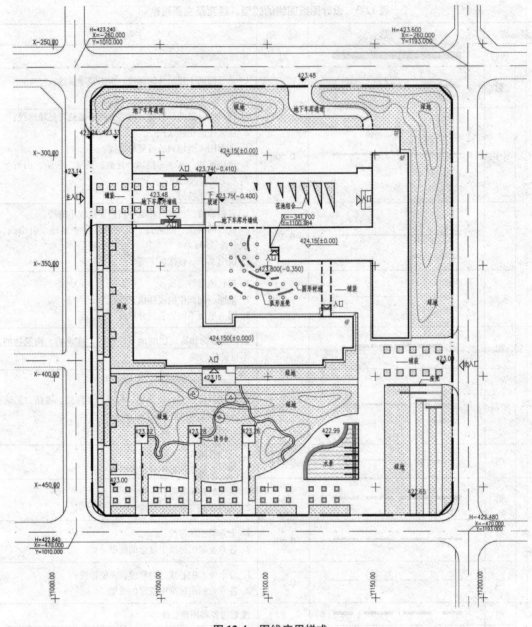

图 12-4　图线应用样式

12.1.6　图例

①设计图纸常用图例应符合表 12-4 的规定。其他图例应符合现行国家标准《总图制图标准》GB/T 50103 和《房屋建筑制图统一标准》GB/T 50001—2017 中的相关规定。

表 12-4　设计图纸常用图例

序号	名　称	图　形	说　明
建筑			
1	温室建筑		依据设计绘制具体形状

（续）

序号	名 称	图 形	说 明
等高线			
2	原有地形等高线		用细实线表达
3	设计地形等高线		施工图中等高距值与图纸比例应符合如下的规定： 图纸比例1:1000，等高距值1.00m 图纸比例1:500，等高距值0.50m 图纸比例1:200，等高距值0.20m
山石			
4	山石假山	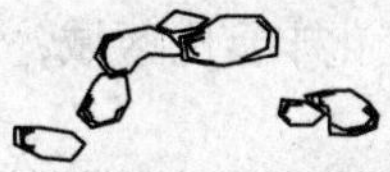	根据设计绘制具体形状，人工塑山需要标注文字
5	土石假山	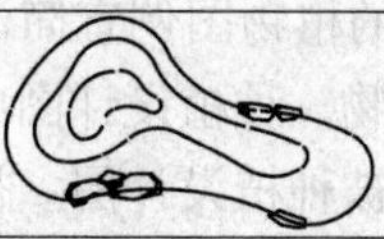	包括"土包石""石包土"及土假山，依据设计绘制具体形状
6	独立景石	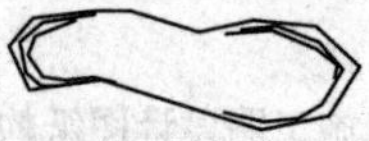	依据设计绘制具体形状
水体			
7	自然水体		依据设计绘制具体形状，用于总图
8	规则水体		依据设计绘制具体形状，用于总图
9	跌水、瀑布		依据设计绘制具体形状，用于总图
10	旱涧		包括"旱溪"，依据设计绘制具体形状，用于总图
11	溪涧		依据设计绘制具体形状，用于总图
绿化			
12	绿 化	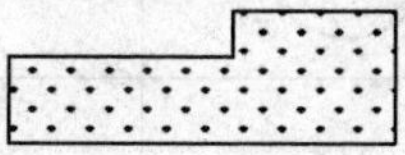	施工图总平面图中绿地不宜标示植物，以填充及文字进行表达
常用景观小品			
13	花 架	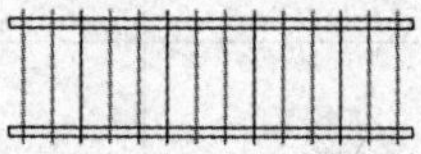	依据设计绘制具体形状，用于总图
14	座 凳		用于表示座椅的安放位置，单独设计的根据设计形状绘制，文字说明
15	花台、花池	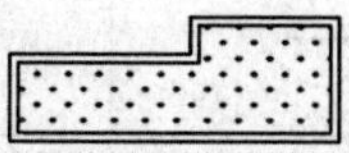	依据设计绘制具体形状，用于总图

（续）

序号	名 称	图 形	说 明
16	雕 塑	 雕塑　雕塑	
17	饮水台		仅表示位置，不表示具体形态，根据实际绘制效果确定大小；也可依据设计形态表示
18	标识牌		
19	垃圾桶		

②方案设计中的种植设计图应区分乔木（常绿、落叶）、灌木（常绿、落叶）、地被植物（草坪、花卉）。有较复杂植物种植层次或地形变化丰富的区域，应用立面或剖面图清楚地表达该区植物的形态特点。

③初步设计和施工图设计中种植设计图的植物图例宜简洁清晰，同时应标出种植点，并应通过标注植物名称或编号区分不同种类的植物。种植设计图中乔木与灌木重叠较多时，可分别绘制乔木种植设计图、灌木种植设计图及地被种植设计图。初步设计和施工图设计图纸的植物图例应符合表 12-5 的规定。

表 12-5　初步设计和施工图设计图纸的植物图例

序号	名 称	图 形			图形大小
		单　株		群　植	
		设　计	现　状		
1	常绿针叶乔木	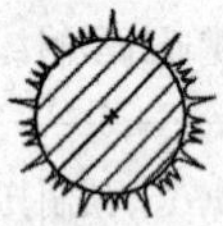		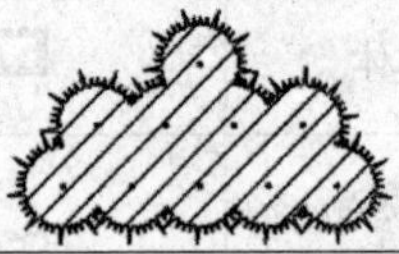	乔木单株冠幅宜按实际冠幅为 3~6m 绘制，灌木单株冠幅宜按实际冠幅为 1.5~3m 绘制，可根据植物合理冠幅选择大小
2	常绿阔叶乔木				
3	落叶阔叶乔木	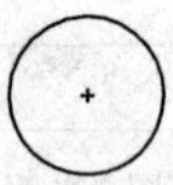			
4	常绿针叶灌木			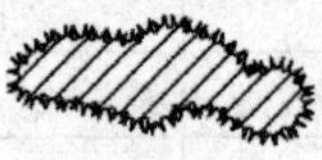	
5	常绿阔叶灌木			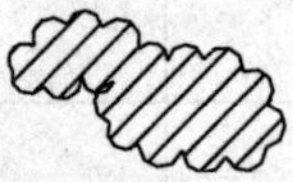	
6	落叶阔叶灌木	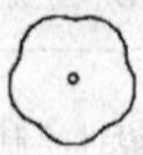		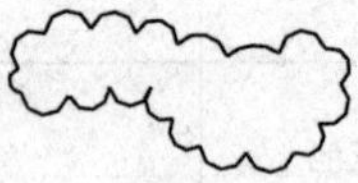	

（续）

序号	名称	图形			图形大小
		单株		群植	
		设计	现状		
7	竹类				单株为示意；群植范围按实际分布情况绘制，在其中示意单株图例
8	地被	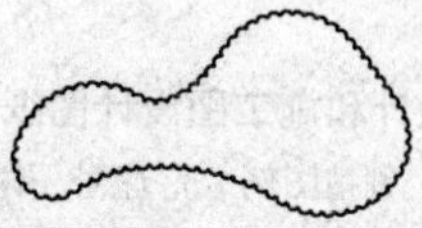			按照实际范围绘制
9	绿篱				

12.1.7　标注

（1）初步设计和施工图设计图纸的标注应符合表 12-6 的规定。标注大小和其余标注方法应符合现行国家标准《房屋建筑制图统一标准》GB/T 50001 中的相关规定。

表 12-6　初步设计和施工图设计图纸的标注

序号	名称	标注	说明
1	设计等高线	—6.00— —5.00— —4.00—	等高线上的标注应顺着等高线的方向，字的方向指向上坡方向。标高以米为单位，精确到小数点后第 2 位
2	设计高程（详图）	5.000　5.490 或 0.000（常水位）	标高以米为单位，注写到小数点后第 3 位；总图中标写到小数点后第 2 位；符号的画法见现行国家标准《房屋建筑制图统一标准》GB/T 50001
	设计高程（总图）	+6.30（设计高程点） 6.25（现状高程点）	标高以米为单位，在总图及绿地中注写到小数点后第 2 位；设计高程点位为圆加十字，现状高程为圆
3	排水方向	→	指向下坡
4	坡度	$\dfrac{i=6.5\%}{40.00}$	两点坡度 两点距离
5	挡墙	5.000 (4.630)	挡墙顶标高（墙底标高）

(2)初步设计和施工图设计中种植设计图的植物标注方式应符合下列规定：

①单株种植的应表示出种植点，从种植点作引出线，文字应由序号、植物名称、数量组成（图12-5）；初步设计图可只标序号和树种。

(a)   (b)

图12-5 初步设计和施工图设计图纸中单株种植植物标注
(a)1. 种植点连线 2. 种植图例 3. 序号、树种和数量 (b)标注示意图

群植的可标种植点亦可不标种植点如图，从树冠线作引出线，文字应由序号、树种、数量、株行距或每平方米株数组成，序号和苗木表中序号相对应图12-5。

(a)   (b)

图12-6 初步设计和施工图设计图纸中群植植物标注
(a)1. 序号、树种、数量、株行距 (b)标注示意图

②株行距单位应为米，乔灌木可保留小数点后1位；花卉等精细种植宜保留小数点后2位。

12.1.8 符号

剖切符号、索引符号、详图应符号、引出线、对称符号、变更云线、指北针等应符合《房屋建筑制图统一标准》（GB/T 50001—2017）的规定，见本书第9章9.2和第10章10.5.1.3至10.5.1.5部分内容。

12.1.9 计算机制图要求

①初步设计及施工图设计的计算机图纸文件命名应符合现行国家标准《房屋建筑制图统一标准》（GB/T 50001—2017）中的相关规定，可采用中文命名图12-7和英文命名图12-8两种形式。文件命名宜在学科领域代码(L)之后由工作类型、图纸类型序号、用户自定义三个部分依次构成。

②风景园林常用设计阶段代码应符合表12-7的规定。

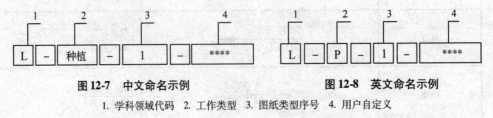

图12-7 中文命名示例   **图12-8 英文命名示例**
1. 学科领域代码 2. 工作类型 3. 图纸类型序号 4. 用户自定义

表 12-7　常用设计阶段代码

设计阶段	阶段代码中文名称	阶段代码英文名称
方案设计	方	C
初步设计	初	P
施工图设计	施	W

③计算机制图规则应符合现行国家标准《房屋建筑制图统一标准》(GB/T 50001—2017)中的相关规定。

12.2　风景园林设计图纸类型和要求

12.2.1　各类绿地方案设计的主要图纸要求

各类绿地方案设计的主要图纸应符合表 12-8 的规定。

表 12-8　各类绿地方案设计的主要图纸

绿地类型		图纸名称											
		区位图	用地范围图	现状分析图	总平面图	功能分区图	竖向设计图	园林小品设计图	园路交通设计图	种植设计图	综合管网设施图	重点景区平面图	效果图或意向图
公园绿地	综合公园	◇	△	▲	▲	▲	▲	▲	▲	▲	▲	▲	▲
	社区公园	◇	△	▲	▲	△	▲	△	△	▲	▲	▲	▲
	专类公园	◇	△	▲	▲	▲	▲	▲	▲	▲	▲	▲	▲
	带状公园	◇	△	▲	▲	▲	▲	△	▲	▲	▲	▲	▲
	街旁绿地	◇	△	▲	▲	▲	△	△	△	▲	▲	△	▲
防护绿地	防护绿地	◇	◇	△	▲	—	◇	—	◇	▲	▲	—	△
附属绿地	附属绿地	◇	◇	△	▲	△	△	△	△	▲	▲	△	▲

注:"▲"为应单独出图;"△"为可单独出图纸;"◇"为可合并;"—"为不需要出图。

12.2.2　方案设计主要图纸的基本内容及深度

方案设计主要图纸的基本内容及深度应符合表 12-9 的规定。

表 12-9　方案设计主要图纸的基本内容及深度

序号	图纸名称	图纸表达的基本内容及深度	说明
1	区位图	绿地在城市中的位置及其与周边地区的关系	可分项做图或综合制图
2	用地范围图	绿地范围线的界定	本图也可与现 状分析图合并
3	现状分析图	绿地范围内场地竖向、植被、构筑物、水体、市政设施及周边用地的现状情况分析	—
4	总平面图	①绿地边界及与用地毗邻的道路、建筑物、水体、绿地等; ②方案设计的园路、广场、停车场、建筑物、构筑物、园林小品、种植、山形水系的位置、轮廓或范围;绿地出入口位置; ③建筑物、构筑物和景点、景区的名称; ④用地平衡表	—

(续)

序号	图纸名称	图纸表达的基本内容及深度	说明
5	功能分区图	各功能分区的位置、名称及范围	—
6	竖向设计图	①绿地及周边毗邻场地原地形等高线及设计等高线; ②绿地内主要控制点高程;用地内水体的最高水位、常水位、水底标高	—
7	园路交通设计图	①主路、支路、小路的路网分级布局; ②主路、支路、小路的宽度及横断面; ③主要及次要出入口和停车场的位置; ④对外、对内交通服务设施的位置; ⑤游览自行车道、电瓶车道和游船的路线	—
8	种植设计图	①常绿植物、落叶植物、地被植物及草坪的布局; ②保留或利用的现状植物的位置或范围; ③树种规划与说明	—
9	综合管网设施图	①给水、排水、雨水、电气等内容的干线管网的布局方案; ②绿地内管网与外部市政管网的对接关系	—
10	重点景区平面图	重点景区的铺装场地、绿化、园林小品和其他景观设施的详细平面布局	—
11	效果图或意向图	反映设计意图的计算机制作、手绘鸟瞰图、人视点效果图,也可采用意向照片	—

12.2.3 初步设计和施工图设计主要图纸的基本内容及深度

初步设计和施工图设计主要图纸的基本内容及深度应符合表 12-10 的规定。

表 12-10 初步设计和施工图设计主要图纸的基本内容及深度

序号	图纸名称	初步设计	施工图设计
1	总平面图	①用地边界线及毗邻用地名称、位置; ②用地内各组成要素的位置、名称、平面形态或范围,包括建筑、构筑物、道路、铺装场地、绿地、园林小品、水体等; ③设计地形等高线	同初步设计
2	定位图/放线图	①用地边界坐标; ②在总平面图上标注各工程的关键点的定位坐标和控制尺寸; ③在总平面图上无法表示清楚的定位应在详图中标注	除初步设计所标注的内容外,还应标注: ①放线坐标网格; ②各工程的所有定位坐标和详细尺寸; ③在总平面图上无法表示清楚的定位应绘制定位详图
3	竖向设计图	①用地毗邻场地的关键性标高点和等高线; ②在总平面上标注道路、铺装场地、绿地的设计地形等高线和主要控制点标高; ③在总平面图上无法表示清楚的竖向应在详图中标注; ④土方量	除初步设计所标注的内容外,还应标注: (1)在总平面上标注所有工程控制点的标高,包括下列内容: ①道路起点、变坡点、转折点和终点的设计标高、纵横坡度;广场、停车场、运动场地的控制点设计标高、坡度和排水方向;建筑、构筑物室内外地面控制点标高;工程坐标网格;土方平衡表; ②屋顶绿化的土层处理,应做结构剖面

（续）

序号	图纸名称	初步设计	施工图设计
4	水体设计图	①水体平面； ②水体的常水位、池底、驳岸标高； ③驳岸形式，剖面做法节点； ④各种水体形式的剖面	除初步设计所标注的内容外，还应标注： ①平面放线； ②驳岸不同做法的长度标注； ③水体驳岸标高、等深线、最低点标高； ④各种驳岸及流水形式的剖面及做法； ⑤泵坑、上水、泄水、溢水、变形缝的位置、索引及做法
5	种植设计图	①在总平面图上绘制设计地形等高线、现状保留植物名称、位置、尺寸按实际冠幅绘制；设计的主要植物种类、名称、位置、控制数量和株行距； ②在总平面上无法表示清楚的种植应绘制种植分区图或详图； ③苗木表，标注种类、规格、数量	除初步设计所标注的内容外，应标注： ①工程坐标网格或放线尺寸；设计的所有植物的种类、名称、种植点位或株行距、群植位置、范围、数量； ②在总平面上无法表示清楚的种植应绘制种植分区图或详图； ③若种植比较复杂，可分别绘制乔木种植图和灌木种植图； ④苗木表，包括：序号、中文名称、拉丁学名、苗木详细规格、数量、特殊要求等
6	园路铺装设计图	①在总平面上绘制和标注园路和铺装场地的材料、颜色、规格、铺装纹样； ②在总平面上无法表示清楚的应绘制铺装详图表示； ③园路铺装主要构造做法索引及构造详图	除初步设计所标注的内容外，还应标注： ①缘石的材料、颜色、规格，说明伸缩缝做法及间距； ②在总平面定位图中无法表述铺装纹样和铺装材料变化时，应单独绘制铺装放线或定位图
7	园林小品设计图	①在总平面上绘制园林小品详图索引图； ②园林小品详图，包括平、立、剖面图； ③园林小品详图的平面图应标明下列内容：承重结构的轴线、轴线编号、定位尺寸、总尺寸；主要部件名称和材质；重点节点的剖切线位置和编号；图纸名称及比例； ④园林小品详图的立面图应标明下列内容：两端的轴线、编号及尺寸；立面外轮廓及主要结构和构建的可见部分的名称及尺寸；可见主要部位的饰面材料；图纸名称及比例； ⑤园林小品详图的剖面图应准确、清楚地标示出剖到或看到的地上部分的相关内容，并应标明下列内容：承重结构的轴线、轴线编号和尺寸；主要结构和构造部件的名称、尺寸及工艺；小品的高度、尺寸及地面的绝对标高；图纸名称及比例	除初步设计所标注的内容外，还应标注： ①平面图应标明：全部部件名称和材质；全部节点的剖切线位置和编号； ②立面图应标明下列内容：立面外轮廓及所有结构和构件的可见部分的名称及尺寸；小品的高度和关键控制点标高的标注；平面、剖面未能表示出来的构件的标高或尺寸； ③剖面图应标明下列内容：所有结构和构造部件的名称、尺寸及工艺做法；节点构造详图索引号
8	给水排水设计图	①说明及主要设备列表； ②给水、排水平面图，应标明下列内容：给水和排水管道的平面位置、主要给水排水构筑物位置、各种灌溉形式的分区范围；与城市管道系统连接点的位置以及管径； ③水景的管道平面图、泵坑位置图	除初步设计所标注的内容外，还应标注： ①给水平面图应标明：给水管道布置平面、管径标注及闸门井的位置（或坐标）编号、管段距离；水源接入点、水表井位置；详图索引号；本图中乔木、灌木的种植位置； ②排水平面图应标明：排水管径、管段长度、管底标高及坡度；检查井位置、编号、设计地面及井底标高；与市政管网接口处的市政检查井的位置、标高、管径、水流方向；详图索引号；子项详图； ③水景工程的给水排水平面布置图、管径、水泵型号、泵坑尺寸； ④局部详图应标明：设备间平、剖面图；水池景观水循环过滤泵房；雨水收集利用设施等节点详图

(续)

序号	图纸名称	初步设计	施工图设计
9	电气照明及弱电系统设计图	①说明及主要电气设备表; ②路灯、草坪灯、广播等用配电设施的平面位置图	除初步设计所标注的内容外,还应标注: ①电气平面图应标明:配电箱、用电点、线路等的平面位置;配电箱编号,以及干线和分支线回路的编号、型号、规格、敷设方式、控制形式; ②系统图应标明:照明配电系统图、动力配电系统图、弱电系统图

12.3 风景园林施工图的绘制

施工图是设计者设计意图的体现,也是施工、监理、经济核算的重要依据。所以施工图在整个项目实施过程中起着举足轻重的作用。

12.3.1 施工总平面图的绘制

总平面图表现整个基地内所有组成成分(地形、山石、水体、道路系统、植物的种植位置、建筑物位置等)的平面布局、平面轮廓等,是园林设计的最基本图纸,能够较全面地反映园林设计的总体思想及设计意图,是绘制其他施工图及施工、管理的主要依据,见附图 L-01。对于简单园林工程还可将总平面图与施工放线图或竖向设计图合并。

12.3.1.1 总平面图包括的内容

总平面图包含的主要内容如下。
①用地范围。
②用地性质,景区景点的设置、景区出入口的位置,园林植物、建筑、山石、水体及其园林小品等造园素材的种类和位置,设计等高线等。
③比例尺、指北针或风向频率玫瑰图、施工说明等,见附图 L-01。

12.3.1.2 总平面图绘制要求

①布局与比例 图纸应按上北下南方向绘制,根据场地形状或布局,可向左或向右偏转,但不宜超过45°,总平面图一般采用1:200、1:500、1:1000、1:2000 的比例绘制。
②图例 《房屋建筑制图统一标准》中的《总图制图标准》中列出了建筑物、构筑物、道路、植物等的图例。如果由于某种需要需另行设定图例时,应在总图上绘制专门的图例表进行说明。
③图线 总图图线的线型选用应根据《总图制图标准》的规定。
④名称和编号 一个工程中,整套施工图所注写的场地、建筑物、构筑物、铁路、道路等的名称和编号应统一,各设计阶段的上述名称和编号应一致。

在方案设计、初步设计和施工图设计不同阶段,总平面设计的深度和图纸表示内容有所不同,深度见表12-10。

12.3.2 总放线设计图

施工图放线有两种方法:即测量坐标放线法和相对坐标系放线法。
测量坐标和相对坐标系放线(A、B 坐标)的详细内容同第10章总平面图。根据不同的环境设计，采用不同的坐标体系，或在同一环境设计中使用不同的坐标系放线。大型公共绿地设计一般采用测量坐标，小型环境设计一般使用的是相对坐标系放线。

在放线设计中，规则式地块放线一般从一个基准点连续标注它的长、宽及角度，以利查找；不规则曲线采用网格放线，网格间距根据图纸比例而定，分别定为20m、10m、5m、2m、1m、0.5m等；不论是用测量坐标还是相对坐标系放线，放线坐标单位均为米。

定位平面施工图是对场地中设计构筑物、建筑物、道路、山石、水体、园林小品等进行水平方向定位的图纸，见附图LX-02，是施工时进行平面放线和定位的主要依据。定位平面施工图通常可包括放线定位平面图和尺寸定位平面图。

12.3.2.1 总平面放线图包括的内容

①除植物外的建筑、道路、铺装、山石、水体、小品等的位置、尺度、主要控制点的坐标及定位尺寸。

②植物种植区域轮廓主要控制点的坐标及定位尺寸。

③对无法用坐标尺寸准确定位的自由曲线园路、广场、水体等，应给放线详图，用放线网表示，并标注控制点坐标。

④图名，指北针(或风向玫瑰图)，绘图比例，文字说明。

⑤为使图纸更清晰明确，也可分两张图纸分别用施工网格和尺寸坐标对平面进行定位，前者为放线施工平面图，只绘制施工放线网格，不标注尺寸和坐标；后者为尺寸施工平面图，只标注尺寸和坐标，不含放线网格。

12.3.2.2 计量单位

①定位平面图中的坐标、标高、距离宜以米(m)为单位，并应至少取小数点后两位，不足时以"0"补齐。详图宜以毫米(mm)为单位，如不以毫米为单位，应另加说明。

②建筑物、构筑物、铁路、道路方位角(或方向角)和铁路、道路转向角的度数，宜注写到"秒(s)"，特殊情况，应另加说明。

③铁路纵坡度宜以千分记，道路纵坡度、场地的平整坡度、排水沟底纵坡度宜以百分记，并应取至小数点后一位，不足时以"0"补齐。

12.3.2.3 线型

施工网格应用细实线表示。

12.3.2.4 坐标网格及其标注

①测量坐标应画成十字交叉线，坐标代号宜用"X、Y"表示；建筑坐标网应画成网格通线，坐标代号宜用"A、B"表示。坐标值为负时，应注"-"号；为正时，"+"号可省略。

②当定位平面图中同时有测量、建筑两种坐标体系时，应在附注中注明两种系统的换算公式。

③坐标宜直接标注在图上，如标注数字的位数太多时，可将前面相同的位数省略，其省略位数应在附录中加以说明。

12.3.3 总竖向图

竖向设计是建筑、道路、广场、地形等构筑物相对于其所在环境的高度而言。公园绿地竖向设计是在满足各专业规范的前提下，在设计场地上进行垂直于水平面的布置和处理，即对自然地形进行利用、改造，确定控制点高程、坡度和平衡土石方等的工作，见附图LT-03。

12.3.3.1 总竖向图内容

①出入口、建筑、道路、广场、地形、水体、驳岸等构筑物的竖向设计要给出控制点标高；道路的竖向设计在城市道路及公路设计中，要做道路纵断面设计；但在公园绿地设计中一般给出道路的转折点、交叉点、变坡点标高及道路长度、坡度即可。地形的竖向设计一般是绘制出地形等高线或等深线；绿地的竖向设计除给出等高线外，另需给出地势排水方向。

在沟通设计构思和表达垂直方向细部设计思想可用剖面图和断面图表达，如图12-9某庭院局部剖面图、断面图。

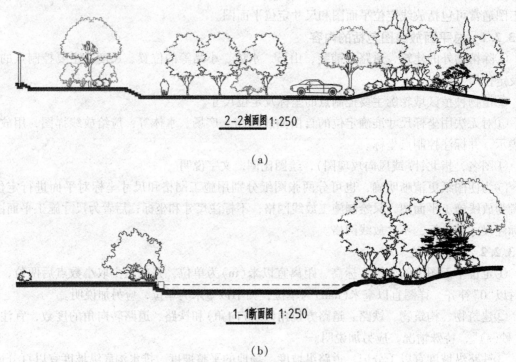

2—2剖面图 1:250

(a)

1—1断面图 1:250

(b)

图12-9　某庭院局部剖、断面图

②首先确定场地排水方式，并以已知的周边环境的标高为基准，满足防洪、防涝和雨水排放要求。排水方式有两种：一是不设雨水收集系统，随地势排入就近的河流、水系或已建好的市政排水系统里；二是设置雨水收集系统，一方面是因自身环境无法将雨水排出而收集，通过市政管网排放，另一方面通过收集可进行雨水再生利用。标高的表示方式一般有两种：一种采用绝对标高，另一种采用相对标高。不论是用绝对标高还是相对标高，标高的单位均为米。

12.3.3.2 竖向设计图绘制要求

(1)道路及构筑物

①建筑及园林小品竖向设计　一般给出建筑室内地坪及室外散水标高，园林小品应给出主要拐点、场地标高。

②道路广场竖向设计　道路应尽量结合地形布置，使之有合适的坡度，利于行车、步行和排水，并与周边建筑、园林小品、场地等有方便的联系。道路竖向应标出道路控制点标高、控制点之间的距离、道路纵坡及坡向。广场按其性质、使用要求、空间组织和地形特点，可设计成多种竖向形式。一个平面的广场，竖向设计形式有单坡、双坡、多坡等几种。广场竖

向设计应标出控制点标高，广场排水分水岭线位置、排水坡度、排水方向，绘制广场等高线。

③地形竖向设计 一般是绘制出地形等高线，并在等高线上表示出高程数值，等高距一般为 2.0m、1.0m、0.5m、0.25m、0.10m，等高距设计的大小依据图纸比例确定，一般有水面之上的，水面之上的称等高线，水面之下的称为等深线。

（2）线型

竖向设计图中比较重要的是地形等高线，设计等高线用细虚线绘制，原有等高线和设计等高线在同一张图里，原有等高线用细实线绘制。

（3）坐标网格及其标注

如设计地形等高线较复杂应采用坐标网格对其进行标注。坐标网格宜与施工放线图相同。对于局部不规则的等高线，或者单独做出施工放线图，或者在竖向设计图中局部加密网格，提高放线精度。

（4）地表排水方向和排水坡度

利用箭头表示排水方向，并在箭头上标注排水坡度。对于道路或铺装等区域除了要标注排水方向和排水坡度之外，一般排水坡度应标注在坡度线的上方。

12.3.4 种植设计图

植物种植设计施工图是植物种植施工、工程预结算、工程施工监理和工程验收的依据，它应能准确表达出种植设计的内容和意图，并且对于施工组织、施工管理以及以后的养护都起到很大的作用，见附图 LP-4、附图 LP-5。

12.3.4.1 植物种植设计施工图的内容

植物种植设计施工图应包含植物配置构思、植物造景总体意向；落实上述思路的基调树种以及主要乔木、灌木和地被的种类和大体分布；落实种植的景观及季相分区；明确各植物景区的植物种类；明确常绿和落叶植物种类的空间分布；区分乔木、灌木、各类地被植物、密林及疏林的平面配置关系，种植确定常绿品种和落叶品种的大致分布及比例；植物种植与地形、周边设施（包括管线、建筑、构筑物）的协调；与给水排水系统的关系，明确各层次植物种类，苗木规格、种植数量、位置及必要的附属设施；有关植物栽植、保护养护措施的说明，确定种植预算费用等。

植物种植设计图纸表达的其他内容还有：

①除道路铺装细节以外的所有园林建筑、山石、水体及其小品等造园素材的形状和位置。

②苗木表：在种植设计施工图中应该配备准确统一的苗木表，通常苗木表的内容应包括编号、植物名称、数量、规格、苗木来源和备注等内容，有时还要标注上植物的拉丁学名、植物种植时和后续管理时的形状姿态，整形修剪的特殊要求等。

③施工说明：针对植物选苗、栽植和养护过程中需要注意的问题进行说明。

④植物种植位置：通过不同图例区分植物种类以及原有植被和设计植被。

⑤植物种植点的定位尺寸：规则式栽植标注出株间距、行间距以及植物与参照植物之间的距离；自然式栽植借助施工坐标网格定位。

⑥某些有特殊要求的植物景观还给出这一景观的施工放样图和剖断面图。

⑦指北针（或风向玫瑰图），绘图比例，文字说明等。

12. 3. 4. 2 植物种植设计施工图的绘制要求

①行列式栽植：对于行列式的种植形式(如行道树、树阵等)可用尺寸标注出株行距，始末树种植点与参照物的距离。

②自然式栽植：对于自然式的种植形式(如孤植树)，可用坐标标注种植点的位置。孤植树以中心点定位，标中心点坐标或相对尺寸，孤植树往往对植物的造型、规格的要求较严格，应在施工图中表达清楚，除利用立面图、剖面图表示以外，可与苗木表相结合，用文字加以标注。

③片植、丛植：施工图中应绘出清晰的种植边界线。对于边缘线呈规则的几何形状的片状种植，可用尺寸标注方法标注，为施工放线提供依据，而对边缘线呈不规则的片状种植，应采用放线平面图中坐标网格，并结合文字标注。

④草坪种植：草坪可用打点的方法表示，标注应标明草种名及种植面积等。

⑤对于丛植乔、灌木，应将临近相同树种种植点用直线连接，并标注其在苗木表中编号、名称及此处种植的数量。

⑥设计范围的面积大小不一，技术要求繁简各异，如一张平面图难以表达设计思想与技术要求，可分区绘制。对于景观要求细致的种植局部，施工图中应有表达植物高低关系，植物造型形式的立面图、剖面图、参考图或通过文字说明与标注。

⑦对于种植层次较复杂的区域应分层绘制乔木、灌木种植施工图与地被植物种植施工图，若有现状植被，并通过不同图例表示原有植被和设计植被。

12. 3. 5 详图的绘制

详细施工图包括土方工程施工图、筑山工程施工图、理水工程施工图、园路工程施工图、建筑工程施工图、园林小品施工图等。其做法常用平面图、立面图、剖面图和断面详图的形式表示。

12. 3. 5. 1 铺装索引平面图和详图

当设计中道路、广场的铺装较复杂时需单独绘制铺装索引平面图。图中应按顺序注明不同材料铺装大样图的图纸编号及图名。铺装索引平面图是道路及广场施工的主要依据。一般在此图中还给出详细的铺装材料表，是预算及施工方购买建材的依据，见附图 LS – 6、附图 LS – 7、附图 LS – 8。

铺装索引平面图及详图包括的内容如下：

①除园林植物外的所有园林建筑、山石、水体及其小品等造园素材的形状和位置。

②道路、广场平面详图应绘出不同规格材料铺设的图形，标出具体尺寸，注出各项材料的材质、规格，平面填充图例应如实与设计内容一致。单一的铺地、广场平面图应绘制指北针，图形方位尽量与总图上所在方位一致，如图 12-10 所示。

不同类型、不同规格、不同材料的各类道路和铺地应绘制其交叉点、交接点的具体铺设平面图形。

③道路、广场应绘制必要的断面或剖面图，注出具体的构造尺寸和做法，填充图例亦应与设计内容一致。材料断面填充图例应按照《房屋建筑制图统一标准》的有关建筑材料图例画法。

④不设铺装的地面材料也应给出标注。如草坪、水面、铺鹅卵石等。

⑤应在铺装平面图中给出集水口、管道井、地面上射灯等设备的详细位置。

⑥指北针(或风向玫瑰图)，图名，绘图比例，文字说明。

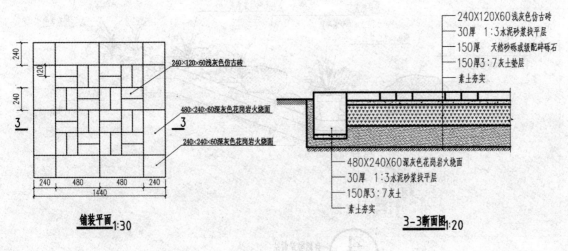

图 12-10　铺装详图

12.3.5.2　水景详图

园林水景是指人工的以水的形态和造型为主要观赏特点的景观。

水景详图的内容包括平面图、立面图、剖面图等。其中喷水池表示喷水形状、高度、数量；种植池：表示培养土范围、组成、高度、水生植物种类、水深要求；养鱼池：表示不同鱼种水深要求；溪流：表示水源、水尾，以往各尺寸定位，表明不同宽度、坡向；剖切位置，详图索引，表明溪流坡向、坡度，溪流底、壁等构造做法、高差变化，管线布置图等。

水景详图的绘制要求如下：

①平面图　表示定位尺寸、细部尺寸、水循环系统构筑物位置尺寸、剖切位置、详图索引。

②立面图　水池立面细部尺寸、高度、形式、装饰纹样、详图索引。

③剖面图、断面图　表示水深、池壁、池底构造材料做法或表示各类驳岸构造、材料、做法（湖底构造、材料做法）如图 12-11、图 12-12）。

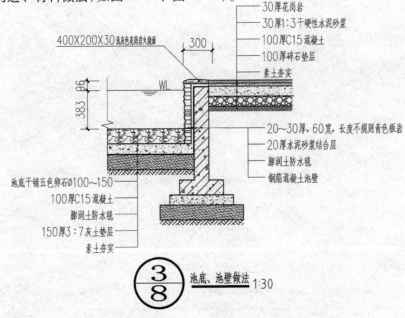

图 12-11　池壁、池底构造材料做法

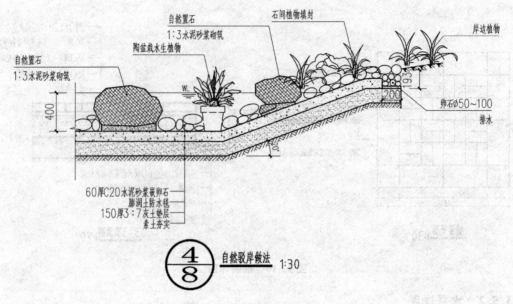

图 12-12　自然驳岸构造材料做法

思考题

1. 试述风景园林总平图、总放线图、竖向设计图、种植设计平面图绘图步骤、图线、图例和尺寸标注的画法和内容。

2. 试述方案设计主要图纸的基本内容和深度。

3. 试述初步设计和施工设计主要图纸的基本内容和深度。

参考文献

陈文斌，张金良，1998. 建筑工程制图[M]. 3 版. 上海：同济大学出版社.

董丽，2014. 园林花卉应用于设计[M]. 3 版. 北京：中国林业出版社.

宫晓滨，高文漪，2015. 园林钢笔画[M]. 2 版. 北京：中国林业出版社.

何斌，陈锦昌，陈炽坤，2008. 建筑制图[M]. 北京：高等教育出版社.

李国生，黄水生，2007. 建筑透视与阴影——含画法几何[M]. 2 版. 广州：华南理工大学出版社.

李明同，杨明，2008. 建筑风景钢笔书写技法应用[M]. 北京：中国建筑工业出版社.

李思丽，2007. 建筑制图与阴影透视[M]. 北京：机械工业出版社.

卢传贤，2003. 土木工程制图[M]. 北京：高等教育出版社.

马晓燕，冯丽，2010. 园林制图速成与识图[M]. 北京：化学工业出版社.

彭一刚，1986. 中国古典园林分析[M]. 北京：中国建筑工业出版社.

清华大学建筑学院，2000. 颐和园[M]. 北京：中国建筑工业出版社.

王磐岩，2011. 风景园林师设计手册[M]. 北京：中国建筑工业出版社.

王其均，2006. 透视[M]. 北京：中国水利水电出版社.

王晓俊，2000. 风景园林设计[M]. 南京：江苏科学技术出版社.

习嘉，1982. 建筑绘画与透视实例[M]. 香港：万里书店有限公司.

谢培青，2008. 画法几何与阴影透视（上册）[M]. 3 版. 北京：中国建筑工业出版社.

徐松照，2006. 画法几何与阴影透视（下册）[M]. 3 版. 北京：中国建筑工业出版社.

赵景伟，魏秀婷，张晓玮，2005. 建筑制图与阴影透视[M]. 北京：北京航空航天大学出版社.

钟训正，1989. 建筑画环境表现与技法[M]. 北京：中国建筑工业出版社.

朱建国，叶晓芹，2007. 建筑工程制图[M]. 北京：清华大学出版社.

FRANCIS D K，CHING，2002. Architectural graphics[M]. fourth edition. New York：Watson-Guptill Publications.

GRANT W，REID FASLA，2002. Landscape graphics[M]. revised edition. New York：Watson-Guptill Publications.